LE FONCTIONNEMENT ÉCONOMIQUE

DU

CHAUFFAGE CENTRAL

LE FONCTIONNEMENT ÉCONOMIQUE

DU

CHAUFFAGE CENTRAL

DIMENSIONS EXACTES
ÉTABLISSEMENT ET MARCHE ÉCONOMIQUE
DES INSTALLATIONS

PAR

G. DE GRAHL

TRADUIT DE L'ALLEMAND
PAR
A. SCHUBERT, Ingénieur des Arts et Manufactures

PRÉFACE ET ANNOTATIONS
PAR
G. DEBESSON, Ingénieur-Conseil, Expert près le Tribunal Civil de la Seine

---

PARIS
H. DUNOD ET E. PINAT, ÉDITEURS
47 et 49, Quai des Grands-Augustins
—
1914

AVERTISSEMENT DE L'AUTEUR

———

Pendant les huit années que j'ai rempli les fonctions d'expert près les tribunaux de Berlin, j'ai eu souvent l'impression que, malgré l'existence de l'excellent aide-mémoire de Rietschel, nos connaissances présentent des lacunes lorsqu'il s'agit d'expertiser des installations de chauffage ayant donné lieu à des procès. Les conventions établies entre le fournisseur et le client avant la construction des installations sont basées sur la production, de sorte que l'expertise au moyen des connaissances théoriques est inopérante et qu'il faut en arriver à des essais pratiques. Comme nous n'avons que rarement à notre disposition des températures extérieures de — 20°, nous sommes obligés de faire les essais des installations à n'importe quelle température (¹). A quel moment de la journée devons-nous donc relever la température moyenne dont la connaissance est absolument indispensable, non seulement pour l'essai, mais encore pour la régulation méthodique de l'effet calorifique?

Les uns incriminent la production de la chaudière, les autres se plaignent que la consommation de coke est trop élevée. Est-il

(¹) En France, sauf dans quelques régions montagneuses de la frontière de l'Est et des Alpes, nous n'avons jamais à considérer ces températures de — 20°. Les minima admis sous le climat parisien sont — 5° à — 7°; exceptionnellement, en se rapprochant de l'Est, on admet — 10°. Ce sont là encore des minima assez rarement atteints, et la difficulté est grande pour tout le monde de pouvoir essayer un chauffage pour l'allure de marche maximum.

G. Debesson.

possible d'ailleurs de contrôler la dépense en combustible au moyen d'une formule simple et pratique? Jusqu'à quel point convient-il de prendre en considération les productions admises dans les projets d'installations de chaudières de chauffage ? Quelle est l'importance de la perte de chaleur par la tuyauterie et de la quantité de chaleur absorbée par les murs pendant la période de chauffage intensif succédant à une interruption de la marche? Quelle doit être la grandeur de la surface de chauffe des chaudières en tenant compte des considérations précédentes? Le chauffage intermittent est-il plus favorable que le chauffage continu au point de vue de la consommation du coke? Quelle est la raison de l'énorme consommation de coke constatée d'une façon générale ?

Ce sont toutes ces questions auxquelles je me propose de répondre. Ce qui prouve la nécessité de les éclaircir, c'est entre autres l'ordonnance du ministre des Travaux publics de Prusse parue l'année dernière et par laquelle il invite les Administrations de l'État à rechercher les moyens de diminuer les dépenses qu'entraîne le chauffage central soit en adoptant un mode de construction judicieux, soit en réduisant le prix d'achat du combustible, soit en exploitant plus économiquement.

Il résulte, d'une façon évidente, du rapport étroit qui existe entre la production de la chaudière et le rendement, rapport que j'ai pu établir au moyen des résultats de mes expériences, que lorsqu'on évalue la production à un trop haut degré, la consommation de combustible augmente d'une façon extraordinaire.

J'ai exprimé mon jugement sans réticence, conformément aux faits, espérant de cette façon rendre service aussi bien à ceux que la question intéresse qu'à la science pure. D'après les résultats que j'ai obtenus, les données que contiennent les prospectus des fabricants de chaudières de chauffage doivent subir une correction fondamentale; car les chiffres admis pour la quantité de combustible brûlé par mètre carré de surface de chauffe et par heure sont beaucoup trop élevés.

Pour pouvoir suivre exactement les conditions de la combustion, j'ai dû entreprendre toute une série d'études préalables dont la connaissance servira à l'ingénieur d'introduction avant d'entrer dans ce sujet délicat. Dans mon choix de chaudières à expérimenter, je me suis contenté de prendre les principaux représentants de chaque type de chaudière. car les résultats que j'ai obtenus m'ont permis d'éviter des recherches plus étendues.

Enfin, j'ai consacré également une étude détaillée à l'absorption et à l'émission de chaleur par les murs, car la solution de cette question est absolument indispensable à la détermination de la surface de chauffe de la chaudière dans le cas du chauffage intermittent.

Zehlendorf-West, près Berlin, mars 1911.

G. DE GRAHL,
Ingénieur diplômé.

PRÉFACE

La littérature scientifique allemande est riche en ouvrages traitant des questions de chauffage et de ventilation.

Les Sociétés d'Ingénieurs spécialistes, les Professeurs des Laboratoires techniques, les Publications techniques périodiques réservées à cette branche extrêmement importante de l'hygiène, tous rivalisent d'efforts pour faire progresser sans cesse la science du chauffage et de la ventilation, pour éliminer peu à peu les inconnues, si nombreuses encore, pour vérifier les formules et les rapprocher le plus possible des conditions de la réalité, pour créer enfin des méthodes exactes, et laisser le moins possible à l'empirisme ou à l'application des à peu près.

Une chose particulièrement remarquable, c'est la vaste publicité donnée aussitôt aux résultats des recherches et aux essais pratiques des formules, des méthodes, des systèmes, qui en résultent. Cette publicité, soit par les ouvrages, soit par les journaux techniques spéciaux, donne lieu à des discussions nombreuses dans les réunions fréquentes des membres des Sociétés d'Ingénieurs spécialistes, à des études nouvelles dans les Laboratoires, et de tout ce travail, de tous ces écrits, de toutes ces conférences au grand jour, résulte une progression constante de l'industrie du chauffage et de la ventilation, pour le plus grand profit du bien-être et de l'hygiène.

Il n'en est pas de même en France.

Il semble que le chauffage et la ventilation soient considérés chez nous plutôt comme un commerce que comme une science, et, comme conséquence, la tactique semble être de mettre la lumière sous le boisseau, et de tout cacher sous l'apparence du secret professionnel et de la propriété commerciale individuelle. La littérature technique est très pauvre en ouvrages français, les quelques journaux spécialistes sont obligés de rechercher leurs textes dans les ouvrages étrangers qu'ils font traduire, les groupements d'Ingénieurs voient leurs membres mis en tutelle : la consigne est de se taire.

Les résultats, aussi bien au point de vue scientifique qu'industriel, d'une telle manière de faire sont navrants : dans les écoles, les élèves ingénieurs n'apprennent à peu près rien de ce qui concerne le chauffage et la ventilation, les élèves architectes encore moins si c'est possible ; les grandes maisons se confinent dans les méthodes surannées, toujours les mêmes ; les petites maisons, et celles qui se créent péniblement, font leur apprentissage à leurs dépens et à ceux de leur clientèle, mal instruites par les agents, les catalogues et notices de leurs fournisseurs ; les procès sont nombreux, et encore ne sont-ils faits que par une infime minorité de ceux qui ne sont pas satisfaits, et qui vraiment n'en ont pas pour leur argent.

Quand, las de réclamer parce qu'il n'est pas chauffé, malgré une dépense de charbon hors de proportion avec le résultat qu'il espérait atteindre, un propriétaire se risque à s'adresser aux Tribunaux, son affaire est renvoyée devant un ou plusieurs Experts spécialistes, dont le rôle est d'éclairer les juges au point de vue technique.

Un premier examen attentif des documents qui sont alors soumis aux Experts montre tout d'abord, dans la plupart des cas, que le cahier des charges de l'entreprise est mal fait, et que le programme ne répond pas aux besoins. L'Architecte, maître de l'œuvre que représente son bâtiment, n'a pu trouver nulle part les renseignements propres à le guider, et son cahier des charges n'est le plus souvent que la copie du devis de l'entrepreneur choisi, ou un amalgame des devis des maisons qu'il avait mises en concurrence.

Souvent il s'en rapporte à la compétence de l'entrepreneur, qu'il a choisi d'après ses références. Sur un vague programme, et quelquefois même sans aucun programme, celui-ci a fait une étude et remis un avant-projet et un devis, dont les termes ont été soigneusement expurgés de tout engagement sérieux, et dont, pourtant, faute de mieux, l'Architecte se sert pour la rédaction du marché définitif de gré à gré.

Comment cet architecte, si consciencieux soit-il, peut-il se rendre compte si le chiffre demandé n'est pas hors de proportion avec le résultat à produire, si le résultat plus ou moins garanti est bien celui nécessaire, enfin s'il n'existerait pas une solution plus économique, et s'il ne conviendrait pas d'exiger des engagements plus formels?

Encore, en choisissant l'entrepreneur d'après ses références, l'Architecte fait-il œuvre de prévoyance, et peut-on seulement lui reprocher de payer, peut-être, plus cher qu'il ne devrait, et de ne pouvoir exiger toutes les garanties utiles.

Mais s'il est, comme c'est le cas le plus général, obligé par son budget à mettre ses travaux en concurrence, sinon en adjudication, n'est-il pas dans une situation fort délicate, j'oserai presque dire humiliante?

Comment peut-il établir un point de comparaison entre les offres si dissemblables qui lui sont faites, dont les prix varient souvent du simple au triple, et dont, presque toujours, les devis sont tellement succincts qu'il ne s'y trouve aucune base commune permettant de comparer une offre avec une autre.

Choisit-il, et c'est le cas le plus fréquent, le devis le moins élevé? Il est presque sûr alors de prendre en réalité le plus mauvais, et de ne pas en avoir pour son argent. Il aura souvent une installation insuffisante, et, en cours d'exécution, de nombreux suppléments lui seront demandés, ce qui sera une première source de conflits. L'installation sera inesthétique, elle déshonorera son immeuble, le chauffage sera insuffisant, la consommation de combustible énorme, la ventilation nulle.

Donne-t-il la préférence à un projet autre que, le moins cher? Pour quelle raison? Et comment expliquera-t-il son choix au propriétaire, son mandant? Comment pourra-t-il, en cours d'exécution, vérifier si le travail est bien celui qui correspond à la promesse faite? Comment essaiera-t-il l'installation terminée, et sur quelle base? Peut-il douter, s'il prend aveuglément un programme d'essai établi d'accord par une collectivité d'entrepreneurs, que ce programme, si parfaitement honnête soit-il, n'est pas tant soit peu expurgé des points dangereux pour l'entrepreneur.

Voici enfin l'installation terminée, le résultat défectueux constaté, le procès engagé, l'affaire soumise aux Experts, auxquels le cahier des charges est communiqué.

Ceux-ci font un premier examen des calculs de l'entrepreneur, quand celui-ci en a fait, et n'a pas travaillé suivant la méthode bien connue « de l'œil » et de la pratique! Les formules employées sont quelconques, les chaudières travaillent suivant les garanties fantastiques données par les fabricants irresponsables, les radiateurs sont trop faibles, les canalisations mal établies; bref, après de nombreux, longs et coûteux essais, on remanie, on modifie, on transforme. Et, dans l'impossibilité de tout jeter par terre pour refaire à nouveau, en raison de tous les intérêts engagés, des intéressés qui réclament et protestent parce qu'ils ne sont pas chauffés pendant les travaux, et aussi en considérant que le programme est mal établi, les Experts finissent par conduire naturellement les parties à une transaction, qui ne satisfait complètement aucune d'entre elles.

Encore ne parlons-nous ici que des installations suffisamment litigieuses pour être soumises à la sanction des tribunaux.

Mais combien plus nombreuses sont celles qui, bien que défectueuses, sont conservées telles, ou légèrement modifiées, en vertu de l'adage bien connu : « Un mauvais arrangement vaut mieux qu'un bon procès ».

Et, dans tous les cas, ces installations, coûteuses d'entretien, onéreuses de réparations, toujours défectueuses de fonctionnement, constituent une lourde charge, et grèvent, sans profit pour personne, le budget d'un immeuble.

Elles rendent plus difficile la location, par suite des contestations incessantes entre les locataires non satisfaits et les propriétaires, aigris par leurs réclamations continuelles.

Pour remédier à ce mal, il y a toute une éducation à faire, aussi bien celle des architectes, créateurs des programmes, que celle des entrepreneurs, insuffisamment techniciens dans la plupart des cas.

Et cette œuvre rendra service à tous, quoi qu'en puissent craindre les partisans du soi-disant secret commercial. Elle garantira les architectes en leur permettant d'éviter les imprévisions, d'établir leurs programmes en connaissance de cause, et de faire la sélection de leur entrepreneur par une comparaison motivée des offres.

Elle mettra les bons entrepreneurs à l'abri des ignorants, qui font de bas prix parce qu'ils ne savent pas calculer leurs appareils, aussi bien que de ceux qui, sciemment, proposent des installations insuffisantes, parce qu'ils ont confiance que la vérification en est à peu près impossible.

A ce point de vue, puisque les techniciens français, en tutelle commerciale pour la plupart, ne publient ni dans les ouvrages, ni dans les périodiques les résultats de leurs études et de leurs recherches, de leurs succès ou de leurs déboires, nous devons accueillir avec faveur les travaux des étrangers, et en savoir gré à leurs traducteurs. Non pas, disons-le de suite, parce que tout doit être bien qui n'est pas d'origine française, mais parce que la science est universelle, et que, dans le monde entier, sauf en France, on étudie et on publie beaucoup.

M. de Grahl, Expert en chauffage près les tribunaux de Berlin, a publié en 1911 le résultat des études et des expériences qu'il a faites pendant huit ans sur les installations litigieuses dont la Jus-

tice lui a confié l'examen. M. Schubert, Ingénieur des Arts et
Manufactures, nous en offre aujourd'hui une traduction extrêmement intéressante, et qui rendra service à tous : aux experts, en
leur montrant quelques-unes des méthodes employées par leurs
collègues allemands, et les conclusions tirées par l'un d'eux ;
aux entrepreneurs, en appelant leur attention sur les inconvénients des appareils trop faibles ; aux fabricants, par une
critique sévère des majorations excessives de la puissance « rationnelle » des appareils qu'ils vendent, car les errements en France
sont les mêmes qu'en Allemagne ; aux architectes et à tous
les propriétaires que le chauffage intéresse, en leur apprenant une
fois de plus qu'une installation qui consomme trop de charbon est
une installation insuffisante et mal faite, et que, lorsqu'ils achètent
bon marché, ils paient en réalité trop cher, parce que la dépense
d'achat ne se fait qu'une fois, tandis qu'un entretien onéreux est
un supplément journalier de dépense.

Nous ne voulons pas dire par là que nous devons tout retenir de
l'œuvre de M. de Grahl que nous présente M. Schubert. Certes les
conditions ne sont pas les mêmes en France qu'en Allemagne. La
température de — 20° au-dessous de zéro, qui sert de base aux projets
allemands, n'est jamais atteinte en France, sauf peut-être dans
quelques régions voisines de notre frontière de l'Est. Le coke est
moins employé comme combustible dans notre pays, et il est
regrettable que nous ne trouvions dans le travail de M. de Grahl
aucune expérience faite sur les anthracites et les charbons maigres
ou anthraciteux, que nous consommons davantage.

Les chaudières examinées sont assez différentes de celles employées
en France, à l'exception de la chaudière Strebel, depuis longtemps
sur notre marché, et de la chaudière verticale tubulaire très en
faveur, mais installée le plus souvent sans enveloppe en maçonnerie.

Mais, malgré ces différences, le technicien saura faire son profit
des précieux renseignements du livre, l'entrepreneur y puisera une
crainte salutaire des coefficients majorés, l'architecte et le proprié-

taire comprendront pourquoi tant de leurs installations sont défectueuses, et pourquoi les frais de combustibles de leurs chauffages sont souvent ruineux.

« Quand une installation est défectueuse, nous dit M. de Grahl, « on plaide, on chicane, et on arrive à un arrangement qui coûte « beaucoup plus cher que la valeur de tout le litige. »

N'est-ce pas l'image de ce qui se passe chez nous?

« Dans une chaudière à éléments en fonte, la production aug- « mente si on force la marche, mais sans dépasser une certaine « limite, et elle diminue ensuite. Il y a donc une production « maxima qu'on ne doit pas dépasser, si l'on veut, bien entendu, « que l'installation fonctionne économiquement. »

Ne nous sommes-nous pas toujours élevé, notamment dans *le Chauffage des habitations* (¹), dans *le Chauffage et la Ventilation des bâtiments industriels* (²), contre l'exagération des puissances de chaudières données dans les catalogues des fabricants? 10.000, 12.000, 15.000 calories par mètre carré de surface de chauffe et par heure, sont des chiffres que nous lisons couramment. Et la masse des entrepreneurs adopte comme normales ces puissances exagérées, qui ne devraient être demandées aux chaudières qu'en marche absolument exceptionnelle, pendant les quelques journées très froides au-dessous des minima normaux.

Mais, comme beaucoup d'installations sont établies sans calculs, ou dans le seul but d'arriver au prix le plus bas entre les maisons concurrentes, ces installations sont à peine suffisantes pour les froids moyens, et, aussitôt que la température extérieure s'abaisse, cette marche à allure exagérée devient une marche normale, c'est-à-dire que les chaudières deviennent des gouffres à charbon : on voit couramment des températures de 500, 600° et plus dans les cheminées, et les constructeurs protestent quand les Experts n'acceptent pas ces températures comme conformes aux règles de l'art.

Aux États-Unis, l' « American Society of Heating and Ventila-

---

(¹) Dunod et Pinat, éditeurs.
(²) Bibliographie de la *Technique moderne*, Dunod et Pinat, éditeurs.

ting Engineers », en Angleterre la « British Institution of Heating
and Ventilating Engineers », ont maintes fois protesté contre cet
abus des catalogues.

Sans doute les constructeurs techniciens n'adoptent pas ces
puissances. et se tiennent prudemment dans les limites de 30
à 40 0/0 inférieures, mais une quantité considérable de petits
constructeurs peu éclairés ne savent pas, et ne se méfient que
lorsque quelque coûteux procès est venu leur apprendre à leurs
dépens ce qu'ils doivent faire.

Dans une installation que nous avons eu à rectifier l'hiver dernier, en notre qualité d'Expert près les Tribunaux, nous avons pu
réaliser une économie de combustible de près de 25 0/0, en faisant remplacer une chaudière à vapeur à basse pression qui marchait normalement à 12.000 calories par mètre carré, lorsque la
température extérieure était de 0°, par une chaudière du même type
ne marchant qu'à 8.000 calories dans les mêmes conditions.

« Avec la meilleure volonté, nous dit M. de Grahl, je n'ai
« jamais pu constater une production de 12.000 calories en ser-
« vice normal. Si dans l'établissement des projets d'installations
« de chauffage nous nous basions sur de pareilles valeurs, non
« seulement le chauffage serait insuffisant lorsque la température
« extérieure est basse, mais encore la consommation de coke
« augmenterait d'une façon effrayante. »

M. de Grahl nous montre encore par des analyses de gaz qu'il a
faites dans les cheminées des chaudières soumises à son expertise,
que la méthode de réglage de la marche des générateurs par une
entrée d'air dans la cheminée se traduit immédiatement par une
augmentation de pourcentage d'oxyde de carbone, c'est-à-dire par
une diminution du rendement.

C'est là encore une théorie que nous avons toujours soutenue,
et nous rappelons que dans nos ouvrages : *le Chauffage des habitations* et *le Chauffage et la Ventilation des bâtiments industriels*,
nous avons énergiquement demandé que le réglage automatique obtenu par les régulateurs se fît à la fois par la diminu-

tion de l'arrivée d'air sous la grille et par la réduction de la section de passage des gaz à la cheminée, mais jamais par une introduction d'air froid dans cette cheminée.

Et pourtant cette dernière méthode est adoptée par la plupart des fournisseurs de chaudières du commerce, et contribue, dans une large mesure, à la marche essentiellement peu économique de ces appareils.

Enfin nous avons, et ceci nous a été souvent reproché, insisté sur la nécessité de chaudières ayant des magasins de combustible en dehors de la zone du foyer, et alimentant automatiquement la grille au fur et à mesure de la combustion, par opposition avec les chaudières à grands foyers, où la masse de combustible destinée à la marche de plusieurs heures entre immédiatement en ignition.

Ce n'est plus, avons-nous souvent dit, de la combustion : c'est de la distillation, et les générateurs deviennent des gazogènes, producteurs d'oxyde de carbone, c'est-à-dire utilisant mal le combustible.

Les expériences de M. de Grahl concordent avec notre théorie. Il demande qu'on s'occupe aussi peu que possible de la chaudière dans l'intervalle des chargements.

« Le chauffeur qui s'efforce de fournir la quantité de chaleur « nécessaire en manœuvrant les portes du cendrier, en ringardant « et retournant le feu, ne sait pas que de cette façon il réduit la « production et le rendement.

« ... Plus les chaudières sont grandes, plus l'allure du chauffage « est régulière : on charge la trémie, et on laisse le coke se con- « sumer avec le registre aussi peu ouvert que possible : moins on « a besoin de charger souvent, plus la combustion est bonne, plus « le rendement est élevé. »

Une conséquence toute naturelle de l'emploi des chaudières à magasin de combustible est le chauffage continu, de jour et de nuit, sans arrêt, solution que nous avons toujours préconisée et défendue, et qui oblige à l'emploi de chaudières ayant un magasin assez grand pour ne pas s'éteindre la nuit. On lira avec intérêt que les expériences de M. de Grahl le conduisent à une conclusion identique, et il consacre tout un chapitre fort documenté à nous montrer qu'il y a économie à une marche continue ininterrompue de jour et de nuit, plutôt qu'à laisser éteindre pendant la nuit, ce qui oblige à une marche intensive pendant les quelques heures de mise en régime le matin.

Parfaitement renseigné, au moins à Berlin, par la publication journalière que fait l'Institut météorologique prussien des températures relevées à 7 heures du matin, 2 heures après-midi, 9 heures du soir, M. de Grahl a pu faire cette remarque curieuse que la température de 9 heures du soir correspond sensiblement à la moyenne des températures de la journée. Et il conseille de mettre le régulateur en régime pour la température qui existe à 9 heures du soir.

Sans doute notre climat parisien, beaucoup moins froid, nous donnerait-il une autre heure pour la température moyenne de la journée et il serait extrêmement intéressant de la connaître. Malheureusement nous sommes assez mal renseignés, en France, sur les températures au jour le jour. Le *Bulletin météorologique de France* (¹) édite bien une publication envoyée chaque jour à ses abonnés, et indiquant les températures de la veille dans diverses villes de France. Mais, pour Paris, par exemple, c'est la température de l'Observatoire du Parc Saint-Maur qu'il nous donne. On ne saurait évidemment la tenir pour équivalente à celle de Paris, avec laquelle elle diffère souvent de 2 à 3°. Dans nos expertises, certains constructeurs prétendent nous faire admettre celle de l'Observatoire de la Tour Saint-Jacques, relevée à une altitude notablement supérieure à celle de nos bâtiments, ou celle de l'Observatoire de Montsouris, placé en dehors de l'agglomération des maisons parisiennes, ou encore celle indiquée par tel ou tel journal, qui place un thermomètre sur la façade de son immeuble.

(¹) *Bulletin international du bureau central météorologique de France.* Mourlot, éditeur, 75, rue Saint-Maur.

Il y a là une lacune à combler, sur laquelle la très curieuse remarque de M. de Grahl appellera l'attention de nos associations d'ingénieurs ou de nos groupements d'entrepreneurs.

Nous voudrions encore, dans l'œuvre de M. de Grahl, faire ressortir combien soigneusement il a étudié la question de combustion des cokes, tout en regrettant de ne les point voir en comparaison avec les anthracites. L'égalité de pouvoir calorifique qu'il établit entre le coke métallurgique et le coke de gaz ne sera pas sans étonner, et sans inciter à prolonger l'expérience faite depuis quelques années sur les cokes de gaz en France.

Les anthracites et les charbons maigres français et belges conviennent en général assez peu pour les chauffages, en raison du pourcentage élevé des matières volatiles qu'ils renferment, et qui donnent lieu très souvent, dans les chaudières, à des explosions toujours désagréables et parfois dangereuses.

Aussi les constructeurs préconisent-ils l'anthracite anglais, qui, malheureusement, coûte d'autant plus cher que la demande devient plus grande ; de plus, trop de marchands de charbon le fraudent en le mélangeant d'anthracite belge ou de charbons anthraciteux.

A l'instigation de la Société du gaz de Paris et du Comité des cokes de France, désireux d'écouler les montagnes de coke existant dans leurs usines, on essaie de brûler depuis quelques hivers ce combustible, qui donne de bons résultats, tout au moins avec les chaudières en fonte. Pour les chaudières en tôle, on n'a pas encore une expérience assez grande pour savoir si l'usure des foyers ne rendra pas onéreuse l'utilisation du coke, ce qu'on peut évidemment craindre.

Mais M. de Grahl, sur un ton humoristique, nous dit : « Le « coke de gaz paraît mieux convenir à nos installations de chauf- « fage que le coke de fonderie, à cause de son prix d'achat « moindre, et des dépenses d'exploitation moins élevées qui en « résultent : *j'espère fermement que la connaissance de ce fait ne* « *suscitera pas d'augmentation de prix.* »

Hélas, nous avons déjà éprouvé en France que cette crainte n'est pas vaine ! Sollicités par le Comité des cokes de France, une quantité appréciable de constructeurs ont conseillé à leurs clients l'emploi du coke. Immédiatement les usines à gaz ont augmenté leurs prix. On paya plus cher en 1912 qu'en 1911, sans qu'une diminution des stocks formidables pût justifier l'augmentation ; ne paiet-on pas déjà plus cher en 1913 qu'en 1912 ?

« S'il devait toutefois en être ainsi, nous dit M. de Grahl, « il n'y aurait aucune difficulté à supprimer complètement l'em- « ploi du coke comme combustible, par l'adoption d'un foyer « demi-gazogène. »

Est-ce le sort qui attend en France les usines à gaz, trop pressées d'augmenter leurs prix ?

M. de Grahl appelle notre attention sur la circulation irrégulière dans les chaudières à éléments ; il y a vaporisation dans certains éléments de chaudières à eau, et parfois même rupture ; il y a toujours un considérable entraînement d'eau dans les chaudières à vapeur.

C'est là encore une théorie que nous avons soutenue dans *le Chauffage des habitations* et *le Chauffage et la Ventilation des bâtiments industriels*, et nous avons émis le vœu que les éléments fussent toujours raccordés entre eux par un collecteur de grande section au départ, et par un collecteur de retour de chaque côté de la chaudière. C'est le seul moyen pour que chaque élément travaille également, pour que la circulation et la vaporisation soient régulières, pour que jamais la rupture spontanée d'un élément, due à une mauvaise circulation, ne vienne à se produire au moment le plus froid de l'hiver, quand le chauffage est le plus nécessaire, et donner lieu à de longs et coûteux procès entre propriétaires et fournisseurs.

En résumé nous pensons que le fort intéressant travail de M. de Grahl recevra chez nous l'accueil qu'il mérite ; entièrement basé sur les expériences faites au cours d'expertises judiciaires ou amiables, il confirme nombre de théories, qui nous seront d'autant plus chères qu'elles ont été plus combattues.

Ce travail, utile à tous ceux que la question du chauffage intéresse, mérite l'étude et les commentaires des Groupements d'Entrepreneurs et des Associations d'Ingénieurs ; nous avons bon espoir qu'il contribuera à l'amélioration de la technique du chauffage.

Paris, le 30 novembre 1913.

G. DEBESSON,
Ingénieur-Conseil, Expert près le Tribunal Civil de la Seine.

LE FONCTIONNEMENT ÉCONOMIQUE
DU CHAUFFAGE CENTRAL

CIRCONSTANCES INFLUANT SUR LA CONSOMMATION DU COKE

Si nous nous proposons de rechercher quels sont les facteurs qui peuvent influer sur la consommation de coke, nous arrivons aux conclusions suivantes :

1° Supposons que, la température extérieure moyenne journalière étant de 4°38, pour maintenir à l'intérieur une température de 20° pendant toute la période de chauffage, nous ayions dû brûler 101.200 kilogrammes de coke [1], cela revient à dire que nous avons consommé :

$$\frac{20 - 4,38}{101200} = 6.500 \text{ kilogrammes par degré de différence de température.}$$

par suite, pour maintenir à l'intérieur une température de 21° au lieu de 20°, la consommation de coke aurait dû augmenter de 6.500 kilogrammes, soit 6,4 0/0. Cela peut parfaitement arriver dans le cas de températures moyennes.

Par contre, nous concevons sans peine l'économie que les propriétaires réaliseraient s'ils s'obligeaient à ne maintenir qu'une température intérieure de 18°, tout en s'efforçant d'atteindre 20°. Cette précaution présenterait pour eux l'avantage d'écarter autant que possible les réclamations pour chauffage insuffisant. Cette marge de 2° compenserait en quelque sorte les inexactitudes des calculs de la

[1] **Voir** p. 138.

transmission de la chaleur, les effets des variations atmosphériques et des autres circonstances imprévues (¹).

2° Dans les maisons à loyer, il faut compter avec l'habitude qu'ont les habitants d'aérer. Certains constructeurs prudents majorent leurs coefficients de transmission de la chaleur pour tenir compte de ce fait. C'est ainsi que procèdent, par exemple, Janeck et Vetter, de Berlin, qui comptent 3 calories par mètre cube d'air à réchauffer. Cette majoration constitue en chiffres ronds 10 0/0 de la quantité de chaleur maxima nécessaire (²).

L'aération n'abaisse pas seulement la température de l'air des locaux, mais augmente encore la quantité de chaleur empruntée aux radiateurs, à cause du violent renouvellement de l'air, qui entraîne une plus grande consommation de combustible.

3° Par suite des inexactitudes dans le calcul des tuyauteries et en

(¹) Pour le calcul de la transmission de la chaleur, il faut faire des hypothèses ; l'expérience seule permet de les faire justes. Par exemple, il est évident qu'un couloir non chauffé et longeant en outre un mur. de pignon sans construction attenante, ne peut être considéré comme étant « tempéré » en entendant implicitement par tempéré une température de 10 à 12°. En effet j'ai souvent constaté que, pour une température extérieure de — 10°, le couloir n'était qu'à 0°.

Un entrepreneur d'installations de chauffage central ne devrait jamais compter sur la construction ultérieure d'un bâtiment contre le pignon du sien. Qu'en résulterait-il, en fin de compte, s'il installait quelques radiateurs de plus au lieu de plaider, de chicaner et d'arriver enfin à un arrangement qui coûte beaucoup plus cher que la valeur de tout le litige.

A propos de l'installation de la tuyauterie dans un grenier — en supposant que la toiture soit bien construite — certains constructeurs admettent dans les calculs, pour cet espace, une température de 0° et même de + 5°, alors que, pour ma part, j'y ai constaté — 6° pour une température extérieure de — 20°.

L'influence du temps qu'il fait est tout à fait importante, en particulier s'il s'agit de locaux d'angle exposés à l'action du vent. Dans des cas de ce genre, j'ai constaté que, quoique les radiateurs eussent été très largement calculés, on ne pouvait obtenir plus de 10° à l'intérieur, alors que les locaux voisins étaient très bien chauffés. La raison en était dans le continuel renouvellement de l'air résultant de l'action du vent, l'air subissant une compression du côté du vent et une dépression du côté opposé.

L'effet produit augmente avec la perméabilité des matériaux de construction et varie naturellement avec la perfection du travail de maçonnerie (mauvais joints, etc...). Pour des murs en matériaux creux, nous manquons en outre de données au sujet des coefficients de transmission à adopter, point dont généralement nous ne tenons pas du tout compte.

(²) L'usage général, en France, est d'ajouter pour les locaux servant à l'habitation, une certaine quantité de calories aux chiffres donnés par le calcul pour les pertes de calories par les parois. On admet, le plus souvent, un renouvellement d'air égal au volume de la pièce chauffée, lorsque celui-ci est inférieur à 100 mètres cubes.

Cette majoration est généralement suffisante, sauf dans les cas de matériaux spéciaux très perméables, ou lorsque l'immeuble à chauffer est très isolé et exposé aux grands vents.

Pour les locaux destinés à l'habitation collective discontinue (écoles, salles de spectacles, etc.), le volume d'air renouvelé par la ventilation naturelle ou mécanique est fixé par le programme.

G. Debesson.

particulier par suite du choix de diamètres insuffisants pour les conduites de chauffage à l'eau chaude, comme les résistances croissent avec le carré de la vitesse, la quantité de chaleur calculée par les méthodes habituelles ne peut jamais être fournie réellement ; il faut non seulement que le chauffage préalable de l'installation soit prolongé, mais encore que la température de l'eau soit plus élevée, ce qui entraîne naturellement un excès de consommation de coke. C'est ainsi que l'on peut expliquer les défauts que l'on constate si souvent dans les installations insuffisantes qui, même lorsque la température est douce, ne peuvent fonctionner à peu près convenablement qu'avec de l'eau à une température très élevée.

Tout réglage devient alors impossible, de sorte qu'un chauffage de ce genre ne diffère plus, au point de vue technique, d'un chauffage ordinaire à vapeur à basse pression.

De même des raccords trop petits peuvent avoir un effet très fâcheux sur le rendement, par suite de la formation de rouille ou de l'accumulation de dépôts.

4° Un point particulier à considérer, c'est la chaleur perdue par les tuyauteries. Il est évident que la chaleur dégagée par la conduite contribue en partie au chauffage des locaux, de même que les tuyaux d'eau chaude, la cheminée et la cave du générateur chauffent les locaux voisins souvent d'une façon fâcheuse, point auquel on n'accorde pas toujours une attention suffisante (¹). Mais les tuyauteries peuvent être disposées de façon à ne contribuer nullement au chauffage de la maison par leurs chaleurs perdues qui ne font alors qu'augmenter la consommation de coke, par exemple lorsqu'elles sont installées dans le grenier.

Ce qui nous intéresse principalement, c'est la chute de température résultant pour l'eau chaude de la chaleur dégagée par la conduite (dans le cas de chauffage à vapeur, c'est la chute de pression). La température que l'eau chaude possède à son point de départ n'est pas la même que celle qu'elle a à son point d'utilisation. Par suite nos calculs doivent subir des corrections : si, par exemple, nous désirons avoir à l'entrée du radiateur une température de 70°, il faut que nous maintenions dans la chaudière environ 75° pour compenser la

---

(¹) J'ai eu affaire à des cas dans lesquels des chambres se trouvaient surchauffées par le voisinage des cheminées, fait qui donnait lieu à des plaintes très vives.

perte de chaleur résultant de la déperdition et du travail de marche à vide ([1]), sans quoi notre local ne pourra être suffisamment chauffé.

5° Pour déterminer la quantité de chaleur dégagée par un radiateur, nous partons de la température moyenne de l'eau chaude.

Devons-nous désigner par là la moyenne de la somme des températures de l'eau au départ et au retour? Pouvons-nous nous contenter de lire la soi-disant température au départ sur le thermomètre de la chaudière? Mais ce thermomètre indique-t-il réellement la température au départ? A cela je ne puis répondre autre chose que non.

En effet, au cours des essais que j'ai faits, j'ai pu constater des écarts de 17° et davantage. En y réfléchissant, on conçoit qu'il ne peut en être autrement, car la masse d'eau de la chaudière est parcourue par des courants à des températures différentes, qui ne se mélangent que dans le tuyau de départ en y prenant une température moyenne. C'est donc là et non dans la chaudière qu'il faut lire la température; il en est de même pour la température au retour ([2]).

6° Un propriétaire ne se préoccupe pas avant tout de la quantité de coke qu'il consomme, mais bien de ce que le chauffage lui coûte en réalité. Un coup d'œil dans les livres de compte nous montre qu'il y a des différences considérables dans les prix d'achat des cokes, surtout s'il s'agit de coke de gaz et de coke métallurgique de Westphalie. Le tableau XXI (p. 133) nous montre, par exemple, des différences de 3 fr. 625 par 100 kilogrammes (5 fr. 875 pour du coke métallurgique contre 2 fr. 25 pour du coke de gaz).

7° L'état dans lequel se trouve le coke et sa puissance calorifique ont une grande influence sur sa consommation. Du coke tamisé convient dans certains cas mieux que du coke non tamisé, car il forme moins de mâchefers et laisse passer à travers la grille moins de fragments non brûlés. Comme généralement le coke de gaz est vendu à l'hectolitre et le coke métallurgique au poids, l'acheteur subit un

([1]) Voir p. 27.
([2]) Dans une installation que j'avais à essayer, le thermomètre de la chaudière marquait d'une façon à peu près constante 75°, alors que les radiateurs n'étaient que moyennement chauffés. J'ai donc mesuré la température au départ et au retour, et je n'ai trouvé respectivement que 35° et 44°. La raison de ces basses températures résultait de la disposition même de la chaudière (voir *fig.* 1), dans laquelle la circulation ne pouvait se faire que d'un seul côté. L'eau froide ne circulait pas dans toute la chaudière, mais montait directement vers l'orifice du tuyau de départ. C'est pourquoi il se produisait un dégagement de chaleur à l'endroit où se trouvait le thermomètre de la chaudière. Le chauffeur s'imaginait qu'il chauffait suffisamment et les locataires se plaignaient du chauffage insuffisant de leurs locaux.

préjudice surtout pour ce dernier, s'il a été chargé et pesé un jour de pluie. Le coke sec absorbe jusqu'à 12 0/0 d'eau, de sorte que sa puissance calorifique est considérablement diminuée. Si 1 kilogramme de coke sec produit 7.070 calories, 1 kilogramme de coke mouillé ne fournira que :

$$\frac{7070 \times (100 - 12)}{100} = 6150 \text{ calories,}$$

soit 13 0/0 de moins.

Afin d'être complet, je devrai encore noter que, malgré les marques et les contrôles, il y a malheureusement bien des irrégularités dans le poids des livraisons de coke. Fréquemment le propriétaire se contente de se rendre compte de la consommation par l'examen des livres, au lieu de s'assurer personnellement, par des pesées d'essai, de l'exactitude des poids livrés.

A mon avis, la question de savoir s'il vaut mieux employer du coke de gaz ou du coke métallurgique est à peine discutable. Le bas prix du coke de gaz n'est pas le seul facteur à faire intervenir. Ce coke

Fig. 1.

présente souvent tant de propriétés désagréables que, tout bien considéré, il peut revenir plus cher que le coke métallurgique. Ce que redoutent les chauffeurs, c'est un coke produisant du mâchefer. Le travail qui en résulte pour eux est si fatigant et si décourageant que beaucoup d'entre eux quittent leur place. Mais le propriétaire de l'installation n'a pas non plus lieu de s'en réjouir, car combien souvent les éléments de la chaudière sont détériorés par les chocs du ringard et combien d'avaries en résultent!

Dans un autre ordre d'idées, la grosseur des morceaux de coke peut avoir une grande influence sur le rendement. Les résultats des essais indiqués plus loin nous apprennent qu'en général le coke est brûlé avec beaucoup trop d'air. Je considère que ce fait résulte du tirage trop fort des cheminées et des grands espaces existant entre les morceaux de coke par suite de leurs formes anguleuses. Je pense donc

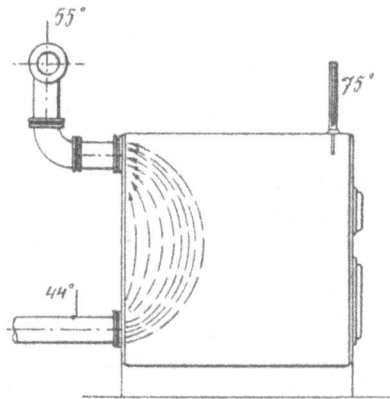

que du petit coke tamisé en morceaux de 3 à 4 centimètres de grosseur convient mieux que du coke en gros morceaux. Je ne puis recommander de faire casser le coke avant de l'employer, car personne ne le fait.

8° Mes recherches m'ont permis d'établir que, fait encore inconnu jusqu'à présent, dans une chaudière à éléments en fonte, la production augmente si on force la marche, mais sans dépasser une certaine limite, et qu'elle diminue ensuite.

Il y a donc une production maxima qu'on ne doit pas dépasser lorsqu'on établit un projet de surface de chauffe de chaudière, même pour la période de mise en régime, c'est-à-dire de la marche la plus intense, si l'on veut, bien entendu, que l'installation fonctionne économiquement [1]. La courbe des productions de la figure 67 présente un maximum de 8.100 calories, de part et d'autre duquel la production est moindre ; nous pouvons donc obtenir une seule et même production avec une faible ou avec une forte consommation de combustible ; cela dépend uniquement du degré d'ouverture du registre de la cheminée et des volets qui laissent arriver l'air jusqu'à la grille.

Page 166, je montrerai que, dans un cas particulier, on peut obtenir une même production de 7.250 calories en brûlant, d'une part, $1^{kg},85$ et, d'autre part, $1^{kg},325$ de coke par heure et par mètre carré de surface de chauffe.

Comme la production et le rendement dépendent l'un de l'autre, dans l'un des cas, on obtient le rendement très bas de 54,5 0/0 et dans l'autre le rendement élevé de 78 0/0. Il est donc évident que ce fait a une grande influence sur la consommation de coke. Les économies qui en résulteraient dans l'exemple précédent se monteraient à 23,5 0/0, ce qui se traduirait dans l'industrie du chauffage par des millions de francs dont profiteraient les intérêts des administrations et des particuliers.

Quoiqu'on doive aussi admettre que, dans le cas des installations de chauffage de bâtiments publics, les radiateurs sont calculés, à cause des prescriptions réglementaires, plus largement que dans le cas des

[1] Nous avons toujours soutenu cette théorie, et le chiffre de 8.100 calories par mètre carré de surface de chauffe correspond sensiblement au chiffre de 15 kilogrammes de vapeur à basse pression que nous recommandons comme un maximum. Voir notamment le *Chauffage des habitations* (Dunod et Pinat, éditeurs), 1908, et *le Chauffage et la Ventilation des locaux industriels* (*Technique moderne*, Dunod et Pinat, éditeurs), 1910.
                                                                    G. Debesson.

installations particulières, que de ce fait résulte pour les premières une plus grande sécurité en ce qui concerne la production de chaleur, il n'en est pas moins vrai que toutes les installations souffrent d'une tare de la plus haute importance : elles consomment trop de combustible.

Dans cet ordre d'idées, rien ne peut être plus probant que les résultats d'un contrôle officiel (¹) exercé dans une commune d'assez grande importance contenant 21 bâtiments publics nouvellement aménagés au chauffage central.

D'après ce contrôle, le rendement net obtenu avec le même combustible variait de 31 à 55 0/0 pour les divers bâtiments, ainsi que le montre le tableau ci-dessous :

I.	École primaire, environ	....	31 0/0
II.	-- garçons, environ	....	43
III.	— filles, —	....	36
IV.	— garçons, —	....	55
V.	— filles, —	....	47
VI.	— garçons, --	....	40
VII.	— filles, —	....	33
X.	— garçons, —	....	43
XI.	— filles, —	....	52
XII.	— garçons. —	....	55
XIII.	— filles, —	....	55
XIV.	— garçons, —	....	52
	Ecole moyenne, environ	....	52
	Gymnase H., environ	....	42
	Gymnase W.S., environ	....	55
	Ecole supérieure de filles, environ	....	38
	École moderne, environ	....	52
	Hôtel-de-Ville, environ	....	40
	Bâtiment d'administration, environ	....	33
	Bâtiment des pompes à incendie, environ	....	33
	Poste de secours d'incendie, environ	....	42

L'auteur de ce rapport si important, qui s'accorde parfaitement avec mes expériences, continue ensuite dans les termes suivants :

« On ne peut assez attirer l'attention sur la grande signification économique de ce fait en considérant les prix toujours croissants des combustibles et le nombre toujours plus grand des nouvelles installations de chauffage central.

(¹) *Haustechnische Rundschau*, janvier 1909, p. 164.

« Il en résulte non seulement un gaspillage de nombreux millions de la fortune nationale, mais encore, par suite de la combustion désordonnée du combustible, une viciation notable de l'air environnant, qu'il est tout à fait désirable d'éviter ; il est donc indispensable d'arriver à supprimer toutes ces défectuosités dont l'existence vient d'être établie d'une façon indiscutable.

« Pour les installations de moyenne importance, le constructeur et son client devraient être responsables par parties égales, puisqu'il arrive souvent que les considérations économiques sont complètement laissées de côté et que le bon marché de la construction joue le principal rôle. »

Ces conclusions n'établissent pas encore la cause de la consommation exagérée de coke : outre les raisons énumérées plus haut, celle-ci résulte encore de :

1° L'évaluation trop forte de la production de la chaudière, pour laquelle on a pris jusqu'à présent, et d'une façon générale, des valeurs trop élevées ;

2° L'ignorance dans laquelle on se trouve de la quantité de chaleur nécessaire pour réchauffer les parois des locaux après une interruption du chauffage ; la connaissance de cette quantité de chaleur a une grande importance pour le calcul de la surface de chauffe de la chaudière ;

3° La préférence que l'on accorde au chauffage intermittent au lieu du chauffage continu.

Je reviendrai plus loin en détail sur les points 1° et 3°.

II

CALCUL DE LA CONSOMMATION DE COKE

Les considérations qui précèdent permettent de reconnaître la difficulté de déterminer *a priori*, par des formules, la consommation de coke.

Si cela était possible, ces formules se présenteraient sous forme d'équations à plusieurs inconnues, pour la résolution desquelles il faudrait procéder par approximations successives. A mon avis, nous devons absolument, surtout dans le cas de contestations juridiques, nous abstenir de calculer la consommation de coke. Bien plus, nous avons le droit, de même que dans toute autre expertise faite, soit pour déterminer le rendement d'une chaudière à vapeur, soit pour établir la consommation d'une machine à vapeur, etc..., de demander un essai pratique de l'installation; c'est le seul moyen rationnel opposé au calcul rigide qui nous permettra d'arriver à un résultat [1].

Sans parler des inconnues de toute sorte, le calcul présente par lui-même une incertitude, puisque nous admettons, pendant la période de chauffage, une température extérieure moyenne.

Combien d'installations n'ont qu'une seule chaudière qui marche tantôt à pleine puissance, tantôt à faible puissance ! Pour chaque production, cette chaudière aura un rendement plus ou moins grand, et la moyenne de tous ces chiffres devrait se trouver justement égale

[1] Nous sommes tout à fait d'accord, et nous avons souvent protesté contre la fâcheuse tendance qu'ont les grandes administrations de l'Etat (bâtiments civils, guerre, marine, etc.) à exiger des constructeurs une garantie de consommation de combustible. Que penser d'un programme de concours exigeant des constructeurs l'obligation de garantir la consommation de combustible « pendant une journée d'essai », la mise en régime devant durer un nombre d'heures à indiquer et garantir par le constructeur ! Que penser d'un autre programme obligeant tous les concurrents à dire combien leur installation consommera de charbon pendant 30 jours du mois de janvier, par exemple ! Il y a là, avons-nous toujours dit, un calcul impossible à faire, et une indication qui ne signifie rien.

N'a-t-on pas vu, dans certains concours, plusieurs constructeurs dont les projets comportaient des chaudières du même type et de mêmes surfaces de chauffe, et garantissant des consommations de charbon différentes. M. de Grahl explique, avec juste raison, le peu de sérieux d'une telle demande, et confirme qu'un essai seul est capable d'indiquer un résultat.

G. Debesson.

au rendement résultant de la moyenne calculée des températures extérieures.

Si l'on emploie des formules, elles ne peuvent donner la consommation de coke qu'approximativement. J'ai obtenu çà et là des résultats satisfaisants en employant, par exemple, la formule de Recknagel :

$$p = 0,4W. \tag{1}$$

qui donne la consommation de coke p en kilogrammes, W étant la quantité de chaleur maxima nécessaire.

Pour la plupart des installations qui fonctionnent à faible rendement, elle donne des valeurs trop faibles. Nous trouvons, par exemple, des valeurs convenables pour l'installation remarquablement économique de la page 131; par contre, elle fournit des chiffres de 15 0/0 trop bas pour l'installation avec chaudière Strebel (chauffage à eau chaude à basse pression) qui, d'ailleurs, était bien conduite.

La formule de Recknagel résulte de la formule :

$$p = \frac{W \times 16 \times 200}{2 \times 4.000}, \tag{2}$$

dans laquelle on suppose qu'on n'utilise en moyenne que la moitié de la quantité maxima de chaleur nécessaire W (40° de différence de température) pendant une période de chauffage de 200 jours par an, le combustible fournissant 4.000 calories pour une durée de chauffage journalière de 16 heures. Ces hypothèses sont parfaitement justifiées, si l'on considère que la formule ne donne qu'une approximation, mais elle n'a plus aucune valeur, si, comme le cas s'est déjà présenté dans des rapports d'experts, on se base sur les conditions réelles de la température, c'est-à-dire si, par exemple, on prend comme température moyenne journalière 4° au lieu de 0°, ou si l'on prend comme durée de chauffage moins de 16 heures, etc...

La concordance des valeurs résultant de la formule avec celles de la consommation réelle de coke, à propos des installations citées plus haut, n'était possible que parce que, dans celles-ci, on atteignait des rendements de 84 à 88 0/0 (voir p. 137), tandis que la puissance calorifique de 4.000 calories introduite dans la formule supposait un rendement de 56,5 0/0 seulement. En admettant une moins bonne utilisation du combustible, on compense justement toutes les causes d'erreur que nous ne pouvons évaluer. Mais on ne peut pas, dans la formule, changer le dénominateur et laisser subsister le numérateur, car alors, cette méthode de calcul n'existe plus.

Comme la formule (1) est tirée de la formule (2), on ne peut pas, bien entendu, vérifier par (2) la valeur qui résulte de (1).

Une autre méthode pour la détermination de la consommation de coke suppose un chauffage de 12 heures par jour, une période de chauffage de 200 jours par an, une température extérieure de 0° et une utilisation de 4.000 calories. On majore de 50 0/0 pour tenir compte du chauffage de nuit et du chauffage préalable. La formule est alors la suivante :

$$p = \frac{1,5 \times 12 \times W \times 200}{2 \times 4000} = 0,45 W. \tag{3}$$

Elle donne une valeur un peu plus forte que celle de Recknagel.

Rietschel [1] calcule la quantité nécessaire de combustible par heure en kilogrammes par la formule :

$$p = \frac{5 W_2 F}{3c}, \tag{4}$$

dans laquelle :

W_2 est la quantité de chaleur absorbée par mètre carré de surface de chauffe de chaudière, les gaz chauds sortant à 250° (pour une chaudière à éléments en fonte, Rietschel prend $W_2 = 10.000$ calories et pour une chaudière de Cornouailles $W_2 = 8.000$ calories) ;

F, la surface de chauffe de la chaudière en mètres carrés ;

c, la puissance calorifique du coke (7.070 calories).

La formule (4) a dû être établie en supposant que le rendement est de 60 0/0 en moyenne. Comme il faut fournir une quantité de chaleur W_2, il a fallu brûler une quantité de charbon de :

$$\frac{W_2 \times 100}{60c} = \frac{5 W_2}{3c}.$$

L'indétermination de la formule résulte du rendement donné *a priori* et du choix à faire de W_2. Les chiffres donnés par Rietschel sont trop forts.

---

[1] *Leitfaden*, 4ᵉ édition, 1909, p. 237.

Les résultats d'essais indiqués page 162 donnent pour une chaudière de Strebel (chauffage à eau chaude à basse pression) $W_2 = 8.100$ calories.

Pour une chaudière Rapid (chauffage à vapeur à basse pression), encore moins (voir p. 194).

Pour la chaudière à foyer intérieur (p. 137), on a déterminé, par exemple, $W_2 = 9.450$ calories.

Comme là aussi les rendements étaient tout à fait différents, la formule (4) ne peut donner aucune concordance avec les résultats obtenus réellement (voir le tableau ci-dessous) :

	POIDS p EN KILOGR.		DIFFÉRENCE
	D'APRÈS LA FORMULE (4)	EN RÉALITÉ	
Chaudière de Strebel.......... $F = 14,$	33	22,6	31,5 0 0
Chaudière Rapid.............. $F = 75,66$	77,8	49	37,2 0 0
Chaudière de Cornouailles...... $F = 25$	47,2	39,5	8,4 0 0

On ne peut s'attendre à trouver une concordance que lorsque, comme dans la chaudière de Cornouailles, la production et le rendement sont dans le rapport $\dfrac{W_2 \times 100}{60}$. Sans parler des inexactitudes auxquelles elle conduit, la formule (4) est moins employée pour le calcul de la consommation de coke, car elle exige la détermination ultérieure du nombre d'heures de chauffage et de la quantité moyenne de chaleur nécessaire.

J'aurai, je pense, suffisamment traité ce sujet, lorsque j'aurai, pour terminer, cité encore une méthode de calcul exposée par Boehmer dans le journal *Gesundheits ingénieur*, 1905, n° 20. D'après cette méthode, on se propose de déterminer la perte de chaleur journalière des locaux à chauffer en admettant un chauffage continu. En désignant par :

A_2, la perte de chaleur journalière en calories pour une température extérieure de t_3 ;

A_1, la quantité maxima de chaleur nécessaire ($t_e = -20°$; $t_i = +20°$) ;

t_i, la température intérieure moyenne diurne, lorsque les locaux sont complètement chauffés ;

n, le nombre des heures de jour ou de nuit pendant lesquelles le chauffage est réduit ;

t_n, la plus basse température intérieure jusqu'à laquelle les locaux se refroidissent pendant les n heures, on a :

$$A_2 = (24 - n) A_i \frac{t_3 - t_i}{t_e - t_i} + nA_i \frac{t_3 - \dfrac{t_i - t_n}{2}}{t_e + t_i} . \qquad (5)$$

Cette formule est compliquée et exige des données relativement précises, si l'on ne veut pas tomber dans l'arbitraire. Alors que, d'une part, on s'efforce d'atteindre une plus grande précision, d'autre part, pour le calcul de la consommation de coke pendant la période du chauffage, on se contente de faire les hypothèses habituelles de 200 jours de chauffage, d'une température extérieure moyenne de 0° et d'une utilisation de 4.500 calories.

Si nous appliquons cette formule à l'installation de chauffage à eau chaude à basse pression de la page 132, en prenant des valeurs exactes, nous obtenons pour une température moyenne extérieure de 4°,38 C. (moyenne de cinq ans) une quantité de chaleur journalière nécessaire de :

$$A_2 = (24 - 12)\ 253440\ \frac{4,38 - 18}{-40} + 12 \times 253440\ \frac{4,38 - \dfrac{18 + 12}{2}}{-40} = 1.843,015\ \text{calories,}$$

et, en admettant une période de chauffage de 200 jours et une puissance calorifique utilisée du combustible de 4.500 calories, la consommation de coke se monte à :

$$\frac{1.843.015 \times 200}{5.900} = 82.000\ \text{kilogrammes.}$$

Si nous tenons compte des conditions réelles, savoir en moyenne 218 jours de chauffage et une utilisation de 5.900 calories (voir p. 138 et tableau XXII), la consommation de coke ne se montera, d'après la formule, qu'à 65.000 kilogrammes, alors qu'en réalité elle a été trouvée de 101.200 kilogrammes.

Les chiffres trop faibles fournis par la méthode de calcul (5) résultent de ce que l'on n'a pas tenu compte de la période de mise en régime.

Je montrerai (p. 139) que, pendant les deux heures de mise en régime, sans tenir compte de la quantité de chaleur absorbée par les murs, il a fallu fournir 746.380 calories pour amener les locaux à la température normale du commencement du chauffage journalier succédant au chauffage réduit de la nuit. La quantité de chaleur fournie pendant cette période représente presque 9 fois la quantité de chaleur nécessaire par heure pour le chauffage continu ($= 86.045$). Si nous ajoutions cette quantité de chaleur à A_2, nous aurions :

$$218 \frac{1,843.015 + 746.380 - 2 \times 86.045}{5.900} = 90.000 \text{ kilogrammes,}$$

ce qui concorde à peu près avec les résultats du tableau XXII. Mais tous les calculs théoriques, si justes soient-ils, sont sans valeur, si l'on ne tient pas compte de la perte de chaleur par les tuyauteries, et par l'aération des locaux, y compris un coefficient de sécurité à ajouter à la quantité de chaleur A_1 ; je propose de compter pour cela 15 0/0, c'est-à-dire de prendre 1,15 A_1, en admettant qu'il s'agisse d'un chauffage continu avec chauffage réduit pendant la nuit. D'après cela, c'est la formule (3) qui donnerait les résultats concordant le mieux avec la réalité.

Il va de soi qu'il ne peut s'agir ici que d'approximations pratiques ; si l'on voulait obtenir des résultats plus précis, il faudrait faire un essai de chauffage de vingt-quatre heures en choisissant une température extérieure représentant la moyenne habituelle du lieu pendant la période de chauffage et sans agir sur le chauffeur, de façon à déterminer l'influence des défectuosités de l'installation (défauts provenant de la tuyauterie, de son montage, du service du chauffeur, de l'aération des locaux, de la mise en régime, etc...).

Étant donné que, dans les essais en service, la détermination de la quantité de chaleur absorbée par l'eau chaude ou la vapeur conduit à de notables difficultés ([1]), il ne reste pas d'autre moyen que de mesurer la quantité de combustible brûlé et de déterminer les pertes de chaleur ; c'est ainsi que j'ai procédé dans mes essais. On peut alors

---

([1]) Dans le cas du chauffage à vapeur à basse pression, on peut, ainsi que je l'ai fait dans certains cas, recueillir et peser l'eau de condensation, mais il faut faire une correction pour tenir compte du refroidissement et de l'eau entraînée éventuellement ; dans le cas du chauffage à l'eau chaude, je recommanderai de mesurer la dilatation de l'eau dans le vase d'expansion au moyen d'un flotteur à index, de façon à pouvoir déterminer la quantité de chaleur absorbée d'après la courbe tracée par cet index.

en tirer des conclusions en vue d'améliorer le rendement, en s'attachant seulement à réduire les pertes de chaleur.

Pour calculer la consommation de coke correspondant à des températures extérieures normales, il faut, bien entendu, se baser sur la durée d'un jour entier de vingt-quatre heures.

S'il s'agit de fournir en une journée un nombre de W calories, on peut, bien entendu, les fournir égalementen douze heures de service, mais alors la chaudière devra pendant ce temps fournir le double, ce qui revient au même que de fournir seulement W calories en vingt-quatre heures. La seule différence sera dans le rendement qui, pour une production double, sera toujours moindre que pour une production simple. C'est pourquoi je ne comprends pas l'opinion répandue d'une façon presque générale à propos des économies qui résultent d'un chauffage continu telles que les calcule, par exemple, Krell aîné dans le journal *Gesundheits-Ingenieur*, 1907, p. 11.

III

TEMPÉRATURE JOURNALIÈRE MOYENNE ET NOMBRE DES JOURS DE CHAUFFAGE

Une installation de chauffage doit s'adapter aux variations atmosphériques, lorsqu'on se préoccupe de ramener à un minimum la consommation de coke. Le chauffeur doit donc avoir une base d'après laquelle il puisse conduire convenablement la chaudière, ouvrir ou fermer les registres de la cheminée et des entrées d'air et, dans le cas de chauffage à l'eau chaude, choisir une température convenable de l eau chaude. S'il ne le fait pas, qu'il chauffe trop ou pas assez, il gaspille du coke. Ainsi que nous le prouverons plus loin, les murs, restituant de la chaleur à l'air lorsque la température de l'eau chaude s'abaisse, ont une action égalisatrice avantageuse, mais la chaleur ainsi restituée par les murs et la chaleur absorbée par l'air environnant sont entre elles dans un rapport analogue à celui qui existe entre un créancier et un débiteur, ce dernier recevant quelque chose avec l'obligation de le restituer ultérieurement. Une période de chauffage insuffisant doit donc être toujours suivie d'une période de chauffage intensif, afin que la température des locaux et par suite le bien-être des occupants ne subisse pas de modification (¹). Le chauffeur devra donc, pour compenser ses négligences, forcer l'allure de sa chaudière pendant des heures, surtout lorsque la surface de chauffe n'est pas bien grande ; par suite, comme le rendement diminuera, il consommera beaucoup plus de coke que s'il avait dès le début réglé sa marche d'après les variations de l'état atmosphérique. Par contre, s'il chauffe trop fort, on ouvrira les fenêtres et il en résultera également une consommation excessive.

Aucune théorie ne peut prévaloir contre la possibilité pratique de régler la marche du chauffage d'après les variations atmosphériques ; il existe de ce fait des preuves pratiques qui doivent être considérées comme convaincantes. Que peuvent faire l'action du vent ou l'accumulation d'un seul côté des occupants d'un local par rapport à l'énorme réservoir de chaleur constitué par les murs ? Qu'en réalité le chauffage d'une ou deux pièces soit quelque peu insuffisant, ce fait n'a pas grande importance par rapport aux autres pièces de tout l'immeuble, ou alors l'installation de chauffage ne vaut rien. Il n'y a pas lieu de tenir compte des faibles variations de température de l'air des locaux ; tout propriétaire peut facilement y remédier, ainsi que je l'ai indiqué page 1, en s'obligeant à maintenir à l'intérieur une température de 18° seulement, tout en s'efforçant d'atteindre 20° (²).

Donc, comme il est possible de régler la température des locaux par la chaudière, tout au moins dans le cas du chauffage à l'eau chaude, il y a lieu d'examiner s'il n'est pas possible de lire la température moyenne journalière à un moment déterminé, sans quoi le réglage perd toute sa valeur.

L'Institut météorologique prussien de Berlin publie dans ses comptes

---

(¹) Je me suis nettement rendu compte de ce que coûte le chauffage intensif dans des bâtiments d'usines chauffés par la vapeur d'échappement de la machine. Ce chauffage intensif était nécessaire tous les lundis, car les locaux s'étaient trop refroidis le dimanche et, malgré le secours continu de la vapeur vive, on ne pouvait arriver à fournir une quantité de chaleur suffisante pour amener les locaux à une température convenable pendant le temps disponible avant le commencement du travail. En effet la quantité de chaleur dégagée par les radiateurs a une limite. Dans les menuiseries, la situation est encore plus mauvaise, car les murs ne peuvent absorber de chaleur pendant les heures de travail à cause de la forte ventilation produite par les ventilateurs aspirant les copeaux des fraiseuses et des raboteuses. Il n'y a donc pas lieu de s'étonner de voir les menuisiers qui prétendent, ainsi qu'on le sait, ne pas pouvoir travailler dans des locaux dont la température n'atteint pas 15°, cesser leur travail et par suite coûter fort cher à leur patron.

(²) Nombre de propriétaires procèdent ainsi en France. Ils demandent à leur constructeur des garanties de + 18° par — 5 ou — 7, mais ne mettent dans les baux avec leurs locataires que + 18° par 0 extérieur.   G. Debesson.

rendus annuels, outre d'autres renseignements importants sur les variations atmosphériques, les températures de l'air relevées dans diverses stations. Les observations se font trois fois par jour (pour Berlin, 8, Teltowerstrasse), c'est-à-dire à sept heures du matin (7^m), à deux heures de l'après-midi (2^s) et à neuf heures du soir (9^s) [1]. La température moyenne de la journée est calculée par la formule simple :

$$t = \frac{\frac{7^m + 2^s}{2} + 9^s}{2}. \tag{6}$$

Dans les colonnes 7 du tableau I, j'ai ajouté aux lectures faites à Berlin, pour octobre et novembre 1901, les températures moyennes journalières, pour montrer que les observations de la température de l'air faites, par exemple, le matin et à midi, conduisent à des résultats faux au point de vue de la température moyenne de la journée.

[1] Nous n'avons malheureusement pas, en France, d'indications officielles analogues publiées par les Etablissements météorologiques. Le *Bulletin international du Bureau central météorologique* envoie bien chaque jour à ses abonnés l'indication des températures maxima et minima relevées la veille par certains observatoires, mais ces indications sont insuffisantes.

Pour Paris, par exemple, il indique les températures relevées à l'Observatoire du parc Saint-Maur, qui sont inférieures de 2 ou 3° souvent à celles relevées dans la ville.

Il n'a jamais été donné par personne une indication qui permette d'obtenir une moyenne ussi intéressante que celle donnée par M. de Grahl pour Berlin.

G. Debesson.

TABLEAU I

	OCTOBRE 1901 TEMPÉRATURE DE L'AIR EN CENTIGRADES							NOVEMBRE 1901 TEMPÉRATURE DE L'AIR EN CENTIGRADES					
DATES	7ᵐ	2ˢ	9ˢ	Maxim.	Minima	Moyennes journalières	DATES	7ᵐ	2ˢ	9ˢ	Maxim.	Minima	Moyenne journalière
1	2	3	4	5	6	7	1	2	3	4	5	6	7
1	13,5	21,8	17,1	22,0	12,6	17,37	1	2,0	7,7	5,6	7,8	1,5	5,22
2	13,6	21,9	18,1	22,3	13,2	17,92	2	2,5	7,1	5,6	7,7	1,5	5,2
3	15,0	21,7	17,6	22,3	14,6	17,97	3	5,2	6,9	3,9	7,2	3,9	4,97
4	14,3	19,5	16,8	20,0	13,1	16,85	4	0,8	0,8	2,4	3,9	1,0	1.6
5	12,1	13,1	13,2	16,8	11,8	12,9	5	2,8	3,2	1,0	3,3	1,0	2,0
6	11,2	9,8	8,2	13,3	8,2	9,35	6	0,3	7,0	6,2	7,1	0,3	4,92
7	7,4	9,9	7,0	11,0	4,8	7,82	7	7,3	9,2	6,6	9,9	4,9	7,42
8	7,8	10,8	6,5	11,8	4,9	7,9	8	7,4	9,5	8,5	9,5	5,6	8,17
9	7,7	13,4	10,0	13,5	5,2	10,27	9	5,3	6,3	3,2	8,9	3,2	4,5
10	7,7	12,5	8,8	12,5	7,0	9,45	10	—1,5	3,7	5,4	5,4	—2,5	3,25
11	6,2	12,7	9,6	12,7	4,8	9,52	11	7,4	8,7	8,0	8,8	4.5	8,02
12	6,1	12,8	10,0	12,9	5,3	9,72	12	7,6	8,0	6,6	8,7	6,6	7,2
13	9,0	11,3	10,6	11,4	8,4	10,37	13	5,8	6,8	7,6	7,6	3,9	6.95
14	10,2	12,2	10,6	12,4	7,7	10,87	14	9,0	9,5	7,4	10,3	7,2	8,32
15	9,6	14,2	10,4	14,5	6,7	11,15	15	2,1	4,2	3,3	7,4	1,6	3,22
16	9,9	14,6	11,2	14,9	7,9	11,72	16	0,4	1,5	0,6	3,3	—0,6	0,77
17	8,9	14,4	13,6	14,5	7,8	12,62	17	—1,0	5,1	4,0	5,1	—1,5	3,02
18	9,8	16,3	13,5	16,5	9,3	13,27	18	2,6	4,4	5,4	5,4	1,3	4,45
19	11,2	16,1	14,2	16,9	10,8	13,92	19	4,2	5,9	9,5	9,5	3,6	7,27
20	13,1	17,6	15,2	17,6	12,2	15,27	20	8,2	6,2	6,0	9,5	3,3	6,6
21	13,4	18,3	14,0	18,7	12,7	14,92	21	4,1	9,3	9,5	9,5	3,5	7,55
22	13,1	16,3	13,6	16,8	12,2	14,15	22	5,1	5,3	1,7	8,4	1,7	3,45
23	12,5	14,7	11,6	15,3	11,6	12,6	23	—1,2	2,7	—0,1	2,7	—2,1	0,32
24	8,2	13,2	9,4	13,5	7,7	10,05	24	—1,4	1,1	0,8	1,2	—2,9	0,32
25	5,6	13,1	10,4	13,4	5,0	9,87	25	—0,8	—0,1	—0,3	0,9	—1,4	0,37
26	7,4	12,0	9,0	12,1	7,1	9,35	26	2,1	4,6	2,8	4,8	—1,1	3,07
27	6,0	10,7	7,2	11,0	5,0	7,77	27	3,2	3,7	0,2	3,9	0,2	1,82
28	7,0	11,7	6,0	11,7	6,0	7,67	28	2,9	4,3	1,2	4,5	—0,6	2,4
29	3,9	11,8	10,5	12,5	2,3	8,95	29	—1,3	0,7	0,4	1,2	—1,7	0,05
30	8,2	10,7	5,4	10,7	5,4	7,42	30	5,3	7,7	7,4	7,7	0,5	6,95
31	3,9	8,9	5,5	9,3	2,9	5,95							
Moy.	9,4	14,1	11,1	14,7	8,2	11,4	Moy.	3,2	5,4	4,3	6,4	1,4	4,29

Le chauffeur ne pourra donc en tirer aucun profit, mais, par contre, il trouvera des renseignements précieux dans les lectures faites à neuf heures du soir (¹).

J'ai indiqué, en outre, dans le tableau I, la moyenne des observations pour le mois entier. Par exemple, pour octobre, on a :

$$7^m = 9°4, \qquad 2^s = 14°,1, \qquad 9^s = 11°,1.$$

(¹) J'ai déjà attiré l'attention sur ce fait dans un rapport sur le Traité de Gramberg (*Dinglers Polytechniches Journal*, 1909, p. 400).

Si nous prenons la moyenne de ces moyennes, nous trouvons :

$$\frac{\frac{9,4 + 14,1}{2} + 11,1}{2} = 11°,4,$$

chiffre à rapprocher de la moyenne de 9ʰ = 11°,1.

Par conséquent nous pouvons prendre, sans aller plus loin, comme

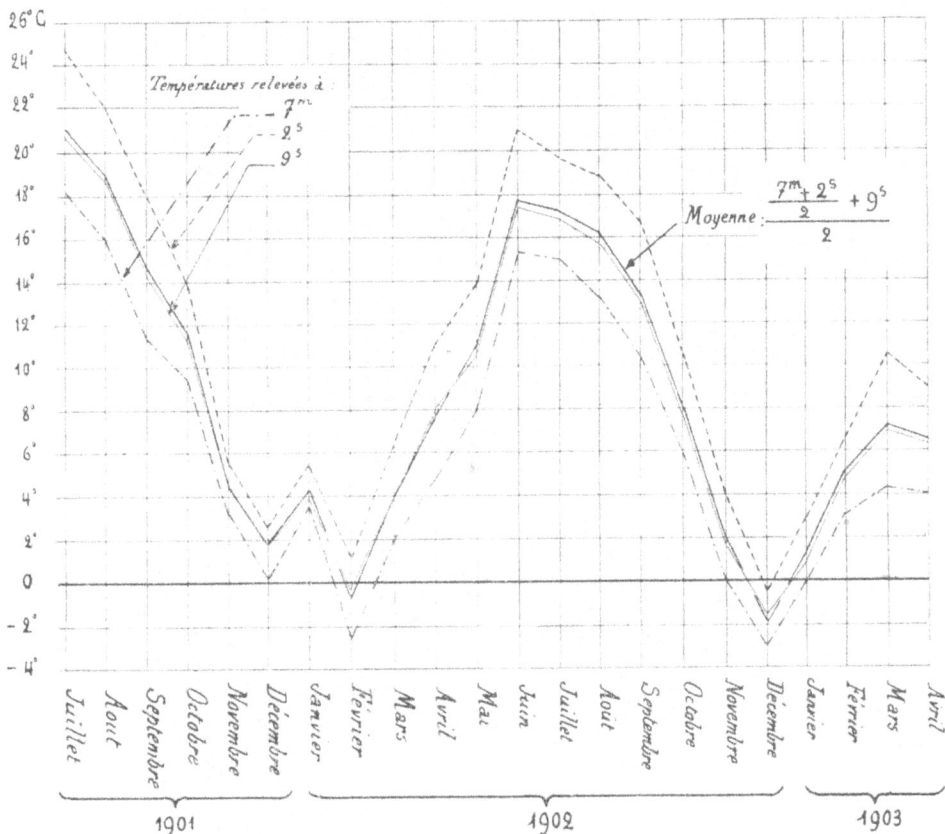

Fig. 2. — Températures moyennes mensuelles.

moyenne journalière la température lue à 9ʰ ; il y aura bien des dis-
cordances pouvant aller jusqu'à 0°,3, mais elles sont sans importance.

Pour montrer clairement la concordance de ces résultats, j'ai
indiqué sur le graphique de la figure 2 les températures moyennes
relevées et les moyennes journalières calculées pour deux années
(1901 à 1903). On voit que la courbe des moyennes calculées se con-

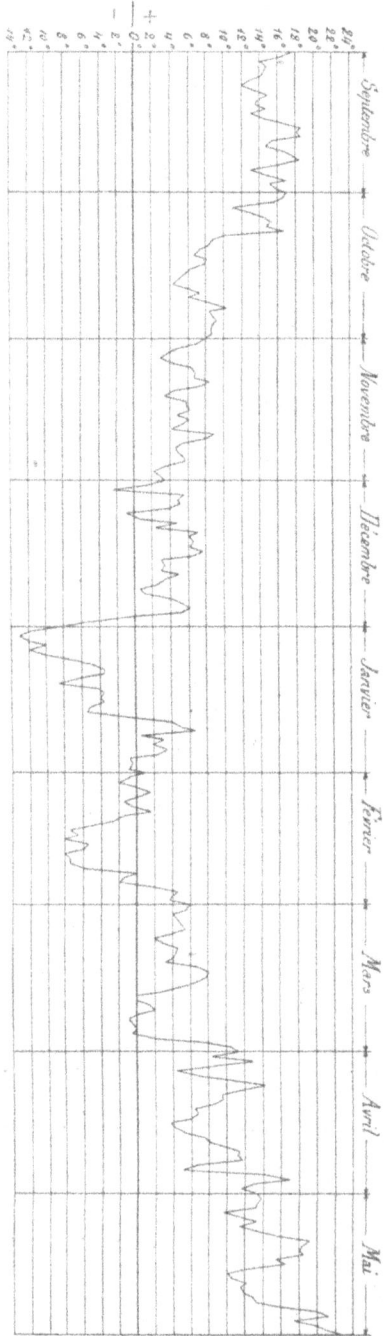

Fig. 3. — Températures moyennes journalières. Hiver 1900-1901 (210 jours de chauffage).

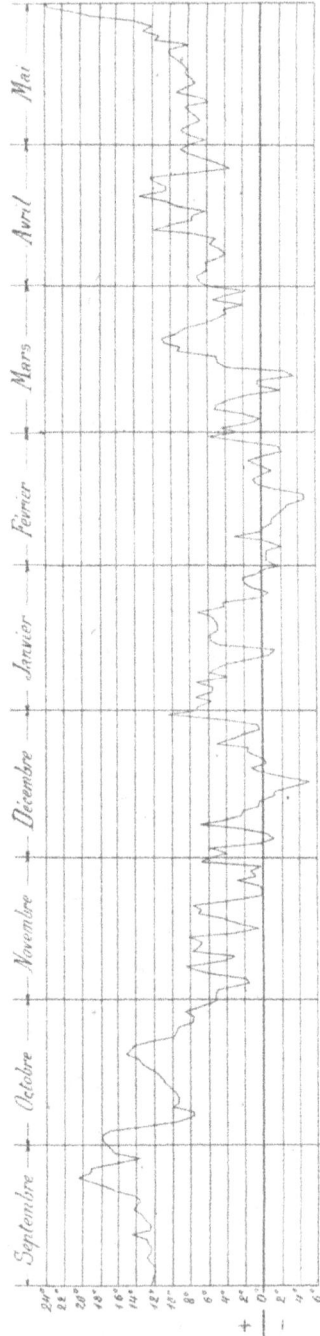

Fig. 4. — Températures moyennes journalières. Hiver 1901-1902 (223 jours de chauffage).

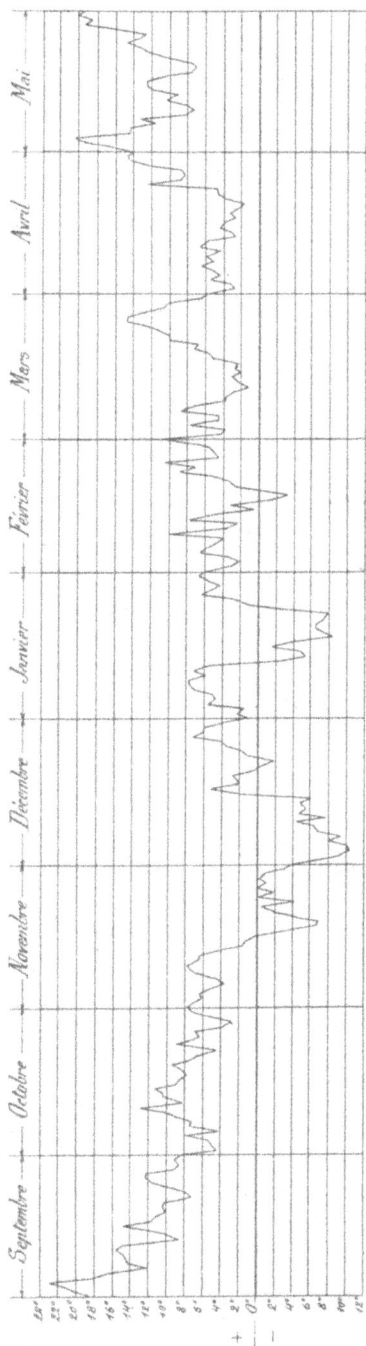

Fig. 5. — Températures moyennes journalières. Hiver 1902-1903 (236 jours de chauffage).

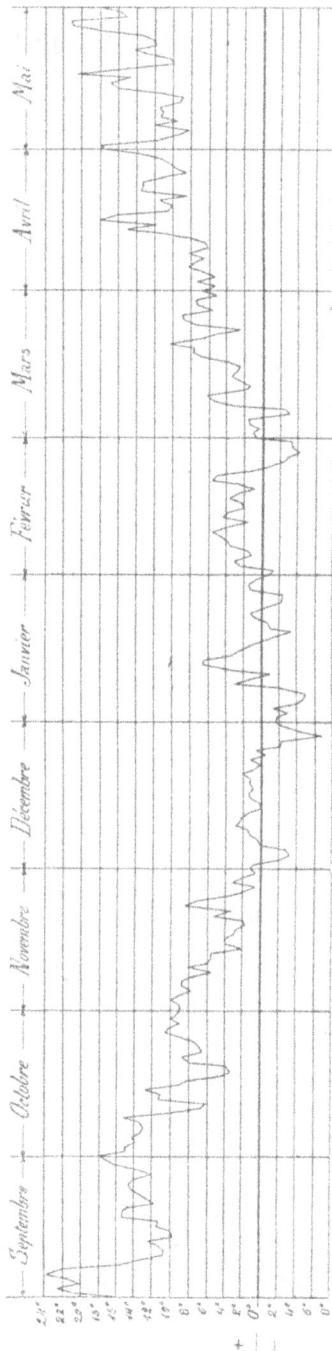

Fig. 6. — Températures moyennes journalières. Hiver 1903-1904 (210 jours de chauffage).

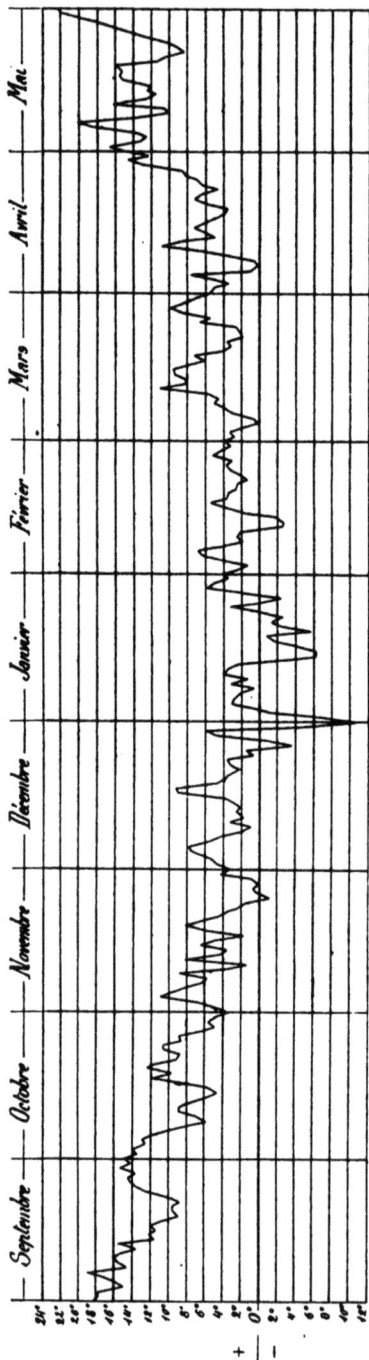

Fig. 7. — Températures moyennes journalières. Hiver 1904-1905 (214 jours de chauffage).

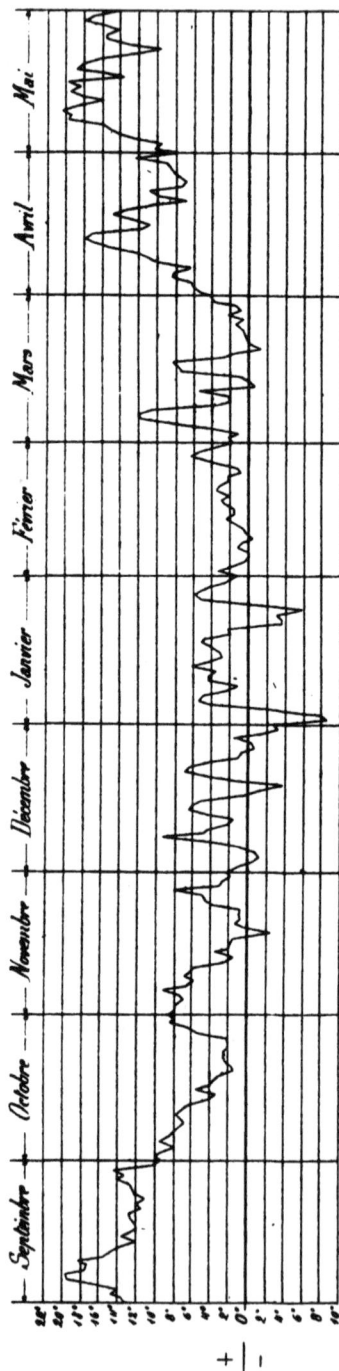

Fig. 8. — Températures moyennes journalières. Hiver 1905-1906 (208 jours de chauffage).

fond presque exactement avec celle des températures lues à 9ˢ. Le chauffeur n'a donc qu'à consulter le thermomètre extérieur à 9ˢ et, d'après sa lecture, prendre ses dispositions pour faire marcher son chauffage le lendemain ; dans le cas où la température extérieure du lendemain présenterait un écart, l'équilibre s'établirait facilement à l'intérieur par suite de l'action des murs.

Les figures 3 à 8 représentent les variations de la température moyenne journalière pour les périodes d'hiver de 1900 à 1901, 1901 à 1902, etc... jusqu'à 1906. Ces courbes ne présentent pas seulement l'intérêt de montrer l'allure saccadée des variations de la température, mais encore elles permettent de déterminer avec une exactitude suffisante le nombre de jours de chauffage. Nous avons donc d'abord à trancher la question : Quand devons-nous chauffer?

Les plaintes continuelles pour chauffage insuffisant ont déjà été soumises en grand nombre aux tribunaux et, dans les grandes villes, on constate aujourd'hui déjà une pénurie d'experts pour liquider ce nombre d'affaires toujours croissant.

La consommation de coke est si considérable qu'il n'y a plus place pour un bénéfice en faveur du propriétaire, lorsqu'il veut satisfaire à tous les désidérata en matière de chauffage (¹) ; il économise sur le coke autant qu'il le peut et provoque de cette façon des procès de longue haleine. Je connais un cas où le propriétaire a été condamné à chauffer alors que la température extérieure était de 12°, sous peine d'une amende de 625 francs pour chaque contravention. Mais le tribunal ne spécifiait pas à quel moment il fallait observer cette température de 12°.

On peut être indécis si une température extérieure de 11° entraîne la nécessité de chauffer ou s'il faut le faire à 12° ; dans mes recherches, j'ai rencontré les deux cas et d'après les figures 3 à 8, j'ai déterminé le nombre de jours de chauffage en considérant qu'il vaut mieux laisser sans chauffer un jour froid en septembre qu'en avril ou en mai. Le résultat est le suivant :

(¹) La bonification de 8 0/0 accordée par l'Administration allemande des Contributions pour le chauffage central est loin d'être suffisante pour des immeubles à loyers : j'ai souvent constaté des dépenses de chauffage central allant à 18 0/0 et plus du prix du loyer, parce que le rendement de la chaudière était très faible, à cause de sa trop petite surface de chauffe.

TABLEAU II

ANNÉES	NOMBRE DE JOURS DE CHAUFFAGE	TEMPÉRATURE MOYENNE JOURNALIÈRE EN CENTIGRADES
1900-1901...............	210	+ 3,44
1901-1902...............	223	+ 4,47
1902-1903...............	236	+ 4,40
1903-1904...............	210	+ 4,00
1904-1905......	214	+ 5,21
1905-1906...............	208	+ 3,77

Dans les calculs ultérieurs, j'ai pris ces résultats comme base pour la vérification de la consommation du coke.

IV

PERTE DE CHALEUR PAR LA TUYAUTERIE DANS LE CAS DU CHAUFFAGE A L'EAU CHAUDE

La vérification à l'aide du calcul de la quantité de coke nécessaire indique, même après majoration, une consommation plus faible que celle qui est réellement observée. Quoique je comptasse, au lieu de 10 0/0, 20 0/0 de perte par la tuyauterie, il subsistait toujours un déficit atteignant 15 0/0 que j'attribuais à l'effet de l'aération des locaux. Ces résultats m'ont frappé d'autant plus que, dans les calculs de la transmission de la chaleur, nous admettons toute une série de majorations qui ne sont pas toujours justifiées. La majoration que l'on admet pour tenir compte de l'action du vent se fait sentir favorablement lorsque le temps est calme, de même que la chaleur du soleil dans tous les cas ; les majorations pour tenir compte des interruptions de marche doivent également avoir une influence favorable sur la consommation de coke dans le cas du chauffage continu, puisque la quantité de chaleur nécessaire étant moindre, l'allure de la chaudière est moins forcée.

Si l'on considère, en outre, que les coefficients de Rietschel sont en général arrondis par en haut, c'est-à-dire sont plus élevés dans le calcul que dans la réalité, on en arrive finalement à admettre que l'évaluation à 10 0/0 des pertes par la tuyauterie est beaucoup trop faible ([1]).

Si l'on vérifie superficiellement à l'aide du calcul la quantité de chaleur dégagée par les parties de la tuyauterie placées dans des caniveaux, par les parties isolées et les raccords avec les radiateurs, on trouve qu'elle atteint 25 0/0 et plus de la quantité de chaleur maxima nécessaire. En expérimentant une petite installation de chauffage à vapeur à basse pression à l'aide d'un gros brûleur Bunsen (avec chaudière tubulaire verticale), j'ai déterminé la quantité de chaleur absorbée par la tuyauterie, et j'ai trouvé d'une façon certaine, pour une température extérieure moyenne, une perte par la tuyauterie dépassant 20 0/0.

Dans le cas du chauffage à l'eau chaude, il faut, en outre, faire entrer en compte la quantité de chaleur absorbée par la circulation de l'eau, qui coûte aussi cher que si on la faisait circuler dans le réseau des tuyaux à l'aide d'une pompe. La circulation de l'eau dans un chauffage à l'eau chaude absorbe du travail en plus grande quantité dans une installation mal faite avec des tuyaux trop étroits que dans une tuyauterie bien calculée. On peut comparer ce qui se passe ici avec la marche à vide d'une machine à vapeur ; mieux cette machine est construite, plus faibles sont les résistances passives dans la marche à vide par rapport au travail utile, et plus grand par suite est le rendement. De même que la production d'une machine tournant sensiblement à la même vitesse varie avec le degré d'admission, de même, dans une installation de chauffage, la production dépend de la différence de température de l'eau au départ et au retour, alors que la vitesse de l'eau chaude n'éprouve que de faibles variations.

([1]) J'ai toujours trouvé utile, dans les calculs d'installations de chauffages faits *avant l'exécution*, de calculer réellement la transmission par radiation des tuyauteries, d'en tenir compte pour diminuer d'autant les radiateurs dans les locaux chauffés traversés par des tuyauteries, et de ne considérer comme chaleur perdue que celle émise par les tuyauteries, calorifugées ou non, traversant des locaux non chauffés. Une telle manière de faire est à recommander, et il ne faut compter une évaluation de pourcentage que dans l'avant-projet qui précède le devis.

Mais j'ai eu souvent l'occasion, dans mes expertises, de rencontrer des constructeurs qui ne comptaient aucune perte par les tuyauteries, tout en admettant les 10.000 ou 12.000 calories par mètre carré, indiquées par les marchands de chaudières. Aussi le résultat n'était-il pas différent de celui qu'indique M. de Grahl.

G. Debesson.

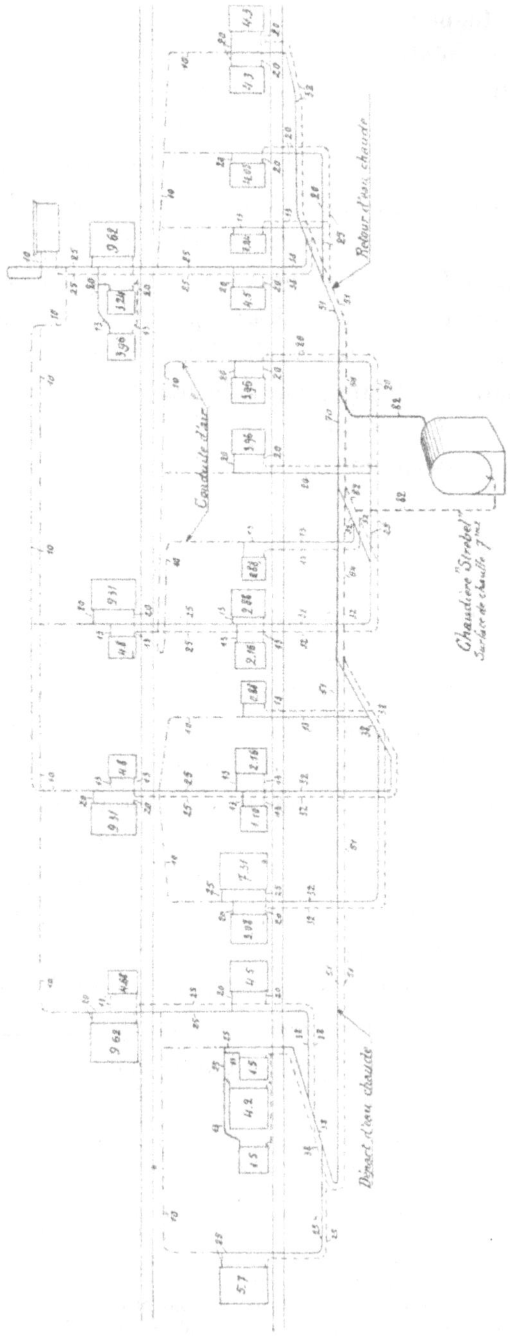

FIG. 9. — Schéma d'une installation de chauffage à eau chaude.

En me basant sur ces considérations, j'ai entrepris des essais précis sur ma propre installation de chauffage très bien construite par Janeck et Vetter et représentée schématiquement figure 9. J'ai fait fortement chauffer l'installation entière, puis mettre les radiateurs hors circuit, et ensuite vivement jeter le feu afin d'observer le refroidissement, la chaudière et le registre de la cheminée étant fermés (voir tableau III).

TABLEAU III

HEURES	t_d	t_r	$\dfrac{t_d + t_r}{2} = t_m$	CHALEUR DÉGAGÉE W	$F \times K (t_m - t_z) = W_r$	$\dfrac{W_r}{W} \times 100$
	degrés	degrés	degrés	calories	calories par heure	p. 100
11 15	52	44,9	48,5			
11 30	49,6	43,3	46,45			
11 45	47,2	41,8	44,5	5.600	15.500	36
midi	45	40,2	42,6	5.370	14.400	37,3
midi 15	42,8	38,7	40,75	5.000	13.300	37,6
midi 30	41	37,3	39,15	4.700	12.220	38,6
midi 45	39,2	35,9	37,55	4.400	11.270	39
1	37,6	34,7	36,15	4.100	10.340	39,9
1 15	36,2	33,6	34,9	3.780	9.580	39,5
1 30	35	32,6	33,8	3.520	8.820	40
1 45	33,8	31,8	32,8	3.220	8.200	39,3
2	32,9	31	31,95	2.930	7.600	38,6
2 15	32	30,2	31,1	2.620	7.120	36,9
2 30	31,3	29,6	30,45	2.320	6.700	34,7
2 45	30,5	29	29,75	1.959	6.260	31,3

t_d = température de l'eau dans le tuyau de départ ;
t_r = température de l'eau dans le tuyau de retour ;
t_m = température moyenne ;
W = perte de chaleur en calories ;
W_r = dégagement de chaleur par les radiateurs.

L'essai a été recommencé plusieurs fois et a donné chaque fois des résultats tout à fait comparables représentés sur les figures suivantes.

De cette façon j'ai recueilli toute une série de notions nouvelles et importantes qui permettent de se rendre compte plus clairement que jamais de la façon dont fonctionne une installation de chauffage.

La figure 10 montre que le refroidissement, très rapide au début, se continue ensuite par une courbe asymptotique et que la température t_d dans le tuyau de départ est dans un rapport déterminé avec la température t_r dans le tuyau de retour.

Les valeurs du rapport $\frac{t_r}{t_d}$ sont données par le tableau IV et repré-

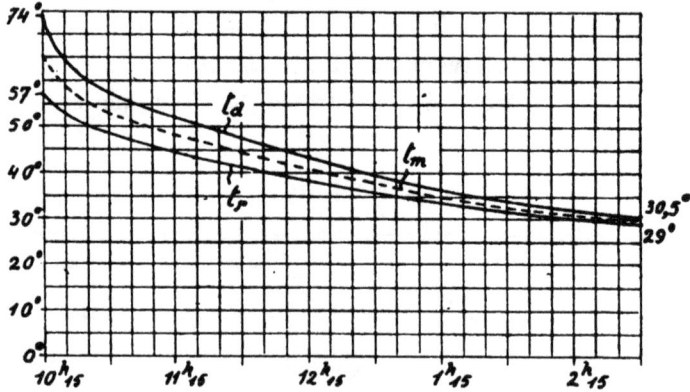

FIG. 10.

sentées graphiquement par la figure 11. On voit que $\frac{t_r}{t_d}$ est une ligne

droite ; t_d étant donné, t_r est une fonction de t_d de la forme :

$$t_r = at_d + bt_d^2. \tag{7}$$

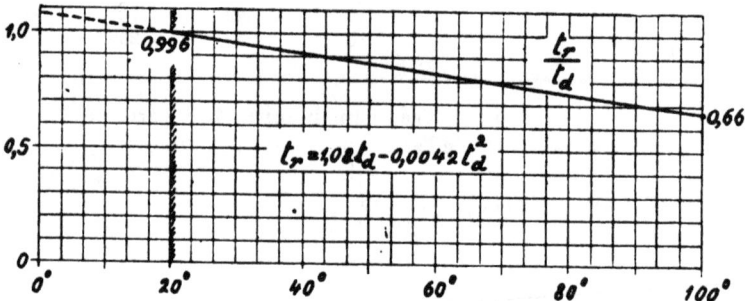

FIG. 11.

Les valeurs a et b déterminées graphiquement pour l'installation d'essai sont $a = 1,08$, $b = 0,0042$, valeurs qui pourront probablement servir pour toutes les installations bien faites.

En prolongeant la droite $\frac{t_r}{t_d}$. on obtient toutes les valeurs manquantes jusqu'à $t_d = 100°$ ($t_r = 66°$).

TABLEAU IV

t_d	t_r	$\dfrac{t_r}{t_d}$	$t_d - t_r$	$\dfrac{t_d + d_r}{2} = t_m$
degrés	degrés		d· grés	di grés
100	66	0,660	34	83
90	64,7	0,681	30,3	79,85
95	63,2	0,702	26,8	76,6
85	61,5	0,723	23,5	73,25
80	59,4	0,744	20,5	69,75
75	57,4	0,765	17,6	66,20
70	55	0,786	15	62,5
65	52,5	0,807	12,5	58,75
60	49,7	0,828	10,3	54,84
55	46,7	0,849	8,3	50,85
50	43,5	0,870	6,5	48,35
45	40,1	0,891	4,9	42,55
40	36,5	0,912	3,5	38,25
35	32,7	0,933	2,3	33,85
30	28,6	0,954	1,4	29,30
25	24,4	0,975	0,6	24,70
20	19,9	0,996	0,1	19,95

Le travail absorbé par la marche à vide est égal à la perte de chaleur subie par l'eau. En vidant complètement tout l'appareil de

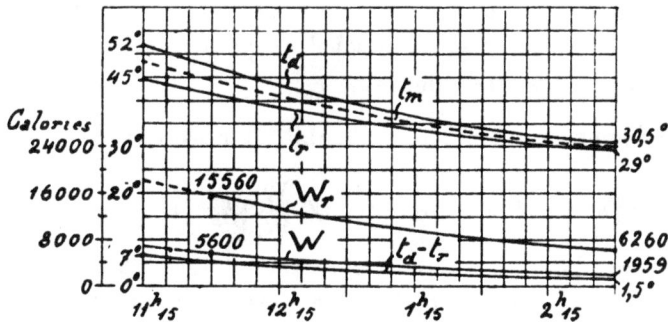

Fig. 12.

chauffage, j'ai déterminé sa capacité en eau qui était de $1.451^{kg},5$. Pour obtenir la perte de chaleur totale W (voir tableau III), il suffit de multiplier ce poids par la chute de température de la courbe t_m pour un espace de temps déterminé. Si l'on suppose que la capacité en eau des radiateurs est égale à la somme des capacités de la tuyauterie et de la chaudière, la quantité de chaleur perdue correspondant à la tuyauterie et à la chaudière est égale à $\dfrac{W}{2}$. Pour simplifier dans le tableau III, on a pris la quantité de chaleur totale W, correspondant par suite au double de la quantité de chaleur émise par les radiateurs,

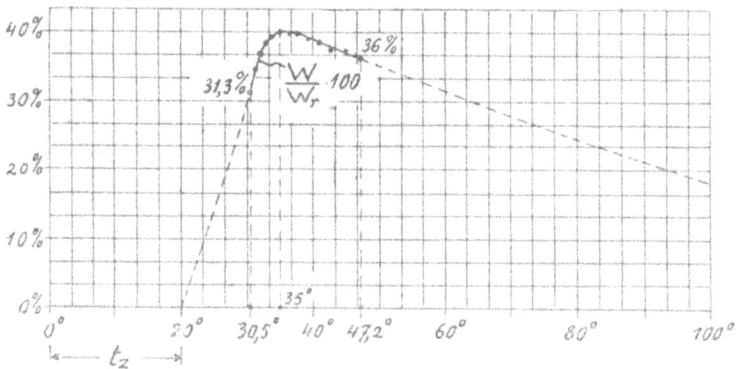

FIG. 13.

soit $2W_r$. Par interpolation des divers points trouvés, on peut tracer la courbe W (*fig.* 12).

La quantité de chaleur dégagée par heure par les radiateurs, (115 mètres carrés) est une fonction de K, t_m et t_z (la température de l'air des locaux étant de $+20°$). Comme t_m résulte des observations, et que K a été déterminé par Rietschel on peut tracer la courbe W_r par points pour les diverses valeurs de t_m.

Le rendement $1 - 100\,\dfrac{W}{W_r}$ de l'installation est connu, si l'on connaît W et W_r; j'ai tracé la courbe de $100\,\dfrac{W}{W_r}$ (*fig.* 13). Cette courbe part de l'abscisse $t_z = 20°$, monte très rapidement, présente un maximum pour $t_d = 35°$ (40 0/0) et s'abaisse ensuite régulièrement lorsque t_d croît. Nous constatons donc que le chauffage avec de l'eau à une température peu élevée coûte cher et qu'il devient plus économique lorsque t_d croît (pour $t_d = 80°$), W = 25 0/0 en chiffres ronds c'est-à-dire que le rendement égale 75 0/0. Ces résultats justifient complètement mon opinion, à savoir que le chiffre de 10 0/0 tout au moins dans les maisons à loyers pour la perte par la tuyauterie est beaucoup trop faible, même si l'on admet qu'une partie de la chaleur est absorbée par les murs.

Mais nous reconnaissons aussi que, au fur et à mesure qu'une installation s'étend davantage (chauffage à distance), le rapport $100\frac{W}{W}$ doit prendre des valeurs de moins en moins avantageuses. C'est pourquoi il y a lieu de donner la préférence au chauffage par groupes séparés.

Une installation de chauffage à vapeur à basse pression dans une maison à loyers, doit donc fonctionner plus économiquement qu'une installation de chauffage à l'eau chaude, à cause de la haute température au départ t_d; en tout cas, elle ne peut coûter plus cher, pourvu que les conditions soient les mêmes. Toutes les autres conditions en faveur du chauffage à l'eau (température plus basse à l'intérieur de la chaudière, plus forte transmission de chaleur, plus basse température au départ) ne sont pas prépondérantes; son principal avantage, c'est sa modérabilité.

La figure 13 nous montre, en outre, que les variations du rapport $\frac{W}{W_r} \times 100$ sont exactement les mêmes que celles de K_2 dont la courbe est figurée page 88 à propos de la détermination des pertes de chaleur par les tuyauteries et par rayonnement, ce qui prouve que le point de départ de ces recherches est également scientifiquement exact.

La vitesse de circulation v de l'eau est :

$$v = \frac{W + W_r}{\gamma\,(t_d - t_r)},$$

Qu'on peut écrire :

$$v\gamma\,(t_d - t_r) = W + W_r, \qquad\qquad 8)$$

γ est un coefficient dépendant de $t_d - t_r$ et du mode de construction de l'installation.

Un coup d'œil sur la figure 12 permet de voir que la courbe $t_d - t_r$ a la même allure que celles de W et de W_r. Il en résulte que v ne peut varier qu'entre des limites données. On en déduira en même temps que tous les essais par circulation de l'eau pour déterminer la production des chaudières donneront des résultats inexacts si, pour obtenir la production maxima, on augmente arbitrairement la vitesse de circulation de l'eau. Rien n'est plus instructif que de vérifier par la méthode graphique les résultats obtenus.

La Société badoise de surveillance des chaudières à vapeur, par exemple, a fait, avec une chaudière de Strebel, trois séries d'expériences qui ont donné les résultats suivants :

	I	II	III
Consommation de coke par mètre carré de surface de chauffe et par heure..	0^{kg},666	1^{kg},244	2^{kg},118
$t_d - t_r$	35°,10	52°,26	52°,49
v calculé	0^m,461	0^m,0553	0^m,0896
Production spécifique..............	4.050 cal.	7.236 cal.	11.756 cal,
Rendement.......................	84,5 0/0	80.83 0/0	77,14 0/0

Dans la figure 14, on a porté $t_d - t_r$ en abscisses et en ordonnées les vitesses et les productions obtenues dans les essais I et II. Comme dans l'essai III, $t_d - t_r$ a à peu près les mêmes valeurs que dans

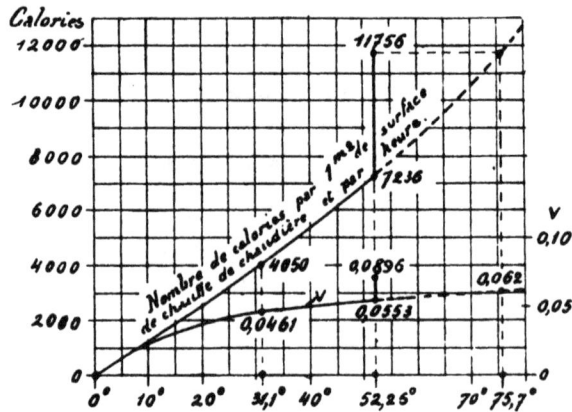

FIG. 14.

l'essai II, la courbe des vitesses v devrait se diriger brusquement vers le haut ; il en serait de même pour la courbe des productions spécifiques. Il est inutile de démontrer que les courbes ne peuvent pas prendre cette allure. On pourrait tout au plus concevoir les résultats de l'essai III, si, pour une différence de température. $t_d - t_r == 75°7$, on avàit obtenu une vitesse de 0,062. Mais ce résultat ne serait aussi qu'une illusion. J'admets que cette différence $t_d - t_r = 75°,7$ soit possible, par exemple, pour $t_d == 100°$, $t_r = 24°3$. Il en résulterait $t_m =: 62°$ environ, température à laquelle un radiateur ne contient pas plus de chaleur que si la différence $t_d - t_r$ n'était que de 15° (par exemple $t_d = 70°$, $t_r = 55°$). L'augmentation apparente de la production de la chaudière résulterait dans ce cas du réchauffage de l'eau de $t_r = 24°,3$ à $t_d = 100°$. Mais, d'autre part, de telles variations de température sont impossibles à réaliser dans nos installations de chauffage ; elles ne pourraient résulter que de la suppression de l'isolement de la conduite de retour ou même de son refroidissement artificiel. Une telle façon de procéder ne pourrait soutirer de la chaleur à l'installation qu'artificiellement et augmenterait les dépenses d'exploitation.

Les essais I et II sont exacts : ils donnent une concordance acceptable avec les résultats de mes essais en ce qui concerne la consommation de coke par mètre carré de surface de chauffe et par heure (voir *fig.* 67).

Par contre, l'essai III est sans valeur, on ne peut se l'expliquer qu'en admettant que l'ascension naturelle de l'eau dans les tuyaux par l'effet des différences de densité ait été brusquement accélérée par l'effet d'une intervention mécanique (pompe) ou d'une augmentation de pression dans la conduite d'eau. Cet essai appartient donc à une série d'expériences d'une autre nature qui auraient dû être mesurées avec une autre échelle.

Si l'on considère le rendement comme fonction du combustible consommé par mètre carré de surface de chauffe et par heure, l'essai III ne conduira qu'à un rendement de 20 0/0 environ, d'après la figure 67.

Le Dr Marx fait la remarque suivante dans le journal *Haustechnische Rundschau* (1908, p. 255).

« L'auteur (Dr Marx) ayant, grâce à des expériences soigneuses, fixé à 74 0/0 le rendement d'un type de chaudière bien connu, et ayant eu l'hiver dernier l'occasion d'observer ce type de chaudière pendant toute la durée du chauffage dans trois installations chacune d'environ 400.000 calories, n'a trouvé, pour toute cette période de chauffage, comme rendement moyen de ces trois installations, que 36 0/0, c'est-à-dire environ la moitié de ce qui avait été trouvé lors des essais de parade ; il faut, en outre, remarquer que les trois installations étaient conduites par leur propre chauffeur. »

Cette constatation venant après mes conclusions ne pourra susciter aucun étonnement.

V

RÉGLAGE DE LA QUANTITÉ DE CHALEUR DÉGAGÉE DANS UNE INSTALLATION DE CHAUFFAGE A L'EAU CHAUDE

J'ai traité ce sujet, pour la première fois, dans le journal *Gesund-heits Ingenieur*, 1906, n° 20. Quatre ans se sont écoulés jusqu'à ce que H. Recknagel développât de nouveau cette intéressante question [1].

Comme, en 1906, je n'avais pas encore de notions suffisamment précises sur les rapports qui existent entre les températures d'entrée et de sortie et que je voulais avant tout éviter des complications, j'avais pris, en me basant sur les températures les plus élevées qui existent habituellement dans la chaudière, $t_d - t_r$ comme constant, mais j'avais négligé la quantité de chaleur :

$$W = K \left(\frac{t_d + t_r}{2} - t_z \right),$$

dégagée par un radiateur pour $\frac{t_d + t_r}{2} = t_z \; (= 20°)$ [2].

L'erreur en résultant n'était pas importante, ainsi qu'on peut le voir par le tableau V donnant la comparaison des différentes valeurs.

TABLEAU V

TEMPÉRATURES EXTÉRIEURES	— 20°	— 15°	— 10°	— 5°	0°	+ 5°	+ 10°
t_d d'après de Grahl 1906.	89,25	83,5	77,5	71,25	64,0	56,25	47,0
t_d d'après de Grahl 1910.	90,00	82,3	74,7	66,2	57,7	48,7	39,4
t_d d'après Recknagel 1910	90,00	83,7	76,9	69,6	62,0	53,8	44,3

Pour obtenir des valeurs plus exactes, il faut connaître la relation existant entre la température au retour t_r et la température du

---

[1] *Gesundheits Ingenieur*, 1910, n° 20.
[2] Le cas cité par Recknagel dans lequel, pour $t_d = 40°$, la valeur de t_r pourrait être de 15°, est par suite impossible.

départ t_{d}, la quantité de chaleur émise par les radiateurs en fonction de t_d et enfin la perte par la tuyauterie en fonction de cette quantité de chaleur.

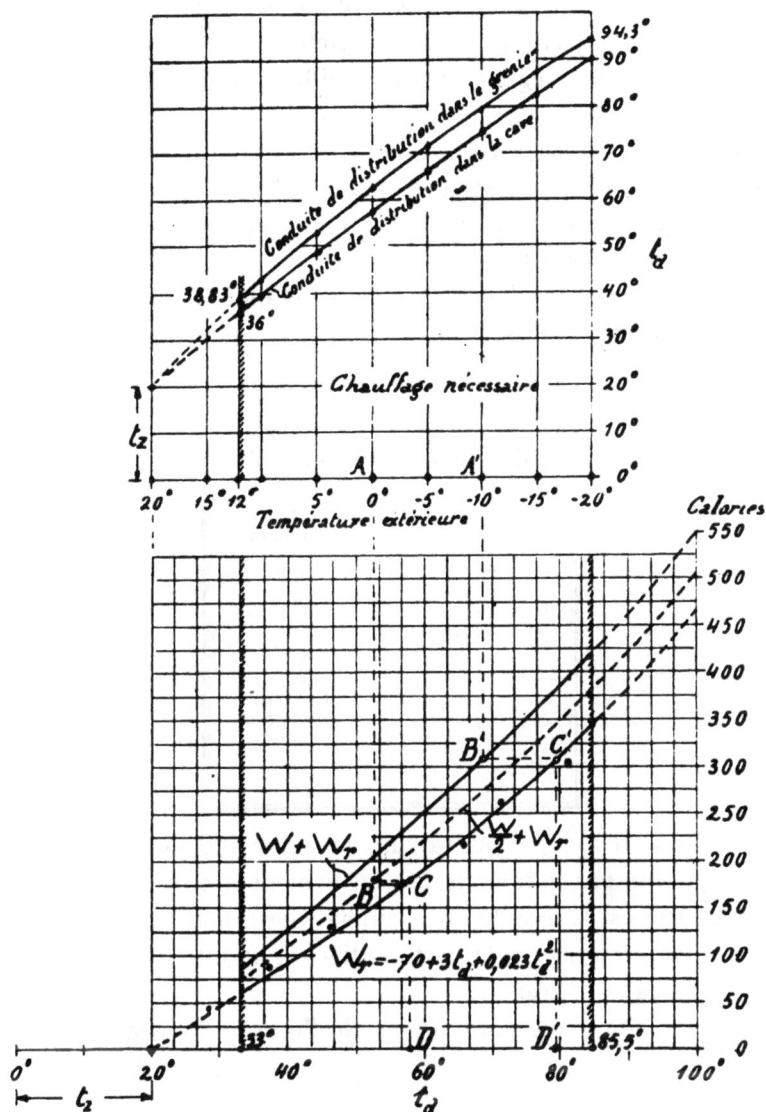

FIG. 15.

D'après les considérations qui précèdent au sujet des pertes par la tuyauterie, la détermination de cette quantité ne présente pas de difficultés.

Le graphique de la figure 15 représente les quantités de chaleur émises par 1 mètre carré de surface de radiateur en fonction de t_d et en se servant des coefficients K de Rietschel. Comme ces coefficients sont arrondis pour la pratique, les points qui les représentent (cercles pleins) ne peuvent pas se trouver exactement sur une courbe. J'ai intentionnellement négligé la légère différence dans les quantités de chaleur émises, qui résulte du plus ou moins grand nombre d'éléments du radiateur, car cette différence est moindre que celle qui résulte de l'arrondissement des coefficients. Si l'on veut découvrir une loi, d'après l'allure des courbes, il faut autant que possible éviter de faire toute hypothèse accessoire.

L'équation donnant, d'après la courbe, la quantité de chaleur émise par un radiateur est la suivante :

$$W_r = -70 + 3t_d + 0{,}023t_d^2, \qquad (9)$$

en posant $t_z = 20°$.

A titre d'exemple, voici quelques valeurs de W_r :

CENTIGRADES	W_r CALORIES
90°	386^c ,3
80°	317
70°	252 ,7
60.°	192 ,8
50°	137 ,5
40°	86 ,8
30°	40 ,7
20°	0

Le tableau III indique les valeurs en pour 100 de la quantité de chaleur perdue par la tuyauterie ; on peut admettre que la moitié de cette quantité est favorable au chauffage de l'immeuble (distribution dans la cave), tandis que la perte entière apparaîtra dans le cas d'une distribution dans le grenier.

Suivant le choix que nous ferons de l'une ou l'autre de ces hypothèses, nous obtiendrons l'une ou l'autre courbe $W_r + \dfrac{W}{2}$ ou $W_r + W$ comme correspondant aux températures de départ t_d [voir les lignes ABCD et A'B'C'D' ([1])].

([1]) Dans le tableau V (p. 34), les chiffres sont donnés pour $W_r + \dfrac{W}{2}$; en faisant la comparaison, on voit que les valeurs que j'avais données primitivement sont trop fortes pour une température moyenne, (de même celles de Recknagel).

D'après ce qui précède, dans une installation calculée pour une température maxima de 85° et donnant sa puissance maxima, l'eau chaude devra être à une température de 90° ou 94°,3, suivant que l'on aura choisi l'un ou l'autre des systèmes de distribution, pour compenser les pertes par la tuyauterie.

C'est donc une grosse erreur de partir d'une température $t_d = 100°$ dans l'établissement d'un projet de chauffage, car, dans le cas le plus défavorable (température extérieure $= -20°$), une installation à eau chaude à basse pression ne pourrait pas marcher.

Dans mon installation personnelle, j'ai constaté que mes valeurs de 1906 étaient trop élevées, tandis que les nouvelles valeurs de t_d concordent bien pour $W_r + \dfrac{W}{2}$. Le chauffage marche continuellement avec le registre de la cheminée aussi peu ouvert que possible (chaudière Strebel) et la température du départ t_d est réglée d'après la température extérieure relevée à neuf heures du soir ([1]).

La température intérieure est de 18 à 20° et le rendement total de l'installation atteint 70 0/0.

Le tableau VI donne diverses valeurs correspondantes.

TABLEAU VI

TEMPÉRATURE EXTÉRIEURE	+ 12°	+ 10°	+ 5°	0	— 5°	— 10°	— 15°	— 20°
Quantité de chaleur émise par les radiateurs W_r	54,8	68,9	109,85	153,45	199,4	248,15	296,5	349,3
Perte de chaleur par la tuyauterie W	26	30	41,5	52,5	60	68,5	72,4	74
$\dfrac{W}{2} + W_r$	67,8	83,9	130,6	179,7	229,4	282,4	332,7	386,3
t_d correspondant à $\dfrac{W}{2} + W_r$	36	39,4	48,7	57,7	66,2	74,7	82,3	90
$W + W_r$	80,8	98,9	151,35	205,95	259,4	316,65	368,0	423,3
t_d correspondant à $W + W_r$	38,83	42,67	53	62,5	71,3	79,5	87,3	94,3

([1]) Voir III, *Température moyenne journalière et nombre de jours de chauffage.*

VI

EMPLOI DU COKE DE GAZ OU DU COKE MÉTALLURGIQUE

Le coke employé dans le chauffage est livré soit par les usines à gaz (coke de gaz), soit par les usines à coke (coke métallurgique, de mine ou de fonderie).

Les propriétés de ces deux sortes de coke ressortiront nettement de la comparaison de leur mode de fabrication que les intéressés ne connaissent pas toujours parfaitement [1] ; je ne puis donc passer ce sujet sous silence afin de ne pas risquer d'être mal compris ultérieurement.

Dans la littérature technique, on attribue à la plus grande compacité du coke métallurgique (coke de fonderie) des qualités qui le mettent de beaucoup au-dessus du coke de gaz, et les affirmations de l'un se trouvent reproduites dans les conférences, les articles et les rapports de l'autre. De même on attribue à la plus grande porosité du coke de gaz, résultant du dégagement d'une plus grande quantité de gaz, une influence favorable sur la réduction du CO^2 en CO, sans que la preuve de ce fait ait été faite. En tout cas, cette affirmation est en contradiction avec les résultats de mes essais ; car j'ai fait brûler en couche de même épaisseur et dans une cuve de même diamètre (dans une chaudière Strebel pour chauffage à vapeur à basse pression et à eau chaude) du coke métallurgique et du coke de gaz et, dans les deux cas, j'ai obtenu un dégagement de CO sans différence appréciable. Dans une chaudière Lollar, chauffée au coke métallurgique, le dégagement de CO était accompagné de H^2 et de CH^4, de sorte que, à ce point de vue tout au moins, on ne pouvait attribuer à la structure seule aucune signification en faveur du coke métallurgique. Les résultats des essais ont permis de reconnaître nettement que le CO se dégageait non seulement après le chargement de la grille, lorsque la teneur en CO^2 était relativement faible, mais encore lorsque le tirage de la cheminée était brusquement ralenti et que, par suite, la

---

[1] Des renseignements plus détaillés sur ce sujet se trouvent dans la brochure de Karl Flemming, de Hanovre, « *Fabrication, Propriétés, Utilisation du Coke* », dont je recommande la lecture.

	FABRICATION DU GAZ D'ÉCLAIRAGE	USINES A COKE
But principal de la fabrication	Obtenir une quantité de gaz d'éclairage aussi grande que possible.	Fabriquer du coke métallurgique.
Sous-produits	Goudron, ammoniaque, coke.	Gaz de four à coke, benzol.
Produit original	Charbon à gaz et à flamme (principalement tout venant contenant peu de morceaux).	Charbon gras (gailletin lavé).
Gazéification du combustible	Dans des cornues par distillation sèche.	Dans des fours à coke.
Construction des fours.	Généralement des tubes ovales en terre réfractaire; les cornues sont horizontales, obliques ou verticales. Actuellement aussi des fours spéciaux.	Chambres en maçonnerie dont les parois sont traversées par des carneaux de chauffage.
Chargement des cornues	Le plus souvent mécanique : en outre, le charbon n'est pas tassé dans les cornues.	Le charbon est tassé dans les chambres de sorte que la structure du coke est plus compacte et plus serrée.
Chauffage des cornues.	Par du gaz produit par des gazogènes; une partie du charbon sert donc au chauffage des gazogènes.	Par du gaz riche en hydrogène qui se dégage vers la fin de la cokéification alors que le gaz de four à coke s'est dégagé pendant la première période et peut, par exemple, être utilisé à la marche de moteurs à gaz.
Durée de la distillation.	4 à 6 heures.	30 heures.
Rendement en coke ...	Jusqu'à 60 0 0.	Jusqu'à 80 0 0.

température de sortie des gaz tombait brusquement. Dans le premier cas, on ne pouvait en tout cas attribuer la formation de CO au manque d'air, et dans le deuxième cas à l'insuffisance de la température de combustion, car le dégagement de CO apparaissait même pendant que la couche de combustible était en pleine incandescence [1]. Le CO se dégageait également, que le combustible fût ou non en ignition

[1] Il s'agit ici de la réduction du CO^2 par le charbon incandescent.

dans la trémie de chargement, puisque j'ai constaté que ce gaz se dégageait aussi dans une chaudière Rapid. De ce que les pertes par combustion incomplète des gaz dans une chaudière à éléments en fonte augmentent lorsque la largeur de la trémie de chargement diminue et diminuent lorsque cette largeur augmente [comparez les résultats d'une chaudière Strebel de 600 millimètres de largeur ([1]) pour chauffage à eau chaude avec ceux d'une chaudière du même type de 900 millimètres de largeur], je conclurai que la formation du CO résulte tout d'abord du refroidissement des gaz par la surface de chauffe directe. Ce refroidissement doit évidemment avoir plus d'influence dans le cas de cuves étroites. Dans le cas de chaudières en tôle avec maçonneries et trémies de chargement, ce refroidissement n'existe plus, puisque la maçonnerie incandescente conserve la chaleur et que la combustion se fait d'une façon plus régulière. (Que l'on remarque seulement l'allure régulière des pertes par la cheminée dans une chaudière verticale, par comparaison avec ce qui se passe dans une chaudière à éléments en fonte.)

Par suite, dans les chaudières maçonnées, je n'ai pu constater aucun dégagement de CO, et seul apparaissait un dégagement de H_2 pendant le chauffage nocturne ralenti, pendant lequel la température dans la chambre de combustion s'abaisse considérablement. J'admets sans aller plus loin que la gazéification préalable du combustible dans la trémie a une influence prépondérante sur ce résultat.

J'exposerai dans le chapitre *Chaudières verticales à tubes* la façon dont se forment les gaz dans la trémie. On verra que CH_4 n'apparaît dans le cas du coke de gaz que pendant le chargement et, par contre, dans le cas du coke métallurgique, pendant presque toute la période de gazéification. J'en déduis que, par suite de la porosité du coke de gaz, la chaleur régnant dans la trémie décompose CH_4 d'après la formule :

$$CH_4 = C + 2H_2,$$

et que cela ne se produit pas avec du coke de fonderie. Ce fait est tout en faveur du coke de gaz. La gazéification pendant le chargement de la grille avec du coke de gaz peut être facilement évitée en mouillant légèrement le combustible.

---

[1] Dans ce cas, les pertes en CO et H_2 atteignaient 18,59 0/0, alors qu'on ne pouvait déceler qu'une perte par la cheminée de 5,46 0/0 de la puissance calorifique du coke.

Comme le coke de fonderie, par suite de sa plus grande compacité, possède un poids spécifique plus élevé que le coke de gaz, il devrait constituer dans un espace déterminé, tel que par exemple la trémie d'un fourneau, une plus grande réserve de chaleur. Mais il ne faut pas oublier également que la colonne de combustible dans la trémie est moins tassée lorsqu'il s'agit de coke de fonderie, à cause de sa plus grande dureté ; le coke de gaz se fragmente plus facilement, s'entasse d'une façon plus compacte et ne présente pas plus de points de contact à l'air que le coke de fonderie. S'il en était autrement, la combustion du coke ne pourrait pas être la même dans les deux cas ; or, dans les mêmes conditions de tirage de la cheminée, les courbes des gaz se coupent exactement après le même temps en un point représentant la quantité théorique d'air nécessaire (environ 21 volumes 0/0 de CO^2). Par suite il ne peut être exact de prétendre que le coke métallurgique se tient plus longtemps que le coke de gaz ; bien plus, je serais plutôt d'avis que, pour un chauffage de même intensité, la marche au coke métallurgique de même puissance calorifique, mais dont le prix d'achat est plus élevé, doit revenir plus cher, en admettant bien entendu que les calculs ne soient pas faussés par la quantité de mâchefer que forme le coke de gaz.

La dureté moindre du coke de gaz présente indiscutablement des inconvénients pour son transport et son emmagasinage ; il se fragmente facilement, donne de la poussière et du poussier qui sont perdus pour la combustion, augmentent les résistances au passage de l'air et favorisent la formation du mâchefer. Pour cette raison, j'ai toujours recommandé aux intéressés d'employer du coke de gaz tamisé leur permettant une marche beaucoup plus économique que le coke métallurgique.

En général, la puissance calorifique du coke de fonderie est toujours évaluée à un taux trop élevé, celle du coke de gaz à un taux trop bas. Le Dr Marx estime la puissance calorifique du coke de fonderie à 7.800 calories [1] et Flemming celle du coke de gaz à 6.500 à 7.000 calories. Les analyses élémentaires que j'ai fait faire par le laboratoire royal des essais de matériaux à Gross Lichterfeld ont donné pour les cokes de gaz et de fonderie sensiblement les mêmes puissances calorifiques. Bien plus, pour ce dernier, provenant des maisons de Berlin

---

[1] *Haustechnische Rundschau*, 1908, 22e livraison, p. 254. — Conférence faite à la Réunion libre des Ingénieurs de chauffage de Berlin.

les plus importantes, les résultats étaient plutôt plus bas que pour le coke de gaz. L'excès de carbone contenu dans le coke de fonderie est compensé par un excès d'hydrogène dans le coke de gaz. Je ne vois pas comment on peut trouver une puissance calorifique moyenne de 7.800 calories pour le coke métallurgique. Je pense qu'il y a lieu de traiter ce sujet avec plus de détails, car de telles affirmations sont en complet désaccord avec la réalité.

Simmersbach [1], en comparant le charbon au coke, prétend que le coke est plus pur que le charbon en ce qui concerne la teneur en cendres. Cela est inexact : car le coke contient toujours plus de cendre (1/5 à 1/4) que le charbon dont il provient ; par contre, il est exact d'affirmer que la teneur en carbone augmente par la transformation du charbon en coke ; mais il ne faut pas oublier qu'à une augmentation de 10 à 12 0/0 de carbone correspond une diminution de 3 à 4 0/0 d'hydrogène. Or, si l'on prend comme chaleur dégagée par la combustion du carbone 8.000 calories, par celle de l'hydrogène 32.000 calories, on voit que la puissance calorifique du coke doit être plutôt moindre que celle du charbon. Il en est de même si l'on compare le coke de gaz et le coke de fonderie ; comme ce dernier a subi une distillation beaucoup plus prolongée, il ne contient que peu d'hydrogène.

Si nous admettons donc que la puissance calorifique du coke de fonderie, tel qu'il est consommé la plupart du temps, n'est pas plus élevée que celle du coke de gaz, la température de combustion ne peut pas être plus élevée dans le cas du coke de fonderie que dans le cas du coke de gaz, ainsi qu'on l'a si souvent prétendu. Cette température dépend de la puissance calorifique et de la quantité d'air comburant, qui elle-même dépend de l'épaisseur de la couche de combustibles et des conditions de tirage.

Au moyen de mesures faites par les pyromètres de Le Chatelier et de Wanner, j'ai constaté des températures de combustion égales. Comme le coke de fonderie brûle avec une flamme plus courte que le coke de gaz, on en a déduit, à tort, que le rendement est plus élevé dans le premier cas que dans le deuxième, parce que la température de sortie des gaz est plus basse. Sans parler de ce que ce fait influe non seulement sur le rendement, mais encore sur la production, j'ai établi par

[1] *Annales de Glaser*, 1896, p. 10.

les essais suivants que, dans le cas d'une chaudière à éléments, une forte perte par combustion incomplète des gaz accompagne toujours une faible perte par la cheminée. La perte par la cheminée ne résulte pas seulement de la température de sortie des gaz, mais encore de leur volume par kilogramme de coke brûlé, volume que l'on détermine avant tout par la teneur en CO^2. Il n'est donc pas suffisant d'exiger, dans une installation bien faite, que la température de sortie des gaz ne dépasse pas de plus de 100° celle de la vapeur ou de l'eau chaude. On pourrait, par exemple, abaisser cette température jusqu'à un minimum déterminé en introduisant de l'air dans les conduits de fumée [1] et par suite fausser les conditions réelles. Il faut aussi tenir compte de la production dont dépend cette température; plus l'allure de la chaudière est forcée, plus le registre de la cheminée doit être ouvert et le feu activé. Je n'ai pas encore vu de chaudière à éléments dans laquelle la température de sortie des gaz s'abaisse à 200°. en marche forcée ; la plupart du temps ces gaz sont à 300° et 400° [2].

Le gaz de coke à longue flamme convient parfaitement aux chaudières à surface de chauffe tubulaire, qui fonctionnent moins bien avec le coke de fonderie. Donc, lorsque le D' Marx fait remarquer dans son étude citée plus haut que, dans le cas de petites surfaces de chauffe, il faut employer du coke de fonderie pour améliorer le chauffage, il se trompe, car, dans le cas de la chaudière verticale à tubes à fumée décrite plus loin, j'ai établi précisément le contraire. Les mêmes considérations subsistent dans le cas des chaudières en fer à cheval et des chaudières à foyer intérieur avec tubes à fumée : De telles affirmations ne manquent pas d'embrouiller la question de l'économie de la marche d'un chauffage.

Jusqu'à présent donc, le coke de gaz soutient parfaitement la comparaison avec le coke de fonderie ; mais cela ne veut pas dire qu'il lui soit supérieur. Le coke de gaz possède une propriété fort désagréable, c'est de produire du mâchefer ; il faut y prêter grande attention lors-

---

[1] Voir p. 149.

[2] Ces chiffres correspondent tout à fait à ceux que nous avons observés dans nos expertises.

Nous pouvons ajouter que, si les chaudières sont prévues trop petites, dans nos immeubles parisiens, dont les cheminées de 25 à 30 mètres de haut constituent de véritables cheminées d'usines, le réglage du tirage est presque impossible, la température de 400° est un minimum pour la marche à 12.000 calories par mètre carré, et elle atteint 500° et plus en marche forcée.

G. Debesson.

qu'on l'achète ; un coke produisant beaucoup de mâchefer est inuti-
lisable, car il détruit la chaudière et les maçonneries. D'abord, d'une
manière indirecte, parce que les chauffeurs en essayant de détacher le
mâchefer à coups vigoureux de ringard et de crochet, détériorent les
chaudières à éléments en fonte. A cela s'ajoutent la mauvaise volonté
et le dégoût du travail. Ensuite une grille encrassée de mâchefer con-
trarie l'accès de l'air, d'où résultent une combustion incomplète, une
consommation exagérée de combustible et une production de chaleur
insuffisante.

Par suite de la température insuffisante des locaux à chauffer, tout
le monde se plaint ; on change les concierges et enfin surgissent d'in-
terminables procès. A mon avis, il est beaucoup moins important
de rechercher des cokes de gaz plus durs que des cokes donnant aussi
peu de mâchefer que possible. Si l'on ne peut en trouver, il est pré-
férable de prendre du coke métallurgique qui coûte plus cher. La propriété que possède celui-ci de donner généralement moins de mâchefer
résulte du choix du charbon d'où il provient (gailleterie lavée). Le
charbon tout venant qui, malgré les résolutions méritoires de l'Association des Ingénieurs gaziers ([1]), trouve toujours son emploi dans
les usines à gaz, contient plus de cendres et fournit par suite plus de
résidus de combustion. D'après les auteurs cités, il semble que c'est
le coke fabriqué avec du charbon anglais qui produit le moins de
mâchefer ; ensuite viendraient dans l'ordre le charbon du bassin de
la Ruhr, de Silésie, du bassin de la Sarre et, enfin, le charbon de
Bohême et de Saxe. Le coke provenant du charbon de la Saxe est souvent briquetté avec du bon lignite de Bohême, à cause de la grande
quantité de mâchefer qu'il produit. On pourrait essayer ce même procédé avec des cokes d'autres provenances produisant beaucoup de
mâchefer.

D'après ce qui précède donc, le coke de gaz paraît mieux convenir
à nos installations de chauffage que le coke de fonderie, à cause de
son prix d'achat moindre et des dépenses d'exploitation moins élevées
qui en résultent ([2]) : j'espère fermement que la connaissance de ce fait

---

([1]) Voir Dr E. Schilling, *Emploi du coke de gaz dans le chauffage central*, éditeur R.
Oldenbourg, Munich, 1909.

([2]) Cette affirmation ne sera pas sans causer un certain étonnement. En France, les
cokes de gaz sont généralement de qualité assez médiocre et produisent une quantité appréciable de mâchefer en raison du tirage toujours trop important des cheminées (surtou
des cheminées des maisons de rapport à Paris).
Les maisons suisses et allemandes qui ont établi des succursales en France ont préco-

ne suscitera pas d'augmentation de prix. S'il devait toutefois en être ainsi, je ferais remarquer, à titre d'avis, qu'il n'y a aucune difficulté à supprimer complètement l'emploi du coke comme combustible par l'adoption d'un foyer demi-gazogène.

VII

ESSAIS ENTREPRIS JUSQU'A PRÉSENT POUR ÉVALUER LA PRODUCTION DES CHAUDIÈRES

Autant je reconnais les efforts que font quelques-uns des principaux constructeurs d'installations de chauffage pour soumettre leurs types de chaudières à des essais en vue d'en déterminer l'économie, autant je dois mettre en garde les clients tentés de transporter dans la pratique les résultats des essais faits jusqu'à présent, car ils arriveraient à des conclusions erronées et à des consommations de coke anormales.

Une méthode appliquée d'une façon presque générale pour déterminer la production d'une chaudière consiste à y faire circuler de l'eau et à mesurer l'échauffement de cette eau au-dessus de la température initiale. Cette méthode donne des résultats faux pour les raisons suivantes:

1° Cette circulation d'eau est forcée et régulière, ce qui n'est pas le cas lorsque la chaudière est intercalée dans un circuit de chauffage ;

2° La quantité de chaleur absorbée par l'eau ne dépend pas seulement de sa vitesse de circulation, qui, dans les essais, est toujours beaucoup plus grande que dans la marche normale, mais encore de la température initiale de l'eau, qui, dans les essais, est presque toujours trop basse.

nisé l'emploi du coke métallurgique, à tel point qu'il figure maintenant sur les catalogues des marchands de charbon domestique (Bernot, Breton, etc.). Or, si on compare son prix (67 francs la tonne, tarif Bernot de septembre 1913) avec celui des anthracites (gailletin anthraciteux, 58 francs et 62 francs ; gailletin d'anthracite anglais, 67 francs, dans le même tarif), et avec celui des cokes de gaz (2 fr. 35 à 2 fr. 45 l'hectolitre, soit 55 à 60 francs la tonne), on sera certainement tenté de vérifier par expérience les indications de M. de Grahl.

G. Debesson.

Lorsque l'on considère une chaudière à éléments en fonte, on doit admettre que la circulation intérieure de l'eau est loin d'être parfaite; avant que l'eau chaude s'élevant dans les branches latérales parvienne au tuyau de départ, elle doit subir à chaque instant des changements de direction et des arrêts, de sorte que les résistances par frottement sont très importantes. Avec des chaudières dans lesquelles les tuyaux de départ et de retour se trouvent du même côté (voir *fig.* 1, p. 5), il peut arriver dans le cas du chauffage à l'eau chaude, qu'il se produise de la vapeur et que la chaudière fasse explosion, ce que j'ai déjà constaté plusieurs fois. Les résistances augmentent avec la longueur des chaudières, avec la réduction de leur diamètre intérieur et l'intensité de la marche de l'installation. Les chauffages à eau chaude à circulation renversée devraient être essayés également à ce point de vue. Dans les chaudières à vapeur à basse pression, les résistances se manifestent par des entraînements d'eau considérables[1].

La circulation de l'eau dans les chaudières à vapeur a été étudiée d'une façon complète au moyen de modèles en verre par W.-H. Watkinson, M. Bellens, Solignac et Chasseloup-Laubat[2], de sorte qu'il n'existe plus aucun doute sur la façon dont elle a lieu. Les défectuosités qu'il fallait accepter lorsqu'on achetait une chaudière à vapeur, il y a quelque dix ans, n'existent plus d'une façon absolue, grâce à l'expérience acquise par tous et aux nombreux travaux publiés; il me semble donc utile d'insister particulièrement sur ces essais, afin que l'expérience acquise puisse également profiter à l'industrie du chauffage.

Lorsqu'on fait des essais par circulation d'eau, on ne voit pas apparaître les effets des incidents, tels que les arrêts, les inversions de la circulation, la formation de vapeur. C'est pourquoi ces essais ne peuvent servir qu'à titre de comparaison et non d'évaluation exacte de la production. En augmentant la vitesse de circulation de l'eau et choisissant convenablement la température initiale, on peut obtenir

[1] C'est pour cette raison que nous avons toujours demandé que les chaudières à éléments fussent complétées par un collecteur de départ raccordé à chaque élément, et par deux gros collecteurs de retour, raccordés à chaque élément et de chaque côté de la chaudière, de manière que ces éléments puissent être considérés comme autant de chaudières travaillant isolément dans des conditions identiques. Voir nos remarques à ce sujet dans *le Chauffage des habitations* (Dunod et Pinat, éditeurs) et *le Chauffage et la Ventilation des bâtiments industriels* (*Technique moderne*, Dunod et Pinat, éditeurs).

G. Debesson.

[2] Communications relatives à la pratique du service des chaudières et des machines à vapeur, 1897, p. 477, 499, 547.

des productions différentes pour une même consommation de coke, ou bien, en augmentant la consommation de coke, augmenter en même temps la production. Il n'est donc pas étonnant que, ainsi qu'il résulte des essais de l'Association suisse des propriétaires de chaudières à vapeur, la production de la chaudière paraisse n'avoir pas de limites ([1]). Mais cela ne concorde pas avec les conditions de la pratique.

La vitesse v de circulation de l'eau dépend du carré du diamètre d des tuyaux et de la différence de température $(t_d — t_r)$, lorsqu'il s'agit d'obtenir une quantité de chaleur déterminée W. La température de retour t_r de l'eau chaude est toujours d'environ 40 à 50° et non de 10°, même lorsque la quantité de chaleur à fournir est faible. La température du départ t_d diffère de t_r de 30° au plus, mais non de 60 à 70° ([2]), ainsi qu'il arrive souvent dans le cas des essais de parade. Alors que, dans le chauffage normal, v se présente sous forme d'une fonction de $d^2 (t_d — t_r)$, dans les essais par circulation d'eau, v est pris arbitrairement. Il n'y a donc pas de concordance possible entre les deux.

Un rapport de la Société badoise de surveillance des chaudières à vapeur (Mannheim, 18 juin 1907) donne des explications plus exactes au sujet d'essais de ce genre faits avec une chaudière Strebel. Nous y trouvons trois séries d'essais avec une chaudière à deux corps de 10 mètres carrés de surface de chauffe pour des consommations de coke par mètre carré de surface de chauffe et par heure respectivement de $0^{kg},66$, $1^{kg},244$, $2^{kg},118$. La chaudière était en circuit avec la conduite de distribution d'eau ; les températures de l'eau de circulation étaient les suivantes :

A la sortie de la chaudière..........	46°,30	63°,24	63°,25
A l'entrée.....................	11°,20	10°,98	10°,76
Différences....................	35°,10	52°,26	52°,49
Les quantités d'eau circulant par mètre carré de surface de chauffe et par heure étaient de...............	115^{kg},4	138^{kg},5	224^{kg}.
Les productions spécifiques de la chaudière étaient de	4.050 cal.	7.236 cal.	11.756 cal.

([1]) Voir Hottinger, numéro spécial du journal *Gesundheits Ingenieur* pour la VIe assemblée de la Société des Ingénieurs de chauffage et de ventilation, 1907.
([2]) Lors des essais de la Société suisse jusqu'à 78°,6.

Nous remarquons tout de suite de grandes différences avec les conditions de la pratique : une basse température à l'entrée, par suite une grande différence $(t_d - t_r)$ qui n'existe pas dans la réalité et, sans que la différence $t_d - t_r = 52°$ environ varie, une production augmentant de 7.236 à 11.756 calories, grâce à une augmentation de la vitesse de circulation de 44 0/0. C'est là que se trouvent les erreurs qui, dans les installations de chauffage à eau chaude fonctionnant par la gravité conduisent à des conclusions fausses. Dans un chauffage fonctionnant avec des pompes, ce cas pourrait à la rigueur se présenter, quoique là aussi la grandeur de la vitesse v ait des limites pour des raisons pratiques.

Comme, dans les essais, les pertes par combustion incomplète des gaz paraissent être insuffisamment évaluées — l'azote n'aurait pas dû être compté dans le reste — les autres pertes par rayonnement, conduction, etc..., étaient évaluées à 12,21, 12,98 et 11,82 0/0, sur lesquelles, à mon avis, 4 à 5 0/0 devaient être comptés dans les premières pertes. Les pertes par rayonnement et conduction sont très faibles dans une chaudière protégée par un bon isolant. D'après les essais de Bunte, ces pertes atteignaient 1,67 0/0 dans une chaudière du type « Kaliber » de 6 mètres carrés de surface de chauffe, ce qui concorde à peu près avec les résultats de mes essais sur d'autres chaudières.

Pour d'autres essais, la durée des observations est trop courte. Au sujet d'essais entrepris en automne 1908 par le Laboratoire d'essais de chauffage et de ventilation de l'École royale supérieure technique de Berlin sur les chaudières Strebel et Reform, le rapport indique seulement que la durée de l'essai était fixée par le temps nécessaire à la combustion d'une couche d'épaisseur déterminée (depuis 5 centimètres au-dessus du bord inférieur de la porte de chargement jusqu'à 20 centimètres au-dessus de la grille). Cela est insuffisant en pratique, car le refroidissement qu'éprouve la chaudière par suite du chargement de coke frais, l'enlèvement des mâchefers, le chauffage préalable, n'interviennent pas, quoique pendant ce temps la production soit faible, sinon nulle. Le rapport n'indique pas non plus quelle était la vitesse de circulation, de sorte qu'à mon avis il ne pouvait s'agir que d'une production maxima et non d'une production moyenne : avec la meilleure volonté, je n'ai jamais pu constater une production de 12.000 calories dans un service normal. Si dans l'établissement des projets d'installation de chauffage nous nous basions sur de pareilles valeurs, non seulement le chauffage serait insuffisant, lorsque la température extérieure est basse, mais encore la conso mmation de coke augmenterait d'une façon effrayante (voir p. 164) [1].

On arrive à des conclusions encore plus fausses lorsque, dans des essais de ce genre, pour évaluer la production de la chaudière, on attend que tout le coke chargé dans le foyer se trouve en ignition complète. J'ai vu, dans cet ordre d'idées, un procès perdu par le plaignant qui avait porté plainte à cause de la faible production d'une chaudière de chauffage. L'expert commis avait trouvé, grâce à un essai pratique de très courte durée, une production d'environ 20.000 calories par mètre carré de surface de chauffe et par heure et ne voulait pas en démordre, malgré les observations tout à fait probantes faites par le plaignant. Dans cet essai, la température de l'eau à l'entrée était de 10°, à la sortie de 87°, soit une différence de 77°. D'après la quantité de chaleur absorbée par l'eau de circulation, la chaudière aurait dû fournir 74.450 calories, alors que la quantité de chaleur nécessaire n'était que de 37.500 calories.

En même temps la température dans le carneau de sortie variait entre 300 et 500°.

Une autre méthode, moins souvent utilisée, consiste dans la détermination du poids de vapeur produit. Comme ce poids ne peut être déterminé qu'avec une trop grande incertitude, à cause des entraînements d'eau par la vapeur, cette méthode ne peut servir à l'évaluation de la capacité de production d'une chaudière, si l'on ne prend pas des précautions toutes particulières. D'habitude les taux de vaporisation et par suite la production que l'on adopte sont trop élevés.

Pour obtenir des résultats exacts et utilisables, il est indispensable, dans les essais de vaporisation, de déterminer les grandeurs suivantes :

    1° Pression de la vapeur ;

    2° Température de l'eau d'alimentation ;

  . 3° Poids d'eau froide et sa température ;

---

[1] A la suite d'une expertise, nous avons fait changer une chaudière en fonte du commerce travaillant à l'allure de 12.000 calories par mètre carré lorsque la température extérieure était 0°, par une chaudière en fonte du même type, mais de plus grande surface, travaillant à l'allure de 8.000 calories dans les mêmes conditions.

La quantité de charbon brûlée pendant l'hiver suivant (180 jours) a été de 25 0/0 inférieure à celle brûlée pendant l'hiver précédent (180 jours), avec une température extérieure moyenne sensiblement équivalente. Aucune modification n'avait été apportée ni aux radiateurs ni aux tuyauteries.

G. Debesson.

4° Poids de l'eau de condensation ;

5° Consommation de coke.

Les quantités 4° et 5° donnent la vaporisation brute, c'est-à-dire le nombre moyen de kilogrammes a de vapeur mélangée d'eau produit par 1 kilogramme de coke.

Ce taux de vaporisation a se compose de :

$$a = b + c, \qquad (10)$$

b étant le poids de vapeur, c le poids d'eau entraîné en kilogrammes.

La quantité de chaleur nécessaire à la production de b kilogrammes de vapeur dépend de la température t de la vapeur et s'obtient par la formule :

$$\lambda = 606,5 + 0,305t. \qquad (11)$$

Dans les essais de vaporisation à la pression atmosphérique ($t = 100°$), $\lambda = 637$ calories, la température de l'eau d'alimentation étant 0°. Si cette température est $t_w°$, elle doit être retranchée de λ.

Donc, pour b kilogrammes de vapeur, nous avons une quantité de chaleur :

$$W_1 = b(\lambda - t_w), \qquad (12)$$

et la quantité de chaleur absorbée par l'eau entraînée est donnée par :

$$W_2 = ct \qquad (13)$$

en admettant que la température de la vapeur soit égale à la température de l'eau.

Comme la vapeur et l'eau entraînée sont conduites dans un serpentin de refroidissement où la vapeur se condense, la quantité de chaleur dégagée W doit se retrouver dans l'eau de refroidissement dont la température et le poids sont déterminés. On doit donc avoir :

$$W = W_1 + W_2 b(\lambda - t_w) + ct. \qquad (14)$$

Les seules inconnues b et c sont tirées des équations (10) et (14). On peut donc déterminer W_1 par la formule :

$$W_1 = W - W_2. \qquad (15)$$

Dans les essais de vaporisation, il y a lieu de remarquer que la pression de vapeur nécessaire à la marche d'une installation de chauffage reste au-dessous de 0,1 atmosphère. Il peut arriver que, dans les essais, par suite du peu de longueur du raccordement au serpentin, on ne constate même aucune pression de vapeur. S'il en était ainsi, les résultats obtenus n'auraient de valeur pratique que si l'on prenait pour λ une autre valeur que celle de l'équation (11) et correspondant au degré de vide existant.

Les essais poursuivis avec une chaudière à éléments à courant renversé de Hainholz par l'Association de surveillance des chaudières à vapeur de Hanovre ont été effectués d'après un programme tel que celui que je viens d'exposer ; car la vapeur produite devait être condensée dans un condenseur à surface, et le poids et la température de l'eau de condensation devaient être mesurés. Malheureusement, dans les résultats de ces essais, ne figurent ni le poids ni la température de l'eau de refroidissement qu'il est indispensable de connaître pour pouvoir juger de l'exactitude des résultats. En tout cas, je dois admettre que la production spécifique obtenue de 13.000 calories est trop élevée : de même le poids trouvé (4,24 0/0) pour l'eau entraînée doit être trop faible([1]).

L'emploi d'un grand collecteur de vapeur pour plusieurs chaudières, ainsi que l'a fait, par exemple, la maison Jeglinsky et Tichelmann, de Dresde, constitue le meilleur et le plus simple remède aux entraînements d'eau et aux inégalités de niveau si préjudiciables. Ce collecteur permet de n'avoir qu'un seul manomètre et un seul niveau d'eau. Pour déterminer la production spécifique (par mètre carré de surface de chauffe et par heure) d'une batterie de chaudières de ce genre, il suffit de résoudre les équations (10), (11) et (14), et de peser l'eau d'alimentation. La production spécifique est égale au produit du taux de vaporisation par la quantité de chaleur produite. Il faut, bien entendu,

([1]) Les ingénieurs savent bien que le poids d'eau entraîné en service normal peut être en réalité très considérable et donner lieu à des phénomènes désagréables.

Je citerai seulement le cas des chaudières Richmond qui furent employées en grand nombre, il y a une dizaine d'années, et qui contribuèrent d'une façon générale à discréditer les installations de chauffage à vapeur à basse pression. Pour ma part, j'ai fait ce que j'ai pu pour faire abandonner ce type de chaudières et les types analogues, car leurs défectuosités paraissaient irrémédiables et malgré l'application de séparateurs d'eau et de collecteurs de vapeur, les installations ne marchaient jamais. Ce qu'il y avait de plus fâcheux, c'est que, dans le cas d'une batterie de chaudières, l'une d'elles, ne produisant que peu ou pas du tout de vapeur après le décrassage, retenait toute l'eau de condensation alors que le niveau de l'eau des autres chaudières descendait beaucoup au-dessous du niveau normal. Il en résultait que les parois du foyer rougissaient (quelquefois sur toutes les chaudières) et s'avariaient. La situation d'expert n'avait rien d'enviable dans des cas de ce genre ; en général, ses adversaires étaient des maisons de peu d'importance ou même à peine existantes, qui négligeaient purement et simplement les entraînements d'eau, discutaient le fait de l'inégalité des niveaux en s'appuyant sur leurs connaissances élémentaires en physique, par exemple sur la loi des vases communicants, et déniaient à l'expert toute espèce d'expérience.

éviter dans ces chaudières l'addition de soude ou d'un autre désincrustant qui produirait une émulsion de l'eau et, par suite, de plus forts entraînements d'eau dans le collecteur de vapeur ; pour la même raison, je recommanderai de maintenir le niveau de l'eau aussi bas que possible (¹) (²).

VIII

DÉTERMINATION DU RENDEMENT

La quantité de chaleur contenue dans le combustible ne peut être utilisée qu'en partie, car, dans toute combustion, il existe des pertes de chaleur inévitables. La quantité de chaleur totale se compose des éléments suivants :

a) Quantité de chaleur utile ;

b) Quantité de chaleur perdue par combustion incomplète des gaz ;

c) Quantité de chaleur entraînée par les gaz de la combustion dans la cheminée (perte par la cheminée) ;

d) Quantité de chaleur perdue par réactions endothermiques (transformation d'une partie de la chaleur contenue dans le combustible en énergie chimique) ;

e) Quantité de chaleur perdue par la suie (charbon non brûlé) ;

(¹) Un exemple pris dans la pratique montrera l'influence que ces deux faits peuvent avoir. Parmi les nombreuses chaudières que j'ai été chargé d'examiner en 1894 par la Commission d'examen et de recherche des procédés de fumivorité se trouvait aussi une chaudière de Heine à 6 atmosphères de pression absolue, dans laquelle, malgré des expériences répétées et soumises au contrôle le plus sévère, j'avais toujours obtenu une vaporisation insuffisante à cause des entraînements d'eau (d'environ 11,6 0/0) ; ces entraînements d'eau ne devinrent moindres (6,685 et 7,187) que lorsque je fis écouler de la chaudière l'eau qui avait servi, la remplaçai par de l'eau fraîche et marchai avec un niveau extrêmement bas et à peine admissible.

(²) Nous avons rencontré les mêmes difficultés dans nos expériences. Le primage, ou entraînement d'eau, est dû le plus souvent à la vitesse d'émersion trop grande de la vapeur dans les éléments de chaudières dont la surface d'émersion est trop petite. En réduisant au minimum le volume d'eau contenu dans les chaudières en fonte par des dispositions qui augmentent considérablement la surface de chauffe, on arrive fatalement à des surfaces d'émersion qui donnent lieu à des entraînements d'eau. Avec un type de chaudière que nous avons rencontré dans une de nos expertises, nous n'avons pu réduire les entraînements, malgré un gros collecteur séparateur d'eau et de grosses purges immédiates, qu'en augmentant le nombre des éléments jusqu'à ce que la production de vapeur fût tombée au-dessous de 12 kilogrammes par mètre carré. L'eau était propre, et la chaudière avait été lavée à diverses reprises pour la débarrasser des huiles et graisses provenant du montage des tuyauteries.

G. Debesson.

f) Quantité de chaleur perdue par suite de la non-combustion des résidus combustibles ;

g) Quantité de chaleur perdue par conduction et par rayonnement.

Dans les chaudières à vapeur, on détermine le taux de vaporisation par le rapport entre le poids d'eau d'alimentation et le poids de combustible brûlé ; on en déduit la quantité de chaleur utile *a*. Cette quantité est la seule qui, dans ce genre d'essais, puisse être déterminée avec une exactitude suffisante, en admettant qu'à la fin de l'essai, l'état de la couche de combustible sur la grille soit semblable à l'état initial et qu'il n'y ait pas eu d'entraînements d'eau dans la conduite de vapeur. Pour rendre aussi faibles que possible les causes d'erreur provenant des états différents du combustible sur la grille, on prolonge l'essai pendant plusieurs heures (sept à huit) et on décrasse le feu autant de temps avant le commencement qu'avant la fin de l'essai.

Dans les chaudières de chauffage, un essai de vaporisation en service normal entraîne de grands troubles ; dans un cas, j'ai conduit un essai de ce genre jusqu'au bout (chaudière verticale) pour déterminer certaines données manquantes, mais je ne pourrai que déconseiller d'employer cette méthode d'une façon générale, car les résultats qu'on obtient dépendent toujours de l'ensemble de l'installation (conditions de tirage, de production, tension de vapeur, etc.). Ces considérations s'appliquent à plus forte raison aux essais par circulation d'eau, qui doivent être pour le moins adaptés aux conditions normales du chauffage (voir chap. vii), afin que la vitesse de circulation et la température de l'eau correspondent aux conditions de la réalité et ne s'en écartent pas notablement, ainsi que je l'ai montré plus haut.

Alors que, dans les essais de chaudières à vapeur, on se contente d'habitude de déterminer par différence la somme des pertes *b*, *c* et *g*, j'ai essayé, pour la première fois, dans les essais de chaudières de chauffage, de déterminer exactement, outre les pertes *b* et *c*, les pertes par conduction et par rayonnement *g* pour obtenir *a* par différence, la somme de toutes ces quantités devant être égale à la puissance calorifique du coke.

En considérant la nature du combustible employé, le coke, on peut légitimement négliger la perte *e* par la suie ; de même j'ai négligé la perte *f* par les résidus non brûlés, parce qu'elle dépend de la façon plus ou moins consciencieuse de travailler du chauffeur. Rien n'empêche de ramener en avant le mâchefer retiré de la grille et de le laisser dans le feu un jour de plus de façon à utiliser tout ce qui peut être encore brûlé. Si, par exemple, dans le calcul du rendement, je faisais entrer les pertes par les résidus non brûlés dont l'importance dépend de l'habileté du chauffeur, je déprécierais la chaudière et rendrais plus difficile une comparaison entre les divers types essayés. Par contre, j'ai tenu compte particulièrement des pertes qui, comme par exemple dans la chaudière Rapid, résultent du coke jeté dans les carneaux, car ces pertes, de même que les pertes par conduction et par rayonnement, dépendent de la nature particulière du système de chaudière et par suite doivent entrer en ligne de compte.

L'affirmation de Gramberg (¹), d'après laquelle les pertes g constituent un appoint pour le chauffage du bâtiment, n'est pas absolument prouvée. Dans ma note sur son livre (²), j'ai discuté son affirmation, car une partie de cette chaleur est certainement perdue complètement à cause de la ventilation de la cave, et le reste n'est récupéré que par les locaux situés immédiatement au-dessus de la

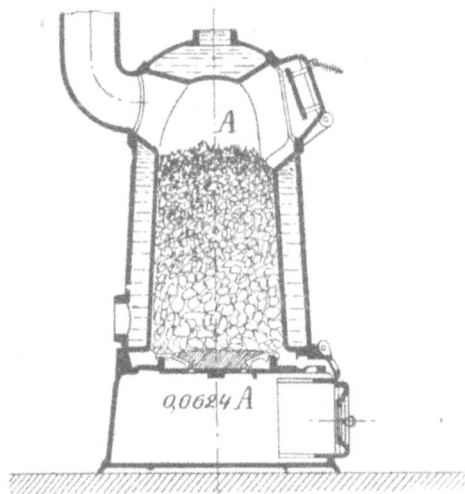

FIG. 16.

cave et non par l'ensemble de l'installation. On pourrait, de même, prétendre que l'influence de la cheminée est favorable au chauffage par suite de la chaleur qu'elle transmet à la maçonnerie ; mais, à mon avis, il convient de laisser de côté toutes ces circonstances accessoires lorsqu'il s'agit de déterminer le rendement d'une chaudière de chauffage, de façon à ne pas l'évaluer artificiellement au-dessus de la réalité. Quel crédit accorderait-on à nos connaissances techniques, si, après avoir affirmé que, d'après nos calculs, la consommation du coke devait être de tant de kilogrammes, nous étions obligés de constater que, dans la pratique, elle est de 50 0/0 plus forte ?

(¹) *Chauffage et Ventilation des Bâtiments.*
(²) *Dinglers Polytechnisches Journal,* 1909, 25° livraison.

⊠ Un certain temps avant le commencement de l'essai, les chaudières étaient décrassées, puis peu à peu chargées complètement jusqu'à un repère déterminé. L'état de leur grille à la fin de l'essai devant être le même qu'au commencement, elles devaient être de nouveau décrassées et regarnies de coke frais. Dans le cas où la trémie de chargement était étroite et peu profonde, j'ai considéré qu'il était nécessaire de faire intervenir une correction dans le poids du coke chargé sur la grille (en particulier si le coke produit du mâchefer), ainsi que de déterminer la perte d (par énergie chimique).

En effet, une fois la grille nettoyée, on peut charger dans la trémie un poids A de coke qu'on ne pèse pas (*fig.* 16). Le coke se consume, de sorte qu'au bout d'un certain temps il y a lieu de recharger, par exemple, un poids de 20 kilogrammes (pesés). Du poids A tout doit être brûlé, à part le mâchefer qui, d'après l'analyse préalable, représente 9,5 0/0. Le poids du mâchefer produit est donc de :

$$A \frac{9,5}{100} \text{ kilogrammes.}$$

Or

I hectolitre de mâchefer (de l'installation en question) pesait...	73^{kg},2
I — de coke — — — ...	48^{kg},0

Donc

$$\text{I kilogramme de mâchefer} = \frac{1}{73,2} \text{ hectolitres,}$$

$$\text{I kilogramme de coke} \ldots = \frac{1}{48} \text{ hectolitres.}$$

Donc le rapport des volumes est de :

$$\frac{48}{73,2} = 0,657.$$

Si l'on a brûlé $\frac{A}{48}$ hectolitres de coke, il restera sur la grille un poids de :

$$A \frac{9,5}{100} 0,657 = 0,0624 \text{ kilogrammes,}$$

sur lesquels on jettera 20 kilogrammes de coke frais. On aura donc :

$$20 = A(1 - 0,0624),$$

d'où on tire :

$$A = 21^{kg},3.$$

En ce qui concerne la perte d, l'analyse des gaz a attiré mon attention sur ce fait que la proportion d'hydrogène contenue dans les gaz de la combustion était inadmissible d'après l'analyse du coke, même en admettant que tout l'hydrogène contenu dans le combustible n'eût pas été brûlé. Je ne pouvais en trouver la raison que dans la décomposition de l'eau par le carbone, avec absorption de chaleur d'après les réactions :

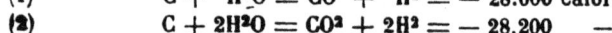

$$(1) \qquad C + H_2O = CO + H_2 = -28.600 \text{ calories},$$
$$(2) \qquad C + 2H_2O = CO_2 + 2H_2 = -28,200 \quad -$$

en supposant, d'après Fischer, de la vapeur d'eau à environ 20°.

A cet hydrogène mis en liberté s'ajoute l'hydrogène dégagé par le combustible brûlant, soit :

$$(3) \qquad\qquad\qquad H_2,$$

qui, peu de temps après le chargement de la grille, est perdu par la cheminée; car la température est trop basse pour l'enflammer, tandis que le reste forme :

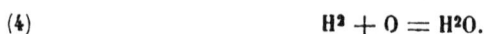

$$(4) \qquad\qquad\qquad H_2 + O = H_2O.$$

Lorsque la flamme a traversé la couche de combustible, par suite de l'afflux d'oxygène, on a :

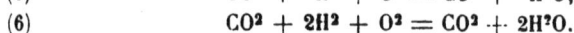

$$(5) \qquad CO + H_2 + O_2 = CO_2 + H_2O,$$
$$(6) \qquad CO_2 + 2H_2 + O_2 = CO_2 + 2H_2O.$$

Dans les gaz de la combustion, tous les produits de ces réactions sont mélangés, de sorte qu'il n'y a pas moyen de déterminer la part afférente à chacune d'elles. On reconnaîtra donc combien il est difficile de faire l'analyse quantitative de ces réactions, en particulier lorsqu'on a en vue la détermination des quantités de chaleur de formation ou de décomposition. En tout cas, j'ai admis que, dans le cas de chaudières de chauffage dans lesquelles l'analyse des gaz conduit aux hypothèses faites plus haut, il y a lieu de retrancher 1 0/0 pour la perte d, afin de faire concorder autant que possible les résultats d'expérience avec la réalité.

Pour l'évaluation des pertes par conduction et par rayonnement, j'ai utilisé plusieurs méthodes que j'ai exposées dans un chapitre spécial.

IX

ANALYSE DES GAZ DE LA COMBUSTION

Les analyses des gaz ne présentent plus aujourd'hui de difficultés. Nous savons, en nous basant sur les expériences de Bunte, Fischer, Hempel, etc..., que, pour diminuer les causes d'erreur, il y a lieu de prendre certaines précautions dans le prélèvement des gaz. Nous évitons d'employer de longs tuyaux en caoutchouc, qui ont la fâcheuse propriété d'absorber les gaz, et, pour la même raison nous plaçons l'éprouvette de prélèvement avant la pompe à gaz ; nous prélevons les gaz en un point où nous avons la certitude qu'ils ne sont pas dilués par l'air aspiré par le tirage et qu'ils sont complètement brûlés, c'est-à-dire en un point des carneaux où la flamme cesse d'être visible, de façon à pouvoir suivre la marche de la combustion ; nous évitons l'emploi de tuyaux en fer, car nous savons que ces tuyaux absorbent même, à température relativement basse, une partie des gaz acides et les restituent sous forme de gaz réduits. J'ai cessé depuis quelques années déjà de faire des analyses auprès de la chaudière, car les résultats ne peuvent en être exacts. L'élévation de température du liquide sur lequel les gaz sont recueillis, le mauvais éclairage, les nombreuses personnes qu'on a autour de soi, etc..., sont des causes devant influer sur l'exactitude des analyses. Que l'on réfléchisse seulement qu'une élévation de température de 1 0/0, pour un volume de 100 centimètres cubes, donne une erreur de 0,3 0/0. Le dosage des gaz non brûlés, fait sur place, prend trop de temps, de sorte que l'on ne peut faire assez d'analyses et que l'on n'a pas le loisir d'observer la marche de la combustion. De même je considère comme sans valeur les analyses collectives, car l'eau absorbe CO_2. Constam et Schlæpfer [1] ont remédié à cet inconvénient en produisant artificiellement des gaz brûlés à teneur identique de CO_2, en notant l'absorption de temps en temps et en corrigeant leurs résultats. Ils ont encore recueilli les gaz de la combustion sur de l'eau contenant 50 0/0 de glycérine. D'autres cherchent à éviter l'absorp-

[1] *Zeitschrift des Vereins deutscher Ingenieure*, 1909, p. 1842 et suiv.

tion en recueillant les gaz sur des solutions salines saturées ; ce procédé ne m'a pas donné satisfaction. Comme, d'autre part, le dosage du CO par absorption est trop inexact, que la solution de chlorure cuivreux s'épuise et tend à dégager des gaz, il faut bien que nous fassions ce dosage par combustion et que nous effectuions des calculs pour lesquels nous ne trouvons dans la chaufferie ni le temps ni la tranquillité nécessaire. Il en est de même pour le dosage de H et CH^4. Avec l'appareil excellent d'Orsat ([1]), perfectionné par le Dr Hahn, on peut procéder de façon à doser une partie du CO par absorption et l'autre par combustion. Je ne puis partager l'avis de Constam et Schlæpfer qui préconisent la méthode gravimétrique, car cette méthode ne permet pas de doser CH^4, qui, dans les calculs, n'est pas séparé de CO et H.

Je désirerais, en outre, attirer l'attention sur SO^2 (ou SO^3). On admet la plupart du temps que le SO^2 qui résulte du soufre contenu dans le combustible est dosé en même temps que le CO^2. Cela n'est qu'à moitié exact, car on retrouve du soufre dans les cendres et les mâchefers (sulfate de chaux, etc...[2]). Il peut être important, au point de vue de l'exactitude, de déterminer exactement le poids de CO^2, lorsqu'on évalue le poids total des gaz produits.

Le seul procédé donnant, à mon avis, toute sécurité, consiste dans l'aspiration des gaz dans des ballons en verre ayant un robinet en verre de chaque côté ; c'est ce procédé que j'ai presque uniquement employé dans mes nombreuses expériences. Je prends toutefois la petite précaution suivante : je ferme d'abord le robinet du côté de la sortie et ensuite celui qui se trouve entre l'aspirateur et le ballon, de façon à éviter, par une légère surpression, que, par suite du refroidissement, la pression dans le ballon ne soit inférieure à la pression atmosphérique. Les ballons peuvent alors être conservés pleins pendant des jours et des semaines, sans qu'il y ait à craindre un changement quelconque dans le volume des gaz qu'ils contiennent, ou une introduction de l'air extérieur. La légère surpression empêche égale-

---

([1]) *Zeitschrift des Vereins deutscher Ingenieure*, 1906, p. 213.

([2]) Le S contenu dans le charbon s'y présente à l'état de FeS^2. Par chauffage, S se dégage d'après la formule :

$$FeS^2 = FeS + S ;$$

FeS reste dans le mâchefer ; si l'on jette ce mâchefer incandescent dans l'eau, SO^2 se dégage d'après la formule :

$$3Fe + 4H^2O + 6O = Fe^3O^4 + 3SO^2 + 4H.$$

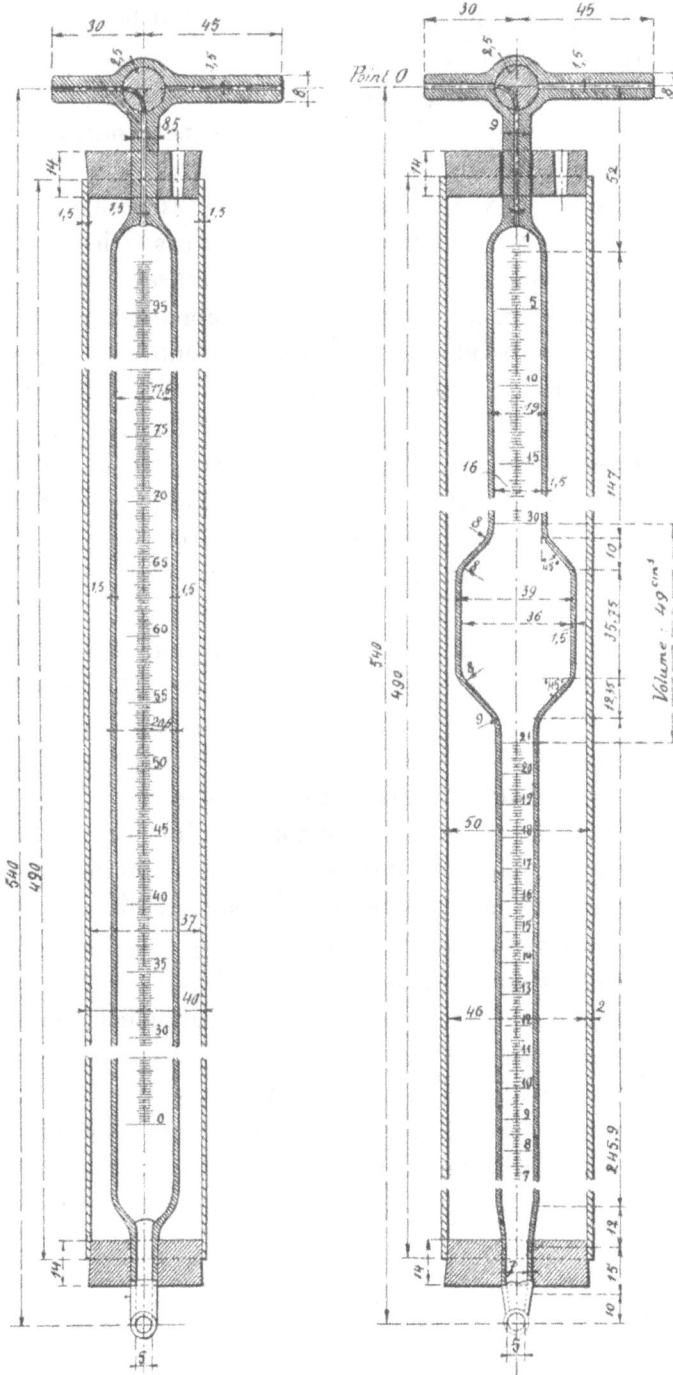

Fig. 17 et 18.

ment l'introduction d'air, pendant que l'on établit la communication du ballon avec l'appareil d'Orsat.

Pour rendre les lectures plus exactes, j'ai donné à l'éprouvette graduée une autre forme (*fig.* 17 et 18). Il n'est pas nécessaire que l'éprouvette ait un diamètre constant jusqu'au milieu de sa graduation. J'ai donc fait faire par un verrier une éprouvette présentant en haut et en bas un petit diamètre, et au milieu, où il n'y a pas de lectures à faire, un diamètre beaucoup plus grand de façon à réaliser la capacité totale de 100 centimètres cubes. La réduction de diamètre de la partie inférieure va jusqu'à un point correspondant à 21 centimètres cubes, celle de la partie supérieure jusqu'à 30 centimètres cubes. La graduation de cette dernière partie est renversée (de 1 à 30 au lieu de 100 à 70) et correspond aux besoins de la pratique puisque, lorsqu'on introduit de l'air pour brûler le CO, on obtient le volume par lecture directe, sans avoir de soustraction à faire. L'exactitude des lectures avec cette éprouvette est 3 fois plus grande qu'avec les éprouvettes ordinaires.

Les résultats de chaque analyse de gaz étaient consignés sur un bulletin de contrôle signé par l'ingénieur. Tous les bulletins étaient réunis et joints au procès-verbal des résultats des essais; par suite aucun changement n'était possible. Comme ces bulletins de contrôle ont donné de bons résultats dans les centaines d'analyses que j'ai effectuées, j'en donne ici un modèle. Les analyses ont toujours été faites par le même ingénieur M. Heentschel, afin d'éliminer les causes d'erreur personnelle dans les lectures. C'est à M. Heentschel que je dois l'idée de doser le CO qui n'a pas été absorbé dans le chlorure cuivreux par combustion sur la mousse de platine (voir 3° *Combustion du CO*). Il faut, pour faire ces analyses, une grande habileté qui ne peut être acquise que par une longue pratique. A titre de contrôle, j'ai fait faire les analyses de gaz une deuxième fois en intervertissant l'ordre des absorptions, et j'ai obtenu toujours une concordance parfaite. Pour les indications portées sur le bulletin de contrôle, je renvoie aux chapitres suivants.

MODÈLE DE BULLETIN DE CONTROLE

ANALYSE N° 24

CHAUDIÈRE système RAPID
Absorption

CO²................	$k =$	8,9
Hydrocarbures................ ∴	$p =$	...
O²................	$o =$	7,9
CO................	$d_1 =$	5,2
TOTAL................		$= 22,0$
Volume du gaz restant................	$a =$	78,0

10 HEURES. — CHAUDIÈRE CÔTÉ DROIT
Combustion

Volume de la prise d'essai............	$b =$	0,30
— d'air ajouté............		0,70
Combustion de H² et CO............	$c =$	0,75

COMPOSITION DES GAZ

CO²............	$k =$	8,90 0/0
Hydrocarbures...	$p =$	....
O²............	$o =$	7,90 0/0
CO............	$d_1 + d_2 =$	5,77 0/0
H²............	$h =$	4,11 0/0
CH⁴............	$m =$	0,68 0/0
Az²............		75,64 0/0
TOTAL............		100,00 0/0

Combustion de CH⁴............ $c_2 = \ldots$

Absorption de CO²............ $\ldots$

$$d = \ldots$$

$$h = \frac{a}{b}\left(\frac{2c - d}{3} + \frac{c_2}{2}\right) = \ldots \; 0/0$$

$$d_2 = \frac{a}{b}\left(d - \frac{3c_2}{2}\right) = \ldots \; 0/0$$

$$m = \frac{a}{2b}\, c_2 = \ldots \; 0/0$$

Absorption de CO²............ $k_1 = 0,22$

Combustion de CH⁴............ $0,52$

Absorption de CO²............ $0,26$

$$d = 0,78$$

$$h = \frac{2a}{3b}\left(c - \frac{k_1}{2}\right) = 1,11 \; 0/0$$

$$d_2 = \frac{a}{b}\, k_1 = 0,57 \; 0/0$$

$$m = \frac{ad}{3b} = 0,68 \; 0/0$$

Schöneberg, le 12 décembre 1908.

Signé : HEENTSCHEL.

1° COMBUSTION DE L'HYDROGÈNE PAR LA MOUSSE DE PLATINE

b étant le volume de gaz restant après l'absorption de CO^2, des hydrocarbures, de O^2 et de CO, se compose d'un certain volume d'azote, de méthane CH^4 et d'hydrogène. Donc :

$$b = H + M + Az. \qquad (16)$$

En faisant arriver de l'air, on ajoute:

Un volume O d'oxygène ;

Un volume $O\dfrac{79}{21}$ d'azote, de sorte que l'on a un volume total de :

$$b + O + O\frac{79}{21}. \qquad (17)$$

Pour transformer tout l'hydrogène en eau, il faut un volume $\dfrac{H}{2}$ d'O, puisque 1 centimètre cube d'O produit 2 centimètres cubes de vapeur d'eau. Il reste donc, après la combustion, un volume total :

$$O = \frac{H}{2} + Az + \frac{79}{21} O + M. \qquad (18)$$

Le volume disparu c (la contraction) s'obtient par la différence entre (17) et (18), soit :

$$c = b + \frac{H}{2} - Az - M; \qquad (19)$$

remplaçant b par sa valeur d'après l'équation (16) :

$$c = \frac{3}{2} H \qquad et \qquad H = \frac{2}{3} c.$$

Comme le volume H d'hydrogène contenu dans le volume b de la prise d'essai doit être dans le même rapport avec le volume h d'hydrogène contenu dans le poids restant total des gaz a (après l'absorption du CO) que ces volumes b et a, on a, d'accord avec le Dr Hahn :

$$\frac{H}{h} = \frac{b}{a},$$

d'où :

$$h = H\frac{a}{b} = \frac{2ca}{3b}. \qquad (20)$$

2° COMBUSTION DU MÉTHANE PAR UNE SPIRALE DE PLATINE PORTÉE AU ROUGE PAR LE COURANT ÉLECTRIQUE

La combustion du méthane se fait d'après la formule :

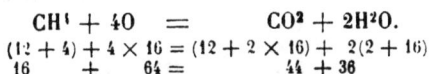

$$CH^4 + 4O = CO^2 + 2H^2O.$$
$$(12 + 4) + 4 \times 16 = (12 + 2 \times 16) + 2(2 + 16)$$
$$16 + 64 = 44 + 36$$

Donc, pour brûler 16 grammes ou $\dfrac{16}{0,71549}$ centimètres cubes de méthane, il faut 64 grammes, soit $\dfrac{64}{1,43003}$ centimètres cubes d'oxygène, c'est-à-dire pour 1 centimètre cube de méthane :

$$\frac{64 \times 0,71503}{16 \times 1,43003} = 2 \text{ centimètres cubes d'oxygène.}$$

1 volume de méthane exige 2 volumes d'oxygène qui forment, l'un 1 volume de CO^2 et l'autre 1 volume de H^2O.

Après la combustion de l'H, le volume des gaz restants se composait de :

$$b + 0 + \frac{79}{21} 0 - c, \tag{21}$$

volume que l'on soumet à l'action de la spirale de platine. Par suite de la combustion du méthane et de l'absorption de CO^2 qui en résulte, il se produit une contraction d. Le volume d'oxygène $\left(0 - \dfrac{H}{2}\right)$ devient $\left(0 - \dfrac{H}{2} - 2M\right)$.

Le 1/2 volume d'oxygène employé a servi à la formation du CO^2 soit $\dfrac{2M}{2} = M$; il se forme donc M volumes de CO^2, l'autre moitié a été employée à la formation de vapeur d'eau $2H^2O$. Le volume des gaz secs subsistant après la combustion du méthane est donc :

$$\underbrace{\left(0 - \frac{H}{2} - 2M\right)}_{\text{Oxygène}} + \underbrace{\left(Az + \frac{79}{21} 0\right)}_{\text{Azote}} + \underbrace{M.}_{\text{Acide carbonique}}$$

L'acide carbonique est absorbé dans le tube à potasse, de sorte que le volume final est de :

$$0 - \frac{H}{2} - 2M + Az + \frac{79}{21} 0. \qquad (22)$$

Si on retranche ce volume final du volume initial (21), on en déduit le volume disparu, c'est-à-dire la contraction :

$$d = b - c\,\frac{H}{2} + 2M - Az, \qquad (23)$$

ou, en remplaçant c par sa valeur prise dans l'équation (19):

$$d = 3M; \qquad M = \frac{2}{3}\,d.$$

De la proportion :

$$\frac{M}{m} = \frac{\dfrac{d}{3}}{m} = \frac{b}{a},$$

on déduit le pourcentage cherché de méthane :

$$m = \frac{d}{3}\,\frac{a}{b}. \qquad (24)$$

3° COMBUSTION DE L'OXYDE DE CARBONE

Si la solution de chlorure cuivreux n'a pas absorbé tout le CO, on brûle le reste à l'état de CO^2 par la mousse de platine et on le dose comme suit après la combustion de H et CH^4 :

Par suite de la présence d'un volume K de CO, on a, avant la combustion de l'H au lieu de l'équation (16) l'équation :

$$b = H + M + Az + K. \qquad (25)$$

La combustion de CO se fait d'après la formule :

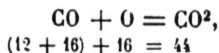

$$CO + 0 = CO^2,$$
$$(12 + 16) + 16 = 44$$

c'est-à-dire que 28 grammes de CO, soit $\dfrac{28}{1,25133}$ centimètres cubes,

se combinent avec 16 grammes d'O, soit $\dfrac{16}{1,43003}$ centimètres cubes

d'O, pour former 44 grammes de CO^2, soit $\dfrac{44}{1,96633}$ centimètres cubes.

Donc :

$$1 \text{ cm}^3 \text{ CO} + \tfrac{1}{2} \text{ cm}^3 \text{ O} = 1 \text{ cm}^3 \text{ CO}^2.$$

Pour brûler K volumes de CO, il faut donc $\dfrac{K}{2}$ volumes d'O et on obtient K volumes de CO^2. Le volume d'O après la combustion de l'H et du CO s'est réduit à $\left(O - \dfrac{H}{2} - \dfrac{K}{2}\right)$ et le volume total du gaz est de :

$$\underbrace{\left(O - \frac{H}{2} - \frac{K}{2}\right)}_{\text{Oxygène}} + \underbrace{\left(Az + \frac{79}{21}O\right)}_{\text{Azote}} + \underbrace{M}_{\text{Méthane}} + \underbrace{K.}_{\text{Acide carbonique}}$$

Le volume disparu c est alors [voir (19)]

$$c = b + \frac{H}{2} - \frac{K}{2} - Az - M, \tag{26}$$

ou, remplaçant b par sa valeur d'après (25) :

$$c = \frac{3}{2} H + \frac{K}{12}. \tag{27}$$

Avant la combustion du méthane, le volume des gaz était donné par l'équation (21) ; après cette combustion, il est de :

$$\underbrace{\left(O - \frac{H}{2} - \frac{K}{2} - 2M\right)}_{\text{Oxygène}} + \underbrace{\left(Az + \frac{79}{21}O\right)}_{\text{Azote}} + \underbrace{(M + K).}_{\text{Acide carbonique}}$$

1 en résulte comme volume disparu :

$$c_2 = b \qquad + \frac{H}{2} - \frac{K}{2} + M - Az, \tag{28}$$

5

ou, en remplaçant b et c par leurs valeurs tirées des équations (25) et (27) :

$$c_2 = 2M \qquad \text{ou} \qquad M = \frac{c_2}{2}.$$

Si maintenant on absorbe l'acide carbonique $(M + K)$ la contraction totale après la combustion du méthane et la réabsorption de l'acide carbonique sera :

$$d = c_2 + (M + K),$$
$$d = 2M + (M + K) = 3M + K, \qquad (29)$$
$$d = \frac{3}{2} c_2 + K.$$

D'après les valeurs trouvées (27 et 29), on a :

$$2c = 3H + K,$$
$$d = 3M + K ;$$

en retranchant :

$$2c - d = 3H - 3M = 3H - \frac{3}{2} c_2,$$

d'où :

(1) $\qquad H = \frac{2c - d}{3} + \frac{c_2}{2},$ soit en $0/0$ $\qquad h = \frac{a}{b}\left(\frac{2c - d}{3} + \frac{c_2}{2}\right);$ $\quad$ (30)

(2) $\qquad K = d - \frac{3}{2} c_2,$ $\qquad$ — $\qquad d_2 = \frac{a}{b}\left(d - \frac{3}{2} c_2\right)$ $\qquad$ (31)

(3) $\qquad M = \frac{c_2}{2},$ $\qquad$ — $\qquad m = \frac{a}{b}\frac{c_2}{2}.$ $\qquad$ (32)

Si on absorbe tout de suite l'acide carbonique formé par la combustion simultanée de l'H et du CO, c'est-à-dire avant la combustion du méthane, on obtient une contraction $c + K$, de sorte que le volume des gaz avant la combustion du méthane est de :

$$b + O + \frac{79}{21} O - (c + K); \qquad (33)$$

après cette combustion

$$\underbrace{\left(O - \frac{H}{2} - \frac{K}{2} - 2M\right)}_{\text{Oxygène}} + \underbrace{\left(Az + \frac{79}{21} O\right)}_{\text{Azote}} + \underbrace{M.}_{\text{Acide carbonique}}$$

Le volume des gaz disparus est de :

$$c_2 = b - c + \frac{H}{2} - \frac{K}{2} + M - Az. \qquad (34)$$

D'après (25) et (27), on a :

$$b - c = H + Az + M + K - \frac{3}{2}H - \frac{K}{2} = M. + Az + \frac{K}{2} - \frac{H}{2}$$

et

$$c_2 = 2M.$$

Si maintenant on absorbe l'acide carbonique M résultant de la combustion du méthane, on trouve une contraction :

$$d = c_2 + M = 3M, \qquad \text{d'où} \qquad M = \frac{d}{3}.$$

De (27) on tire :

$$2c = 3H + K$$

et

$$H = \frac{2}{3}\left(c - \frac{K}{2}\right).$$

K est déterminé par l'expérience ; les valeurs en pour cent sont alors les suivantes :

$$(1) \; h = \frac{2}{3}\frac{a}{b}\left(c - \frac{k_1}{2}\right), \qquad\qquad (35)$$

$$(2) \; d_2 = \frac{a}{b}k_1, \qquad\qquad (36)$$

$$(3) \; m = \frac{d}{3}\frac{a}{b}. \qquad\qquad (37)$$

X

DÉTERMINATION DE LA PERTE DE CHALEUR RÉSULTANT DE LA COMBUSTION INCOMPLÈTE DES GAZ

1° PERTE PAR CO

Comme 1 kilogramme de carbone brûlé à l'état de CO_2 dégage d'après Berthelot 8.137 calories et à l'état de CO seulement 2.440 calories, la perte par combustion incomplète est de :

$$8137 - 2440 = 5697 \text{ calories,}$$

Le poids de carbone C_d contenu dans CO possède donc une puissance calorifique de 5.697 calories par kilogramme ; comme à un poids C_d de carbone correspond un poids D_p de CO tel que

$$\frac{C_d}{D_p} = \frac{12 + 16}{12},$$

on a :

$$D_p = \frac{7}{3} C_d$$

ou

$$C_d = \frac{3}{7} D_p,$$

et par suite la perte de chaleur en calories est de :

$$V'_d = \frac{3}{7} 5697 D_p = 2440 D_p.$$

Or D_r en volume $= \dfrac{D_p}{1,25133}$ · la perte en volume est donc :

$$2440 \times 1,25133 D_\nu = 3053 D_\nu. \tag{38}$$

2° PERTE PAR CH⁴

Un kilogramme de méthane a une puissance calorifique de 11.994 calories [1].

Un poids C_m de carbone correspond à un poids M_p de méthane tel que :

$$\frac{C_m}{M_p} = \frac{12 + 4}{12};$$

(1) D'après FISCHER (*Technologie des Combustibles*, p. 411), la chaleur de combustion est de 213.500 calories. D'après la formule :

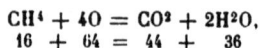

$$CH^4 + 4O = CO^2 + 2H^2O,$$
$$16 + 64 = 44 + 36$$

1 kilogramme de méthane aurait produit $\frac{36}{16} = \frac{9}{4}$ de kilogramme d'H^2O qui s'échappe avec les gaz de la combustion sous forme de vapeur d'eau. Nous avons donc à retrancher 600 calories par kilogramme, et nous obtenons :

$$\frac{213500}{16} - \frac{9}{4} \times 600 = 11994 \text{ calories.}$$

On donne généralement 11.900 calories.

on a :

$$M_p = \frac{4}{3} C_m \qquad \text{ou} \qquad C_m = \frac{3}{4} M_p.$$

On obtient comme perte de chaleur :

$$V'_m = 11994 M_p.$$

Or comme M_c en volume $= \dfrac{M_p}{0,71503}$, la perte en volume est :

$$11994 \times 0,71503 M_v = 8575 M_v. \tag{39}$$

3° PERTES PAR LES HYDROCARBURES

Dans la combustion du coke, il ne se dégage pas d'hydrocarbures lourds ; en tout cas, il ne m'a pas été possible d'en mettre en évidence. Mais comme, dans les chaudières de chauffage, on emploie parfois du charbon ou des briquettes, je pense qu'il est utile de ne pas passer sous silence les pertes par les hydrocarbures.

Nous pouvons nous borner à la combinaison C^2H^4 (éthylène), qui a une puissance calorifique de 34.120 calories. Nous avons :

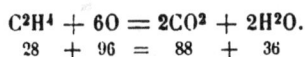

$$C^2H^4 + 6O = 2CO^2 + 2H^2O.$$
$$28 \quad + \quad 96 \quad = \quad 88 \quad + \quad 36$$

Il se forme donc, par la combustion de 1 kilogramme d'éthylène, $\dfrac{36}{28} = \dfrac{9}{7}$ kilogrammes de vapeur d'eau dont la chaleur de formation est à retrancher. Par suite :

$$V'_p = 11400 P_p.$$

Or P_v en volume $= \dfrac{P_p}{1,25178}$: la perte est donc en volume :

$$11400 \times 1,25178 P_v = 14270 P_v. \tag{40}$$

4° PERTE PAR H

D'après Fischer, la valeur probable de la chaleur de combustion de l'H transformé en eau liquide est de 34.220 calories. D'après la formule :

$$2H + O = H^2O.$$
$$2 + 16 = 18.$$

1 kilogramme d'H fournit 9 kilogrammes d'eau. La quantité de chaleur sera donc de :

$$34220 - (9 \times 600) = 28820 \text{ calories,}$$

de sorte que la perte :

$$V'_h = 28820 H_p.$$

Comme $H_v = \dfrac{H_p}{0,089582}$, la perte en volume est de :

$$28820 \times 0,089582 H_v = 2580 H_v. \tag{41}$$

En admettant donc que les gaz de la combustion contiennent les quatre gaz énumérés ci-dessus CO, CH⁴, C²H⁴, H, la perte totale sera de :

$$v' = \frac{R_v}{100} (3053d + 8575m + 14270p + 2580h), \tag{42}$$

en désignant par R_v le volume primitif des gaz secs en mètres cubes et d, m, p, h, les proportions 0/0 en volume des quatre gaz en question.

Si dans l'analyse des gaz on ne trouve, parmi les combinaisons du C, que CO, on a :

$$R_v = \frac{C}{0,5363 (k + d)}.$$

de sorte que la formule (42) devient :

$$v' = \frac{56,9271\,C}{1 + \dfrac{k}{d}}. \tag{43}$$

Ainsi qu'on le voit, dans la détermination des pertes de chaleur, ce n'est pas la teneur totale de CO qui intervient, mais le rapport $\frac{k}{d}$.

Dans le cas spécial (43), par exemple, on obtient la perte de chaleur en pour 100 de la puissance calorifique H_w par l'équation :

$$v' = \frac{100 \times 56{,}9271 C}{H^w \left(1 + \frac{k}{d}\right)}. \tag{44}$$

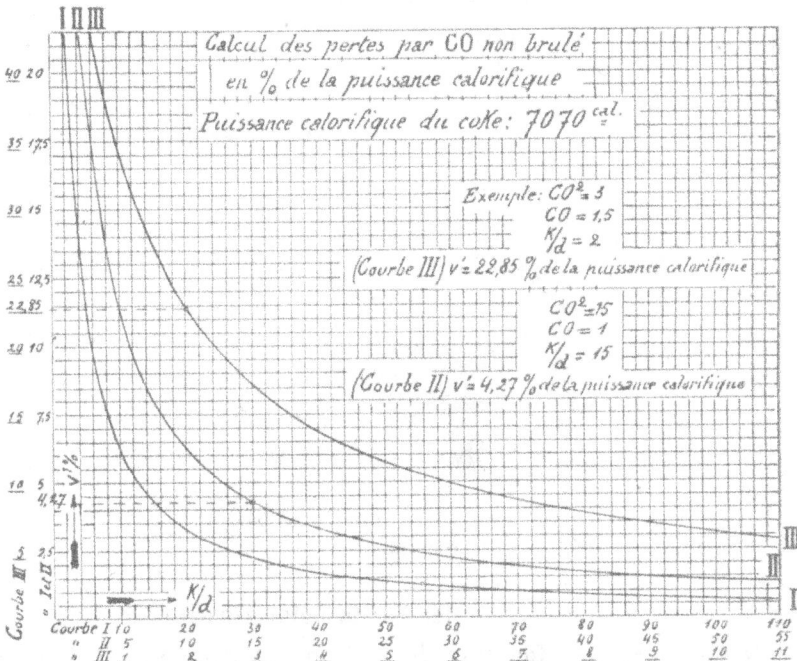

Fig. 19.

ou, en remplaçant par la puissance calorifique moyenne trouvée (7.070 calories) et la teneur en carbone $C = 85\ 0/0$:

$$v' = \frac{68{,}46}{1 + \frac{k}{d}}. \tag{44'}$$

Pour faciliter les calculs et arriver à une plus grande exactitude, j'ai cru bon de représenter par une courbe les variations de v' pour différentes valeurs de $\frac{k}{d}$ (voir *fig.* 19); on peut déduire de cette courbe les valeurs de v' pendant toute la durée de l'expérience et les représenter graphiquement.

En planimétrant la courbe des pertes, on obtient une valeur moyenne que le calcul ne peut pas donner avec une exactitude aussi grande.

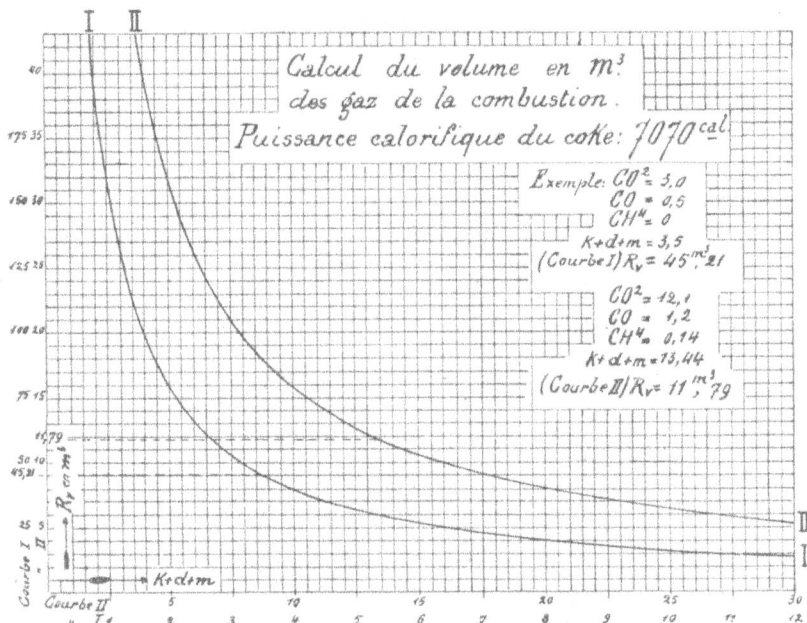

Calcul du volume en m³
des gaz de la combustion.
Puissance calorifique du coke: 7070 cal

Exemple: $CO^2 = 3,0$
$CO = 0,5$
$CH^4 = 0$
$K + d + m = 3,5$
(Courbe I) $R_v = 45^{m^3}21$

$CO^2 = 12,1$
$CO = 1,2$
$CH^4 = 0,14$
$K + d + m = 13,44$
(Courbe II) $R_v = 11^{m^3}79$

Fig. 20.

Les calculs sont encore facilités par la détermination de R_v qui se présente sous forme de fonction de C et de ses composés et dont la figure 20 représente la courbe. Cette courbe peut servir, par exemple, à calculer facilement la perte résultant de la non-combustion de l'H.

XI

CHALEUR SPÉCIFIQUE DES GAZ DE LA COMBUSTION

Si, pour élever la température de 1 kilogramme d'un corps quel-conque de t_0 à t_1 degrés, il a fallu lui fournir une quantité de chaleur de Q calories, la chaleur spécifique moyenne pour cet intervalle de température sera :

$$c_{pm} = \frac{t_1 - t_0}{Q}. \qquad (45)$$

Si ce quotient conserve la même valeur pour un autre intervalle de température quelconque, il représente en même temps la chaleur spécifique vraie (réelle, instantanée). Mais il n'en est pas de même si ce quotient a des valeurs différentes pour les autres intervalles de température. Dans ce cas, il n'y a concordance avec les chaleurs spécifiques réelles que pour des intervalles infiniment petits, c'est-à-dire que, pour élever la température de dt, il faudra fournir une quan-tité de chaleur dQ, et par suite :

$$c_p = \frac{dQ}{dt}. \qquad (46)$$

Si c_p est une fonction du 1er degré, par exemple,

$$c_p = \alpha + \beta t, \qquad (47)$$

on a, pour un intervalle de température de 0° à $t°$:

$$Q = \int_0^t cp\,dt = \int_0^t (\alpha + \beta t)\,dt = \alpha t + \frac{\beta}{2} t^2 = t\left(\alpha + \frac{\beta}{2} t\right) = c_{pm} t, \qquad (48)$$

c'est-à-dire qu'on déduit la chaleur spécifique moyenne de la chaleur spécifique vraie en remplaçant dans (47) βt par $\frac{\beta}{2} t$.

Lorsque la chaleur spécifique n'est pas une fonction du 1er degré, c'est-à-dire :

$$c_p = \alpha + \beta t + \gamma t^2, \qquad (49)$$

on trouve de même :

$$Q = \int_0^t (\alpha + \beta t + \gamma t^2)\, dt = \left(\alpha + \frac{\beta}{2} t + \frac{\gamma}{3} t^2\right)t, \qquad (50)$$

de sorte que la chaleur spécifique moyenne :

$$c_{pm} = \alpha + \frac{\beta}{2} t + \frac{\gamma}{3} t^2.$$

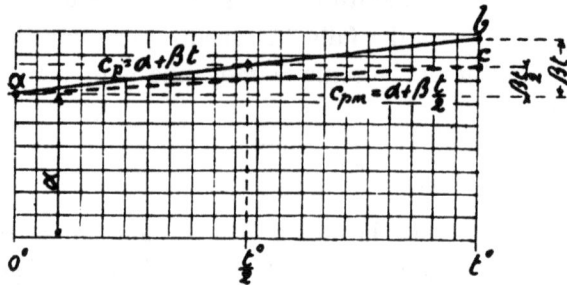

Fig. 21.

La figure 21 représente la courbe donnée par l'équation (48), la figure 22 celle donnée par l'équation (50); la droite ab représente la chaleur spécifique vraie :

$$c_p = \alpha + \beta t, \qquad (51)$$

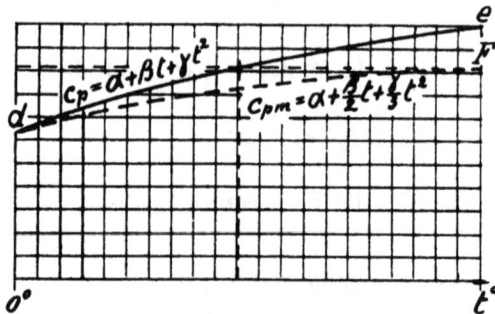

Fig. 22.

la droite ac la chaleur spécifique moyenne pour $\dfrac{t}{2}$.

Il en est de même pour la figure 22, sauf que la valeur c_{pm} obtenue par le planimétrage de la courbe de s'applique à une température t.

A l'origine ($t = 0°$), les deux chaleurs spécifiques sont les mêmes, et ensuite c_p est toujours plus grand que c_{pm}.

Au lieu de prendre l'intervalle de $0°$ à $t°$ dans la formule (50), on peut, bien entendu, prendre n'importe quel autre intervalle, la formule prend alors la forme suivante pour l'intervalle $t_2 - t_1$:

$$Q = \alpha \, (t_2 - t_1) + \frac{\beta}{2} \, (t_2{}^2 - t_1{}^2) + \frac{\gamma}{3} \, (t_2{}^3 - t_1{}^3). \tag{52}$$

De ces explications il résulte que, dans les livres techniques se trouvent quelques erreurs sur lesquelles j'ai attiré l'attention dès 1907 dans le numéro 15 du journal *Zeitschrift für Dampfkessel und Maschinenbetrieb*.

Mallard et Le Chatelier ont trouvé dans leurs essais pour CO^2 :

$$c_{pm} = 6,3 + 0,606t - 0,00000118t^2, \tag{53}$$

de sorte que, suivant l'équation (51), les coefficients sont :

$$\alpha = 6,3$$
$$\beta = 0,012,$$
$$\gamma = - 0,00000354 \, ;$$

m étant le poids moléculaire, c_v la chaleur spécifique à volume constant, on a :

$$mc_v = 6,3 + 0,012t - 0,00000354t^2,$$

et pour $t = 1.000°$, par exemple :

$$c_v = \frac{6,3 + 0,012 \times 1.000 - 0,00000354 \times 1.000^2}{44} = 0,535.$$

Comme dans les gaz de la combustion, tout est exprimé en unités de poids à volume constant, il faut tirer c_p de c_v.

La différence $c_p - c_v$ étant indépendante des variations des chaleurs spécifiques avec la température, on a :

$$c_p - c_v = AR.$$

A = équivalente mécanique de la chaleur = $\dfrac{1}{427}$;

$$R = \text{constante des gaz} = \frac{848}{m}.$$

$$c_p - c_v = \frac{1,985}{m}, \qquad \text{soit} \qquad \frac{2}{m}. \qquad (54)$$

Donc pour CO^2 ($t = 1.000°$) :

$$c_p = c_v + \frac{2}{m} = 0,381.$$

La chaleur spécifique moyenne c_{pm} calculée par la formule (53) est égale à 0,298 ([1]).

Mallard et Le Chatelier indiquent pour les gaz biatomiques les valeurs linéaires suivantes :

Vapeur d'eau : $\dfrac{7,61 + 0,00328t}{18}$;   (55)

Oxygène O^2 : $\dfrac{6,8 + 0,0006t}{32}$;   (56)

CO et Az^2 : $\dfrac{6,8 + 0,0006t}{28}$;   (57)

Air : $\dfrac{6,8 + 0,0006t}{29}$.   (58)

Les chaleurs spécifiques moyennes de Mallard et Le Chatelier concordent sensiblement avec celles que donne Fischer dans sa *Tech-*

([1]) Dans son ouvrage *Contrôle de la marche des chaudières à vapeur* (devenu plus tard *Marche des générateurs, des machines à gaz et des chaudières à vapeur*), Fuchs calcule et utilise les chaleurs spécifiques vraies (au lieu des chaleurs spécifiques moyennes) d'après Mallard et Le Chatelier ; en outre, il a commis une erreur en prenant $\gamma = 0,00000236$ au lieu de $\gamma = 0,00000354$. Par suite les chaleurs spécifiques qu'il a calculées d'après Mallard et Le Chatelier sont trop grandes. Comme, dans ses publications ultérieures (par exemple 22e livraison des « *Forschungsarbeiten* », *la Transmission de la chaleur à travers la surface de chauffe d'une chaudière à vapeur et ses variations*), il a employé ces valeurs inexactes, ses conclusions au sujet de la répartition de la chaleur dans le cas des combustions incomplètes (*Zeitschrift des Vereins deutscher Ingenieure*, n° 37, année 1905) ne sont pas justes. Il a trouvé par exemple pour les gaz suivants :

NOMS DES GAZ	CO2	CO	O2	Az2	H2O
c_p à 1.320°.....................................	0,45	0,3	0,3	0,3	0,9
c_p calculé exactement d'après MALLARD et LE CHATELIER....................	0,32	0,27	0,23	0,27	0,66

Comme la quantité de chaleur contenue dans l'unité de poids d'un gaz dépend de la chaleur spécifique moyenne et de la température, ou bien les analyses de Fuchs sont inexactes, ou bien les températures sont fausses.

nique de la combustion; mais elles sont trop grandes par rapport aux expériences plus récentes de Langen, Holborn et Henning, et Kohlrausch.

D'après les recherches de Langen [1], l'équation

$$mc_v = 4{,}625 + 0{,}00106 T \qquad (59)$$

s'applique à H^2, O^2, Az^2, CO et autres composés [2], T étant égal à $t + 273$.

Pour H^2 ($m = 2{,}016$) et $t = 0°$, on a :

$$c_v = \frac{4{,}625 + 0{,}00106 \times 273}{2{,}016}.$$

Comme les calculs avec T ne sont pas commodes, nous remplacerons dans la formule (59) la variable T par t, et nous aurons :

$$mc_v = 4{,}9144 + 0{,}00106 t \qquad (59 \ bis)$$

Pour CO^2, nous avons diverses valeurs :
d'après Langen :

$$c_{pm} = 8{,}7 + \frac{0{,}0026 t}{44} = 0{,}198 + 0{,}000059 t,$$

d'après Schreber :

$$c_{pm} = \qquad\qquad = 0{,}222 + 0{,}000043 t,$$

et d'après l'équation (59) :

$$mc_v = 6{,}774 \ + 0{,}00378 T \qquad (60)$$
$$= 7{,}8059 + 0{,}00378 t. \qquad (60 \ bis)$$

Pour la vapeur d'eau :

$$mc_v = 5{,}8939 + 0{,}00430 t. \qquad (61)$$

---

[1] *Dinglers Polytechnisches Journal*, 1903, Schreber, *Calcul des phénomènes ae la marche .les moteurs à gaz.*
[2] Les poids moléculaires sont donnés dans l'aide-mémoire de poche *l'Usine*, . 380 (20' édition).

D'après Schüle [1], la formule (61) n'est pas applicable pour $t < 250°$, mais peut être appliquée pour $350° < t < 2.500°$.

En employant les formules (59 *bis*) à (61), on a les valeurs suivantes pour les divers gaz, d'après **Langen** :

TABLEAU VII

GAZ	m	c_v	c_p	c_{pm}
H²	2,016	$2,4377 + 0,0005226t$	$3,421 + 0,000526t$	$3,350 + 0,000263t$
O²	32	$0,1536 + 0,0000331t$	$0,2156 + 0,0000331t$	$0,2111 + 0,0000166t$
Az² et CO....	28	$0,1755 + 0,0000379t$	$0,246 + 0,000379t$	$0,2412 + 0,0000189t$
Air..........	28,95	$0,1698 + 0,0000366t$	$0,238 + 0,0000366t$	$0,23328 + 0,0000183t$
CO²	44	$0,1774 + 0,000086t$	$0,22249 + 0,000086t$	$0.210 + 0,000043t$
Vapeur d'eau	18,016	$0,3271 + 0,000239t$	$0,4371 + 0,000239t$	$0,4045 + 0,000119t$

D'après les essais effectués au Laboratoire impérial de physique et de technique par Holborn et Henning sur les chaleurs spécifiques, on a pour :

$$Az^2 \ldots\ldots\ldots \quad c_{pm} = 0,235 + 0,000019t \text{ (entre 0° et } t°) \tag{62}$$
$$CO^2 \ldots\ldots\ldots \quad c_{pm} = 0,201 + 0,0007742t + 0,000000018t^2 \text{ (entre 0° et } t°) \tag{63}$$
$$\text{Vapeur d'eau.} \quad c_{pm} = 0,4669 - 0,0000168t + 0,000000044t^2 \text{ (entre 100° et } t°) \tag{64}$$

Si l'on compare ces résultats avec ceux de Langen (Schreber) et ceux de Mallard et Le Chatelier, on constate (voir tableau IX, p. 80) que les résultats de Langen concordent bien avec ceux de Holborn et Henning et que ceux de Mallard et Le Chatelier pour CO^2 et la vapeur d'eau à des températures croissantes sont trop élevés.

Le tableau VIII donne les valeurs de c_{pm} calculées d'après Langen pour la pratique usuelle.

---

[1] Schüle donne pour CO^2 (p. 40 de sa *Théorie mécanique de la chaleur*)

$$c_p = 0,199 + 0,000086T,$$

tiré de la formule (60), de sorte qu'il aurait dû régulièrement trouver :

$$c_{pm} = 0,210 + 0,000043t$$

(au lieu de $0,198 + 0,000059\,t$). Il y a donc là une erreur par suite du changement de valeur initiale.

TABLEAU VIII

Chaleurs spécifiques moyennes c_{pm} d'après Langen.

t^o	H^2	O^2	CO et Az^2	AIR	CO^2	H^2O	t^o
0	3,350000	0,2111000	0,2412000	0,2333000	0,210000	0,404500	0
25	356575	2115150	2416725	2337575	211075	407475	25
50	363150	2119300	2421450	2342150	212150	410450	50
75	369725	2123450	2426175	2346725	213225	413425	75
100	3,376300	0,2127600	0,2430900	0,2351200	0,214300	0,416400	100
25	382865	2131750	2435625	2355875	215375	419375	25
50	389450	2135900	2440350	2360450	216450	422350	50
75	396025	2140050	2445075	2365025	217525	425325	75
200	3,402600	0,2144200	0,2449800	0,2369600	0,218600	0,428300	200
25	409175	2148350	2454525	2374175	219675	431275	25
50	415750	2152500	2459250	2378750	220750	434250	50
75	422325	2156650	2463975	2383325	221825	437225	75
300	3,428900	0,2160800	0,2468700	0,2387900	0,222900	0,440200	300
25	435475	2164950	2473425	2392475	223975	443175	25
50	442050	2169100	2478150	2397050	225050	446150	50
75	448625	2173250	2482875	2401625	226125	449125	75
400	3,455200	0,2177400	0,2487600	0,2406200	0,227200	0,452100	400
25	461775	2181550	2492325	2410775	228275	455075	25
50	468350	2185700	2497050	2415350	229350	458050	50
75	474925	2189850	2501775	2419925	230425	461025	75
500	3,481500	0,2194000	0,2506500	0,2424500	0,231500	0,464000	500
25	488075	2198150	2511225	2429075	232575	466975	25
50	494650	2202300	2515950	2433650	233650	469950	50
75	501225	2206450	2520675	2438225	234725	472925	75
600	3,507800	0,2210600	0,2525400	0,2442800	0,235800	0,475900	600
25	514375	2214750	2530125	2447375	236875	478875	25
50	520950	2218900	2534850	2451950	237950	481850	50
75	527525	2223050	2539575	2456525	239025	484825	75
700	3,534100	0,2227200	0,2544300	0,2461100	0,240100	0,487800	700
25	540675	2231350	2549025	2465675	241175	490775	25
50	547250	2235500	2553750	2470250	242250	493750	50
75	553825	2239650	2558475	2474825	243325	496725	75
800	3,560400	0,2243800	0,2563200	0,2479400	0,244400	0,499700	800
25	566975	2247950	2567925	2483975	245675	502475	25
50	573550	2252100	2572650	2488550	246550	505650	50
75	580125	2256250	2577375	2493125	247625	508625	75
900	3,586700	0,2260400	0,2582100	0,2497700	0,248700	0,511600	900
25	593275	2264550	2586825	2502275	249775	514575	25
50	599850	2268700	2591550	2506850	250850	517550	50
75	606425	2272850	2596275	2511425	251925	520525	75
1.000	3,613000	0,2277000	0,2601000	0,2516000	0,253000	0,523500	1.000
25	619575	2281150	2605725	2520575	254075	526475	25
50	626150	2285300	2610450	2525150	255150	529450	50
75	632725	2289450	2615175	2529725	256225	532425	75
1.100	3,639300	0,2293600	0,2619900	0,2534300	0,257300	0,535400	1.100
25	645875	2297750	2624625	2538875	258375	538375	25
50	652450	2301900	2629350	2543450	259450	541350	50
75	659025	2306050	2634075	2548025	260525	544325	75
1.200	3,665600	0,2310200	0,2638800	0,2552600	0,261600	0,547300	1.200
25	672175	2314350	2643525	2557175	262675	550275	25
50	678750	2318500	2648250	2561750	263750	553250	50
75	685325	2322650	2652975	2566325	264825	556225	75
1.300	3,691900	0,2326800	0,2657700	0,2570900	0,265900	0,559200	1.300

TABLEAU VIII (*suite*).

t^0	H^2	O^2	CO et Az^2	AIR	CO^2	H^2O	t^0
25	698475	2330950	2662425	2575475	266975	562175	25
50	705050	2335100	2667150	2580050	268050	565150	50
75	711625	2339350	2671875	2584625	269125	568125	75
1.400	3,718200	0,2343400	0,2676600	0,2589200	0,270200	0,571100	1.400
25	724775	2347550	2681325	2593775	271275	574075	25
50	731350	2351700	2686050	2598350	272350	577050	50
75	737925	2355850	2690775	2602925	273425	580025	75
1.500	3,744500	0,2360000	0,2695500	0,2607500	0,274500	0,583000	1.500
25	751075	2364150	2700225	2612075	275575	585975	25
50	757650	2368300	2704950	2616650	276650	588950	50
75	764225	2372450	2709675	2621225	277725	591925	75
1.600	3,770800	0,2376600	0,2714400	0,2625800	0,278800	0,594900	1.600
25	777375	2380750	2719125	2630375	279875	597875	25
50	783950	2384900	2723850	2634950	280950	600850	50
75	790525	2389050	2728575	2639525	282025	603825	75
1.700	3,797100	0,2393200	0,2733300	0,2644100	0,283100	0,606800	1.700
25	803675	2397350	2738025	2648675	284175	609775	25
50	810250	2401500	2742750	2653250	285250	612750	50
75	816825	2405650	2747475	2657825	286325	615725	75
1.800	3,823400	0,2409800	0,2752200	0,2662400	0,287400	0,618700	1.800
25	829975	2413950	2756925	2666975	288475	621675	25
50	836550	2418100	2761650	2671550	289550	624650	50
75	843125	2422250	2766375	2676125	290625	627625	75
1.900	3,849700	0,2426400	0,2771100	0,2680700	0,291700	0,630600	1.900
25	856275	2430550	2775825	2685275	292775	633575	25
50	862850	2434700	2780550	2689850	293850	636550	50
75	869425	2438850	2785275	2694425	294925	639525	75
2.000	3,876000	0,2443000	0,2790000	0,2699000	0,296000	0,642500	2.000

TABLEAU IX

c_{pm} d'après les résultats des essais.

	0°			100°			400°			1.000°		
	HOLBORN et HENNING	LANGEN	MALLARD et LE CHATELIER	HOLBORN et HENNING	LANGEN	MALLARD et LE CHATELIER	HOLBORN et HENNING	LANGEN	MALLARD et LE CHATELIER	HOLBORN et HENNING	LANGEN	MALLARD et LE CHATELIER
Az^2	0,235	0,2412	0,243	0,2369	0,2431	0,245	0,2426	0,2488	0,2515	0,254	0,2601	0,2645
CO^2	0,201	0,210	0,1885	0,20824	0,2143	0,2015	0,2278	0,2272	0,239	0,2572	0,253	0,298
Vapeur d'eau	—	0,4045	0,423	0,46566	0,4164	0,441	0,46722	0,4522	0,4956	0,4941	0,5235	0,6048

Comme mes essais ont été effectués en partie à une époque où les nouveaux résultats n'étaient pas encore publiés, je me suis servi des nombres trouvés par Mallard et Le Chatelier, et j'ai obtenu des résultats suffisamment concordants. Les chaleurs spécifiques servaient en effet principalement dans le calcul des pertes par la cheminée, c'est-à-dire à des températures pour lesquelles les valeurs trouvées par divers expérimentateurs ne présentaient pas de différences. Comme les chaleurs moléculaires mc_v, calculées par les formules (59 *bis*) et

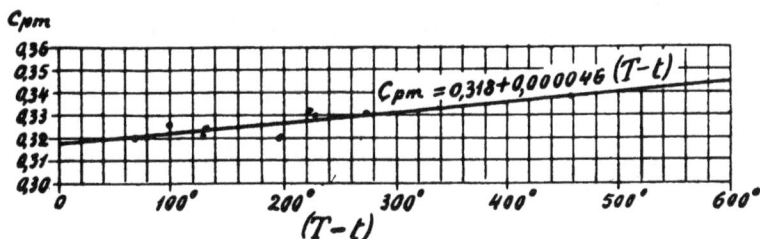

FIG. 23.

suivantes pour les gaz qui se trouvent dans les produits de la combustion, sont différentes, on voit du premier coup d'œil qu'il n'est pas possible d'assigner aux gaz de la combustion une chaleur spécifique moyenne. Les chaleurs spécifiques moyennes c_{pm}, calculées par les formules en question, ne différeraient guère les unes des autres, si les produits de la combustion ne contenaient pas d'H^2, ni de vapeur d'eau. Il ne restait donc pas d'autre moyen que de calculer séparément les volumes de gaz résultant des analyses, de déterminer les quantités de chaleur qu'ils contenaient et de déduire de l'ensemble des résultats une chaleur spécifique moyenne. J'ai représenté graphiquement les résultats obtenus sur la figure 23, et j'ai interpolé linéairement. Comme on le voit, on peut assez facilement obtenir pour les produits de la combustion du coke une chaleur spécifique moyenne par mètre cube et à la pression atmosphérique permettant de calculer les pertes par la cheminée sans erreur notable. D'après cela, j'ai trouvé :

$$C_p = 0{,}318 + 0{,}000046 (T - t), \qquad (65)$$

dans laquelle $T =$ la température de sortie des gaz, $t =$ la température de l'air comburant.

Comme le volume des gaz de la combustion est obtenu par l'analyse, la formule (65) est la plus commode pour le calcul :

Comme

$$C_{pm} = \frac{m}{22{,}4} c_{pm}, \qquad (66)$$

6

on a pour $m = 30$:

$$c_{pm} = 0,258 + 0,000037t, \qquad (67)$$

alors que Schüle a obtenu pour la combustion du charbon avec un excès de 25 0/0 d'air :

$$c_p = 0,236 + 0,000055T \qquad (68)$$

(T = température absolue), d'où il déduit par le calcul :

$$c_{pm} = 0,251 + 0,000028t, \qquad \textbf{(68 bis)}$$

formule qui concorde convenablement avec la formule (67).

XII

CALCUL DE LA CONDUCTION ET DU RAYONNEMENT
DANS LES CHAUDIÈRES DE CHAUFFAGE

D'après la méthode que j'ai employée pour les chaudières à haute pression, je procède de la façon suivante :

J'interromps la marche de la chaudière en fermant la conduite de vapeur, jetant le feu, fermant le registre de la cheminée et les entrées d'air dans le cendrier, et je la laisse refroidir dans cet état en relevant de temps en temps, pendant quelques heures, la pression de la vapeur et la température dans la chaufferie. Puis, lorsque la pression de la vapeur est tombée à 0°, je remplis la chaudière d'eau pour remettre dans leur état primitif les volumes relatifs d'eau et de vapeur.

Soit, par exemple, W, la quantité de chaleur qu'elle contient pour une pression de vapeur p, et W_1 la quantité de chaleur pour une pression devenue p_1, au bout d'un temps déterminé.

La quantité de chaleur perdue pendant ce temps par conduction et rayonnement, est représentée d'une façon générale par :

$$dW = W - W_1. \qquad (69)$$

J'ai entrepris avec une chaudière à haute pression (*fig.* 24) de nombreux essais de ce genre ([1]), desquels je n'exposerai que les points les plus saillants.

Désignons par :

E, la surface extérieure de la chaudière dont la valeur numérique n'a pas d'intérêt ;

k, le coefficient d'émission de chaleur par unité de surface et pour une différence de température de 1° ;

T_m, la température moyenne de l'intérieur de la chaudière pour une chute de pression de p à p_1 ;

t_m, la température moyenne dans la chaufferie.

Nous aurons pour tous systèmes de chaudières :

$$F k_m (T_m - t_m) = dW. \qquad (70)$$

Désignons, en outre, par :

γ', le poids d'un mètre cube de vapeur ;

s', la densité de l'eau ;

i'', la quantité de chaleur contenue dans 1 kilogramme de vapeur ;

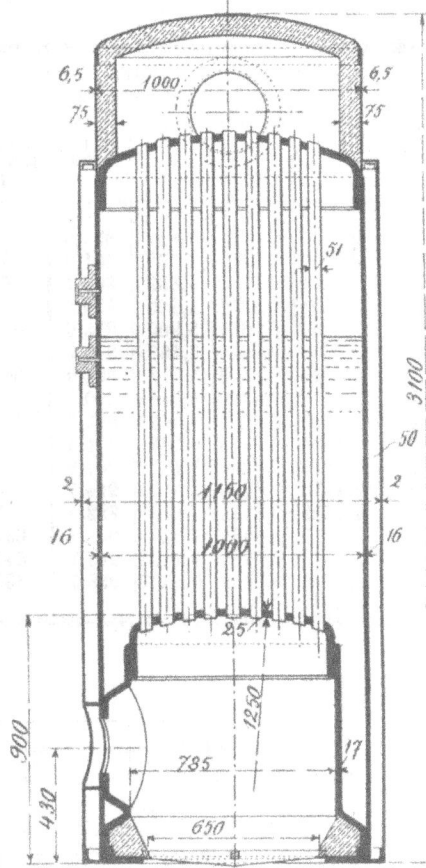

Fig. 24.

i', la quantité de chaleur contenue dans 1 kilogramme d'eau ;

V_r, le volume de vapeur en mètres cubes ;

V_e, le volume d'eau en mètres cubes.

Nous aurons, par exemple, en nous servant du tableau X :

Pour $p = 16$ atm. absolues............ W $= 154595$ calories
Pour $p = 15$ atm. absolues............ $W_1 = 152140$ —

En retranchant..................... $dW = \quad 2455$ —

([1]) *Zeitschrift für Dampfkessel und Maschinenbetrieb*, 1909, n° 51.

TABLEAU X

PRESSION ABSOLUE en ATMOSPHÈRES p	VOLUMES EN MÈTRES CUBES		POIDS PAR MÈTRE CUBE		CHALEUR CONTENUE		QUANTITÉ DE CHALEUR EN CALORIES		QUANTITÉ de CHALEUR W en calories
	V_v	V_e	γ'	$1.000s'$	dans la vapeur i''	dans l'eau i'	dans la vapeur $i''V_v\gamma'$	dans l'eau $iV_e1.000s'$	
16	0,3648	0,873	7,814	857,8	671,2	203,9	1.913	152.682	154.595
15	0,3688	0,869	7,352	861,9	670,5	200,7	1.818	150.322	152.140
14	0,3729	0,8649	6,889	866,1	669,7	197,3	1.720	147.803	149.523
13	0,3771	0,8607	6,425	870,5	668,9	193,7	1.620	145.136	146.756
12	0,3813	0,8565	5,960	875,0	668,1	189,9	1.518	142.311	143.829
11	0,3859	0,8519	5,489	879,9	667,1	185,8	1.413	139.273	140.682
10	0,3905	0,8473	5,018	884,9	666,1	181,5	1.305	136.075	137.380
9	0,3952	0,8426	4,5448	890,0	664,9	176,8	1.194	132.581	133.775
8	0,4001	0,8377	4,0683	895,5	663,5	171,7	1.080	128.786	129.866
7	0,4054	0,8324	3,5891	901,3	662,0	166,1	963	124.623	125.586
6	0,4110	0,8269	3,1058	907,6	660,2	159,8	843	119.917	120.760
5	0,4172	0,8206	2,6177	914,7	658,1	152,6	719	114.543	115.262
4	0,4239	0,8138	2,1239	922,5	655,4	144,2	590	108.265	108.855
3	0,4317	0,8061	1,6224	931,7	652,0	133,9	457	100.558	101.015
2	0,4413	0,7965	1,1104	943,2	647,2	120,4	317	90.446	90.763
1	0,4510	0,7838	0,5807	958,7	639,3	99,6	169	78.443	78.612

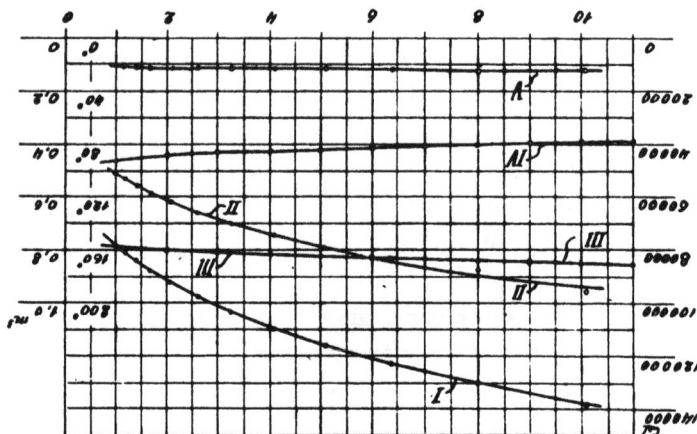

Fig. 25.

I. Quantité de chaleur W contenue dans le volume de vapeur et d'eau.
II. Température moyenne T_m de la vapeur.
III. Volume d'eau V_e en m³.
IV. Volume de vapeur V_v en m³.
V. Température moyenne t_m dans la chaufferie.

Les figures 25 et 26 représentent les variations de la quantité de chaleur par rapport à la pression de la vapeur, ainsi que celles des autres quantités du tableau X.

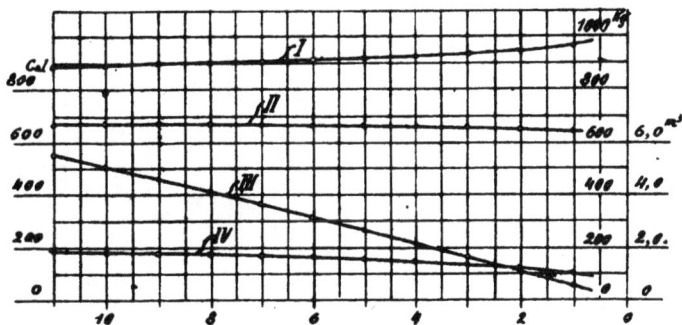

FIG. 26.

I. Poids d'un mètre cube d'eau en kilogrammes ($s' \times 1.000$).
II. Chaleur contenue dans la vapeur i''.
III. Poids d'un mètre cube de vapeur en kilogrammes γ''.
IV. Chaleur contenue dans l eau i'.

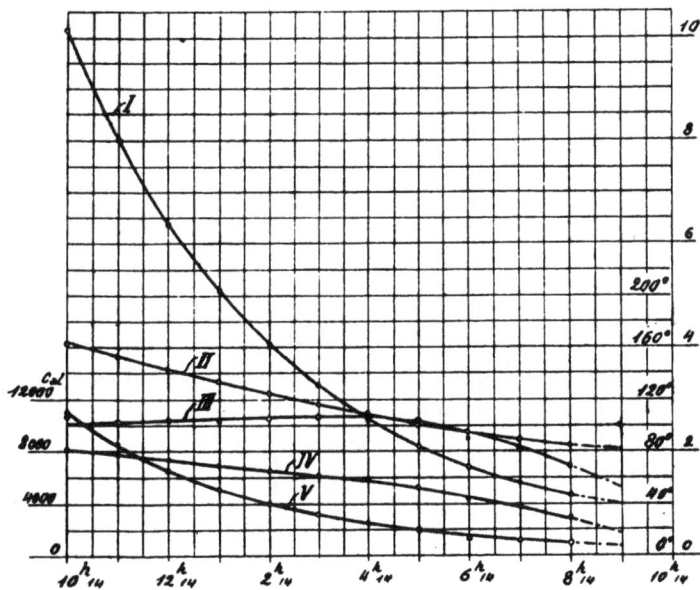

FIG. 27.

I. Pression absolue de la chaudière en atmosphères.
II. $T_m - t_m$.
III. $F.K = \dfrac{dW}{T_m - t_m}$.
IV. Quantité de chaleur émise par heure dw.
V. Chute de pression par heure.

La courbe IV (*fig.* 27) des quantités de chaleur dw correspond à la courbe I des chutes de pression.

Le tableau XI donne les résultats des calculs :

TABLEAU XI

HEURES	PRESSION ABSOLUE de la chaudière en atmosphères A	CHUTE de PRESSION par heure	QUANTITÉ DE CHALEUR CONTENUE dans les volumes de vapeur et d'eau W	QUANTITÉ de CHALEUR émise par heure dW	TEMPÉRATURE MOYENNE de l'eau en centigrades T_m	TEMPÉRATURE MOYENNE de la chaufferie en centigrades t_m	$T_m - t_m$	$Fk = \dfrac{dW}{T_m - t_m}$ par le calcul	d'après les courbes
9¹¹	12,84	2,75	146.150	8.650	185,5	24,0	161,7	53,49	49,86
10¹¹	10,09	2,10	137.500	7.750	175,1	23,5	151,6	51,12	50,95
11¹⁴	7,99	1,62	129.750	7.400	165,6	23,5	142,1	52,07	52,06
12¹⁴	6,37	1,28	122.350	6.850	156,5	23,6	132,9	51,54	53,17
1¹⁴	5,09	1,02	115.500	5.500	147,9	23,5	124,4	52,25	53,17
2¹¹	4,07	0,82	109.000	6.150	139,6	23,4	116,2	52,92	54,29
3¹⁴	3,25	0,65	102.850	5.850	131,8	23,0	108,8	53,77	53,17
4¹⁴	2,60	0,50	97.000	5.250	124,2	22,9	101,3	51,83	52,06
5¹⁴	2,10	0,39	91.750	4.250	117,2	22,1	95,1	44,69	48,00
6¹⁴	1,71	0,30	87.500	3.650	111,5	22,0	89,5	40,78	42,00
7¹⁴	1,41	0,24	83.850	2.950	106,9	21,8	85,1	34,66	34,70
8¹⁴	1,17		80.900						

Ainsi qu'on peut le voir (*fig.* 28), la courbe du produit F*k* pour des pressions de vapeur élevées est sensiblement une ligne droite, de sorte que, pour A > 2, on peut écrire :

$$Fk = -0,5\,A + 55. \qquad (71)$$

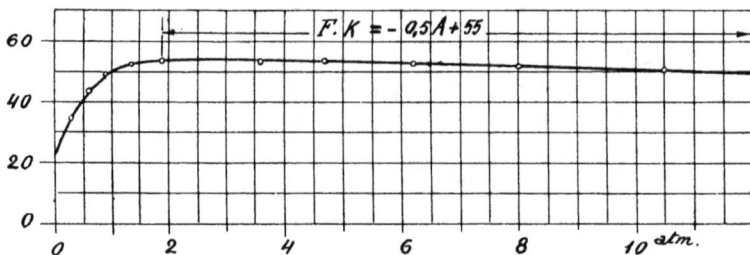

FIG. 28.

Mais pour des pressions basses, telles que celles des chaudières de chauffage, le produit F*k* est variable, de sorte que nous ne pourrons pas arriver au résultat sans faire d'essais de refroidissement. Pour les éviter, autant que possible, j'ai fait des relevés de température sur la chaudière et en ai représenté les variations sur la figure 29.

En considérant la chaudière de chauffage comme un radiateur, on a :

$$dW = Fk_2 (T_4 - T_3). \tag{72}$$

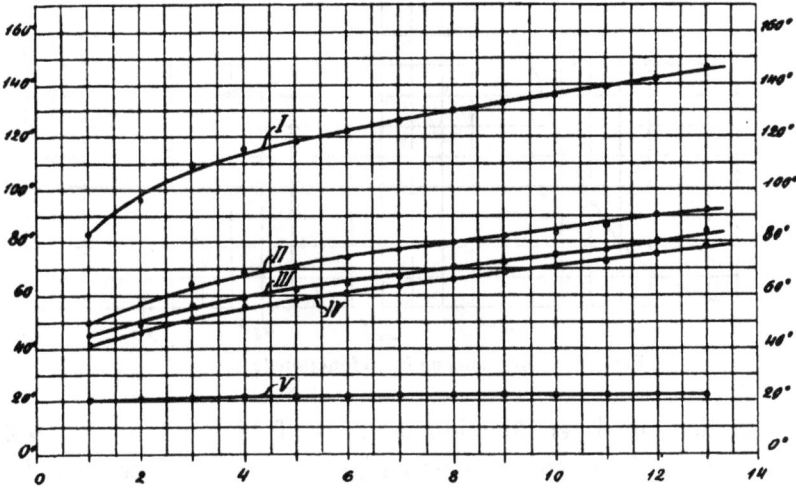

Fig. 29.

I. Température de la paroi de la chaudière T_1.
II. Température entre la paroi et l'enveloppe de la chaudière T_2.
III. Température à l'intérieur de l'enveloppe de la chaudière T_3.
IV. Température à l'extérieur de l'enveloppe de la chaudière T_4.
V. Température dans la chaufferie T_5.

T_4 = température à l'extérieur de l'enveloppe ;
T_5 = température dans la chaufferie.

Comme (70) doit être égal à (72), nous obtenons :

$$Fk_2 = Fk \frac{T_m - t_m}{T_4 - t_3}. \tag{73}$$

TABLEAU XII

PRESSION A	$F \cdot k$	$T_m - t_m$ centigrades	$T_4 - T_3$ centigrades	$\dfrac{T_m - t_m}{T_4 - T_5}$	$F \cdot k_2$	k_2
0	24,5	81,5	15,8	5,16	126,4	9,72
1	51,4	100,4	21,2	4,74	244,6	18,72
2	53,3	114,5	26,1	4,38	233,4	17,92
3	52,5	125,8	30,4	4,13	216,8	16,7
4	51,9	134,7	33,8	3,98	206,6	15,92
5	51,6	143,3	37,0	3,87	199,7	15,35
6	50,7	150,0	39,6	3,79	192,1	14,8
7	50,4	155,6	41,9	3,71	187,0	14,4
8	50,1	159,6	44,0	3,63	181,9	14,0
9	51,1	162,4	46,0	3,53	180,4	13,9

Les valeurs intéressantes sont indiquées sur le tableau XII. On détermine k_2 en remplaçant F par sa valeur. La figure 30 représente

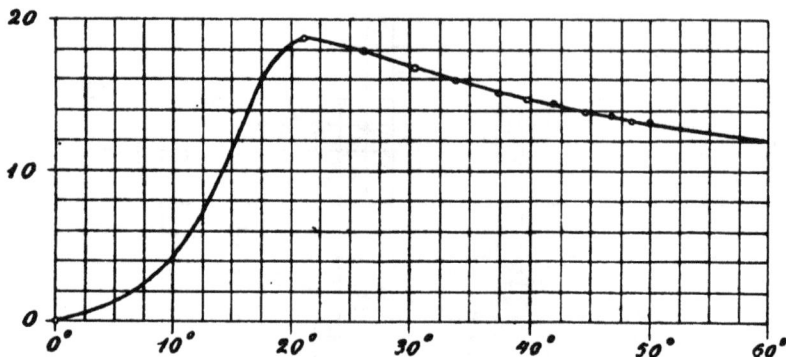

FIG. 30. — Variations de k_2 en fonction de $T_4 — T_5$.

les variations de k_2 en fonction de $T_4 — T_5$. Pour $T_4 — T_5 > 22°$, k_2 varie d'une façon suffisamment régulière pour que ce procédé de calcul s'applique convenablement à une chaudière de chauffage avec enveloppe métallique([1]);

Dans mes essais avec une chaudière de Lollar, par exemple, j'ai obtenu :

Chaudière n° 1 :	$(T_4 — T_5) = 22°5$;	d'où	$k_2 = 18,0$,
Chaudière n° 2 :	$(T_4 — T_5) = 40°5$;	d'où	$k_2 = 14,6$.

Pour des différences de température $< 20°$, la détermination de k_2 est trop inexacte, car il manque trop de points intermédiaires pour tracer la courbe, de sorte qu'il est nécessaire de faire un essai de refroidissement (voir p. 108). En tout cas, la courbe de k_2 pour $T_4 — T_5 < 20°$ s'abaisse fortement, de sorte que la perte par rayonnement ne doit pas avoir beaucoup d'importance par elle-même.

([1]) **La détermination des coefficients d'émission de chaleur d'après Péclet, Valerius, etc.:** suivant la formule ci-dessous:

$$\frac{1}{k_2} = \frac{1}{a_1} + \frac{\varepsilon}{\lambda} + \frac{1}{a_2} + \frac{1}{a_3} ;$$

donne des valeurs absolument inutilisables.

XIII

CALCUL DE LA PERTE PAR LA CHEMINÉE

Pour un volume de R_v mètres cubes de gaz brûlés à la température T par kilogramme de coke s'échappant dans les carneaux de sortie, la perte de chaleur totale par la cheminée en résultant sera en calories de :

$$R_v \times C_{pm} (T - t),$$

ou, si nous la calculons en pour 100 de la puissance calorifique moyenne du coke (7.070 calories), de :

$$v' = \frac{R_v C_{pm} (T - t)\, 100}{7070}. \qquad (74)$$

Dans cette formule, $t =$ la température dans la chaufferie et C_{pm} la chaleur spécifique moyenne dont j'ai déterminé la valeur par l'équation (65) :

$$C_{pm} = 0,318 + 0,000046\, (T - t).$$

Posant ensuite :

$$R_v = \frac{C}{0,5363\,(k + d + m)} \qquad (^1),$$

prenant C = 85, comme nous l'avons vu plus haut, la formule (74) devient :

$$v' = \frac{2,23}{k + d}\, (ax + bx^2), \qquad (74\ bis)$$

dans laquelle $x = T - t$, $a = 0,318$, $b = 0,000046$.

Les valeurs données par la formule (74 bis) peuvent être représentées par un faisceau de courbes, chaque courbe étant une fonction

_____

(¹) La proportion de méthane m dans les gaz de la combustion est presque toujours nulle et, dans certains cas, atteint seulement 0,153 0/0 du volume en moyenne ; nous pouvons donc la négliger.

de $k + d$ pour une valeur déterminée de $T - t$. J'ai donc utilisé

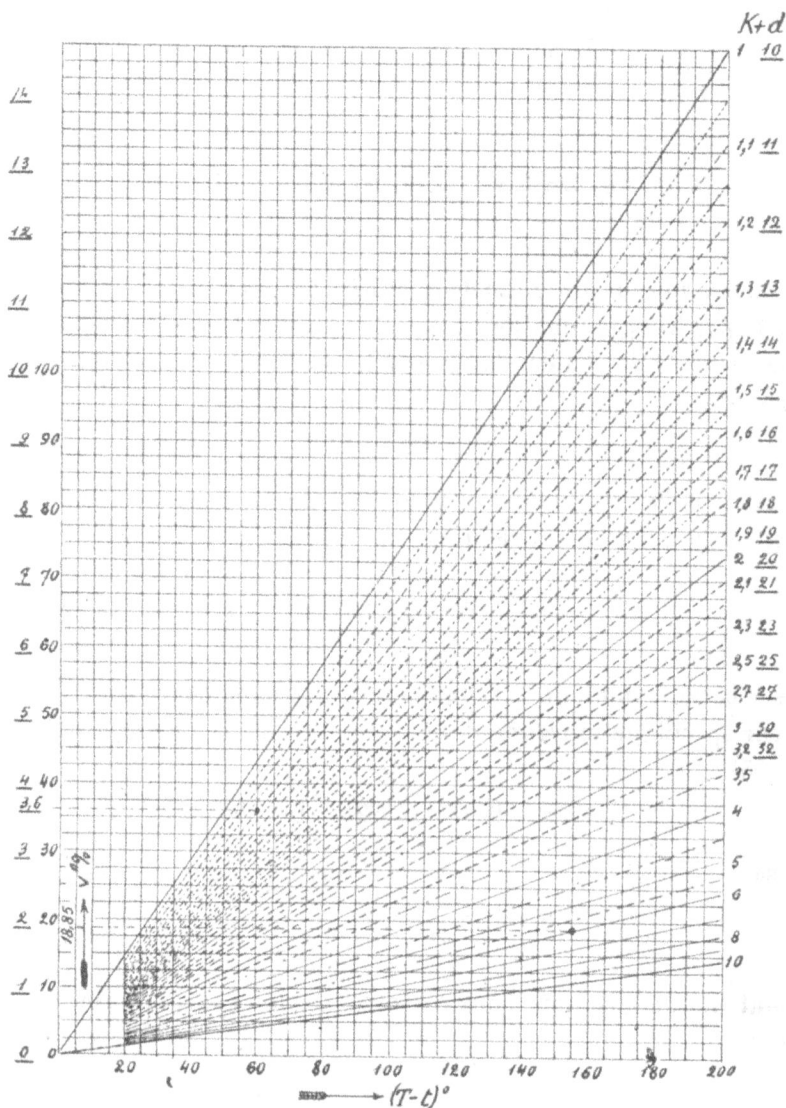

FIG. 31. — Calcul des pertes par la cheminée en 0/0 de la puissance calorifique pour les températures $T - t$ de 0° à 200° (Puissance calorifique du coke = 7.070 calories).

Exemples :	$CO^2 = 4$	$CO^2 = 10,5$
	$CO = 2$	$CO = 1,5$
	$K + d = 6$	$K + d = 12$
	$T - t = 155°$	$T - t = 60°$
	$V'' = 18,85 \, 0/0$	$V'' = 3,6 \, 0/0$

pour la représentation graphique des pertes par la cheminée les figures 31 et 32, qui m'ont permis d'arriver à une exactitude qui n'avait pas encore été atteinte jusqu'à présent([1]).

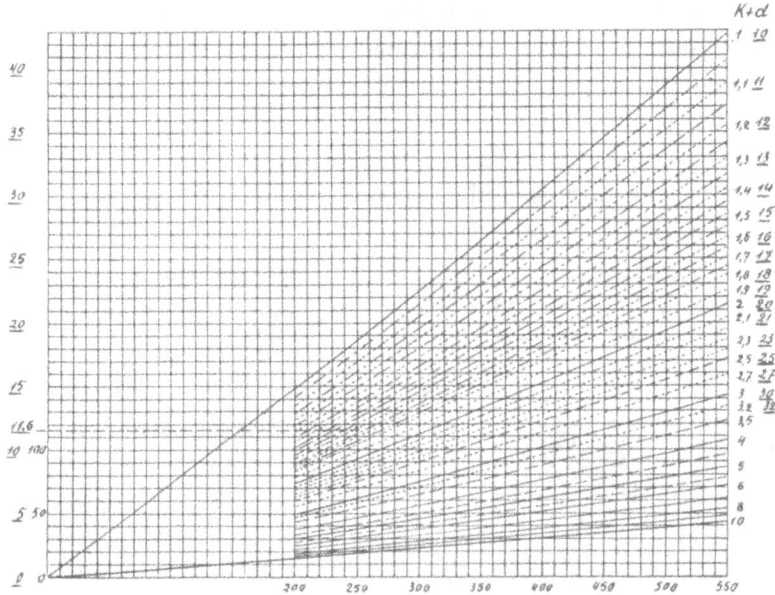

FIG. 32. — Calcul des pertes par la cheminée en 0/0 de la puissance calorifique pour les températures T — t de 200 à 550° (Puissance calorifique du coke = 7.070 calories).

Exemples :

$$CO^2 = 3 \qquad CO^2 = 15$$
$$CO = 1,5 \qquad CO = 1$$
$$K + d = 4,5 \qquad K + d = 16$$
$$T - t = 300° \qquad T - t = 250°$$
$$V'' = 50 \ 0/0 \qquad V'' = 11,6 \ 0/0$$

Il faut prêter une grande attention à la lecture des températures,

([1]) La formule de Siegert pour la détermination des pertes par la cheminée en pour 100 de la puissance calorifique du charbon est bien connue :

$$v = c \frac{\Delta}{k} = \text{constante} \ \frac{\text{différence de température}}{\text{teneur en } CO^2}.$$

Pour que cette formule donne des résultats acceptables, il faut que la perte soit calculée par la formule :

$$v = \frac{c}{n} \left(\frac{\Delta_1}{k_1} + \frac{\Delta_2}{k_2} + \frac{\Delta_3}{k_3} \cdots + \frac{\Delta_n}{k_n} \right).$$

et non comme d'habitude par la formule :

$$v = c \frac{\Delta_1 + \Delta_2 + \Delta_3 \ldots \Delta_n}{k_1 + k_2 + k_3 + \ldots k_n}.$$

En faisant, par exemple, une application numérique de ces formules on trouve $v = 23,89$ 0/0 et $v = 20,85$ 0/0. On fait donc, dans la façon habituelle de calculer, une erreur de plusieurs centièmes qui s'ajoute à l'inexactitude de la formule. Si, dans les gaz de la combustion, se trouvent des gaz non brûlés, la formule de Siegert n'est absolument pas applicable.

car il en résulte très souvent de grandes causes d'erreur. Il n'est pas douteux que l'apparition de pyromètres perfectionnés a répondu à un besoin général. Mais il ne faut pas croire que les températures lues soient toujours exactement conformes à la réalité. Le pyromètre de Le Chatelier n'est utilisable que complètement nu, car son enveloppe de protection a pour effet non seulement de faire osciller ses indications, mais encore de les donner trop basses [1].

De même que, par exemple, on constate que la température au-dessus de la grille est plus basse que ne l'indique la théorie à cause de l'absorption de chaleur par les maçonneries et que le maximum n'est atteint qu'une fois l'état d'équilibre établi, de même la masse métallique du pyromètre de Le Chatelier absorbe par conductibilité la chaleur du fil de platine, au point qu'il n'indique pas du tout la température réelle. Bien entendu, la façon dont il est installé a une grande importance. En effet, un pyromètre protégé autant que possible contre les

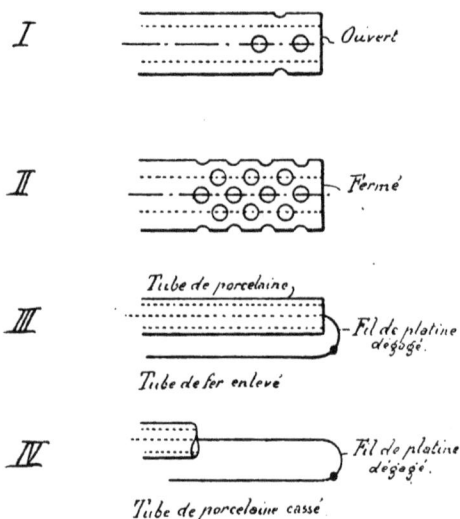

FIG. 33.

pertes de chaleur par conductibilité et suspendu verticalement dans la chambre de combustion ou dans le carneau donne des indications plus exactes qu'un appareil placé horizontalement à travers la maçonnerie qui absorbe une partie de la chaleur par conductibilité. Pour montrer l'influence de la conductibilité dans des appareils de ce genre, j'ai effectué des mesures de températures obtenues avec un brûleur Bunsen à trois flammes en faisant varier la forme de l'enveloppe de protection du fil de platine. Dans les quatre essais, ce fil était toujours placé exactement au même point de la flamme (le plus chaud) et la lecture n'était faite qu'une fois l'état d'équilibre établi. L'essai n° I (*fig.* 33) avec le pyromètre original donne, après dix minutes, une

---

[1] Voir de Grahl, *Zeitschrift für Dampfkessel und Maschinenbetrieb*, 1907, p. 24.

température de la flamme de 715° (voir *fig.* 34). Ayant percé le tube de fer de plusieurs trous (essai n° II), j'ai constaté que la sensibilité n'était pas beaucoup plus grande, car la température n'était montée que de 15° par rapport à l'essai n° I. Ensuite j'ai enlevé le tube de fer sur une longueur d'environ 12 centimètres, ainsi que l'enveloppe extérieure de porcelaine, de sorte que le fil de platine-rhodium se trouvait dégagé, ainsi que le représente la figure.

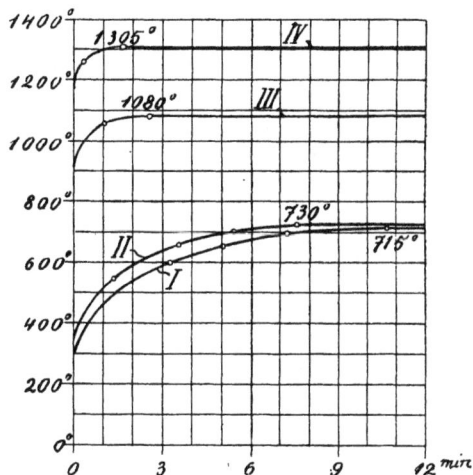

Fig. 35. — Variation des lectures de températures en fonction de l'épaisseur du fil de platine.

L'équilibre s'est établi à une température de 1.080° (essai n° III); la sensibilité de l'appareil pouvait être considérée comme bonne dans cet état. L'essai numéro IV, fait en dégageant complètement le fil sur une longueur de 5 centimètres, a donné une température de 1.305°, soit une différence de près de 600° avec l'essai n° I. Mais de cette façon, la température n'était pas encore déterminée exactement, car le fil est beaucoup trop gros et sa faculté de perdre de la chaleur par conduction a un effet déplorable : Waggener l'avait déjà montré avant moi ([1]).

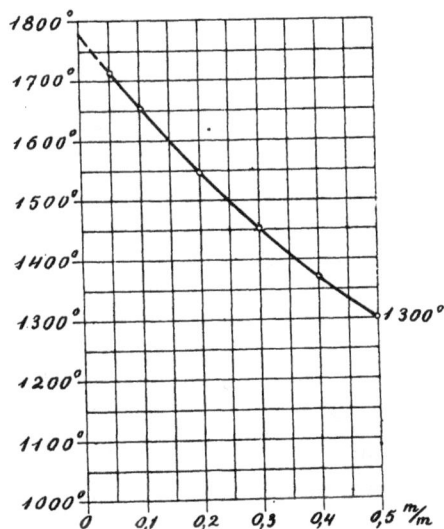

Fig. 34. — Essais de mesures de températures avec le pyromètre de Le Chatelier.

Il a trouvé avec un brûleur Bunsen simple, comme le montre la figure 35, et pour un fil de 0^{mm},5

_____

([1]) *Annales de la Physique*, 1900.

de diamètre, une température de 1.300° qui concorde avec la mienne, mais il a constaté que la température croissait continuellement au fur et à mesure que le diamètre du fil diminuait : pour un diamètre de 0^{mm},05, la température atteignait 1.700°. Waggener conclut avec raison qu'un fil de diamètre théorique = 0 devrait donner la température exacte du brûleur Bunsen et prolongea la courbe qu'il avait obtenue (*fig*. 35) jusqu'au point de rencontre avec l'ordonnée à l'origine qui correspond à une température de 1.780° à 1.785°. Donc le pyromètre original de Le Chatelier indiquait dans le présent exemple, une température de 1.000° trop basse.

Il est évident que la grandeur de la source de chaleur a une grande influence sur les différences des indications données par le pyromètre. En tous cas, il est bon de dégager le pyromètre dans les conditions de l'essai numéro IV pour éviter un échauffement inutile et une destruction du point de soudure, et de le retirer un peu en arrière après chaque mesure. Lorsqu'on ne prend pas ces précautions, on ne peut prétendre obtenir des résultats exacts. Les mêmes considérations s'appliquent, dans une mesure beaucoup moindre, il est vrai, aux longs pyromètres à mercure qui exigent une correction.

XIV

PUISSANCE CALORIFIQUE DU COKE BRULÉ

Dans mes essais, je me suis toujours servi du combustible que l'on emploie dans les installations de chauffage. Pour me documenter sur la composition et la puissance calorifique du coke séché à l'air, je ne me suis pas contenté de faire moi-même des analyses élémentaires et des essais de combustion dans la bombe calorimétrique de Berthelot, j'ai fait faire, en outre, à titre de vérification, par le Laboratoire royal d'essais de matériaux à Gross-Lichterfelde, des analyses dont le tableau XIII ci-dessous donne les résultats ([1]).

---

[1] *Procès-verbaux d'essai*, A, n°s 29496, 42373, 42149, série 5, n°s 280, 1584, 1534.

TABLEAU XIII

	COKE DE FONDERIE		COKE DE GAZ
	I	II	III
Carbone C....................	86,21	85,53	85,87 0 0
Hydrogène H.................	0,57	0,46	0,98 —
Azote Az.....................	2,05	1,03	3,15 —
Oxygène O....................			
Soufre total S....	1,08	1,38	0,95 —
Cendres......................	8,89	10,85	8,11 —
Humidité F à 105°...	1,20	0,75	0,94 —
Puissance calorifique du coke séché à l'air.................	7.093	7.051	7.180 cal.

Par puissance calorifique, il faut entendre la chaleur de combustion trouvée directement dans la bombe de Berthelot, diminuée de $(F + 9H)$ calories.

La puissance calorifique peut être calculée en calories d'après l'analyse par la formule dite « Verbandsformel » :

$$81C + 290\left(H - \frac{O}{8}\right) + 25S - 6F, \qquad \qquad (75)$$

dans laquelle on prend pour O la teneur en Az + O diminuée d'une unité.

Le coke numéro II, dénommé « coke de fonderie de Westphalie I_a », était fourni par une maison de premier ordre de Berlin à 4 fr. 375 les 100 kilogrammes, franco en gare militaire, et le coke de gaz numéro III à 3 fr. 875 les 100 kilogrammes dans la cour de l'usine.

J'ai jugé nécessaire de faire faire des analyses de vérification par le Laboratoire royal, car il me semblait que j'avais trouvé pour le coke de fonderie une puissance calorifique trop faible, puisque on prend généralement pour cette puissance une valeur beaucoup plus grande que pour celle du coke de gaz.

J'ai eu soin, avant d'effectuer la combustion dans la bombe calorimétrique, d'ajouter à la prise d'essai de coke une certaine quantité de lignite de composition connue, car le coke ne brûle jamais complètement à cause de sa bonne conductibilité pour le courant électrique, et il doit en résulter des causes d'erreur dans les calculs. En outre j'ai fait les corrections suivantes :

Le charbon brûlé dans la bombe pèse k grammes et forme k_1 grammes d'eau, dont il faut retrancher la quantité contenue dans O^2, soit 0,025. Comme le poids $(k_1 - 0,025)$ de vapeur produite se condense dans la bombe, alors que dans la combustion sur grille il s'échappe, il faut pour obtenir la puissance calorifique utilisable, retrancher la quantité de chaleur dégagée par la condensation, soit :

$$(k_1 - 0,025)\,600.$$

Il faut faire la même opération en ce qui concerne :

1° La quantité de chaleur b produite par le fil de fer (20 calories au lieu de 30 car ce fil ne brûle pas entièrement);

2° La quantité de chaleur c produite par le soufre et l'acide azotique, soit 5 calories.

Si donc 1 gramme de charbon dégage a calories, la quantité totale de chaleur dégagée dans la bombe W est de :

$$W = ak + b + c + (k_1 - 0,025)\,600, \qquad (76)$$

d'où :

$$a = \frac{W - 25}{k} - \left(\frac{k_1 - 0,025}{k}\,100\right)6.$$

Les résultats de mes expériences avec la bombe se sont trouvés en concordance suffisante avec les analyses élémentaires du Laboratoire royal, à quelques différences près. Ces différences ont été réduites au minimum, en faisant les lectures sur un thermomètre à graduation très fine à une distance d'un mètre avec une petite lunette, en agitant la bombe au moyen d'une commande par l'électricité, en chauffant le local d'essai a une température régulière, etc...

Comme les puissances calorifiques trouvées pour les cokes utilisés dans les diverses installations, que ce soient des cokes de fonderie ou de gaz, différaient à peine de 200 calories, j'ai admis pour les calculs unitaires la composition moyenne suivante :

	0/0
Carbone	85,0
Hydrogène	0,7
Azote	1,0
Oxygène	1,2
Soufre	1,2
Humidité	0,9
Cendres	10,0
Puissance calorifique	7.070 calories

XV

CHAUDIÈRE DE CHAUFFAGE A TUBES VERTICAUX

(Chauffage à vapeur à basse pression)

OBSERVATIONS FAITES SUR CE SYSTÈME DE CHAUDIÈRE

Ce système de chaudière s'est beaucoup répandu, il y a environ une dizaine d'années, mais il n'a donné de bons résultats que dans certains cas isolés où le service n'est pas intensif et où l'eau d'alimentation est bonne. Ces chaudières présentent l'inconvénient principal de n'avoir pas d'entretoisement par des tubes spéciaux entre les plaques tubulaires. La liaison entre ces plaques réalisée par l'enveloppe extérieure et la trémie de chargement devient insuffisante lorsque le diamètre de la chaudière augmente; or c'est par cette augmentation que l'on s'efforce d'agrandir la surface de chauffe pour réaliser un fonctionnement aussi économique que possible. Les plaques tubulaires se cintrent dans les deux zones neutres intermédiaires dès que le coke devient incandescent et reprennent leurs formes primitives lorsque la température s'abaisse dans la zone de combustion. Ces dilatations et contractions ne permettent pas aux tubes de rester longtemps étanches ; les fuites se déclarent aux tubes et le métal se rouille à leurs points d'insertion, de sorte que tous les efforts que l'on fait pour étancher les fuites restent infructueux. En outre, lorsque l'eau d'alimentation est mauvaise, les tubes se détruisent et doivent être remplacés à chaque instant. Mais cela ne dure naturellement que jusqu'à ce que le propriétaire ait perdu patience et remplace la chaudière ([1]).

([1]) Cette observation de M. de Grahl peut nous étonner; elle est en discordance absolue avec l'expérience que nous avons de plus de 2.000 chaudières tubulaires verticales installées par la firme dont nous avons été ingénieur pendant plus de vingt ans. Nous n'avons *jamais* eu de cintrage de plaque tubulaire, ni de dessertissage de tubes. Lorsqu'une chaudière avait reçu un coup de feu par manque d'eau, nous avons toujours pu refaire le dudgeonnage des tubes, et nous n'avons pas un seul exemple de chaudière mise hors de service. Nos chaudières étaient à foyer intérieur placé entre la virole d'eau formant enveloppe et à magasin de combustible central. Nous faisions une ou deux chasses des boues en pression pendant la saison d'hiver, et nous remplissions la chaudière d'eau jusqu'aux soupapes pendant le repos de l'été.

G. Debesson.

7

La production et le rendement de cette chaudière sont trop faibles

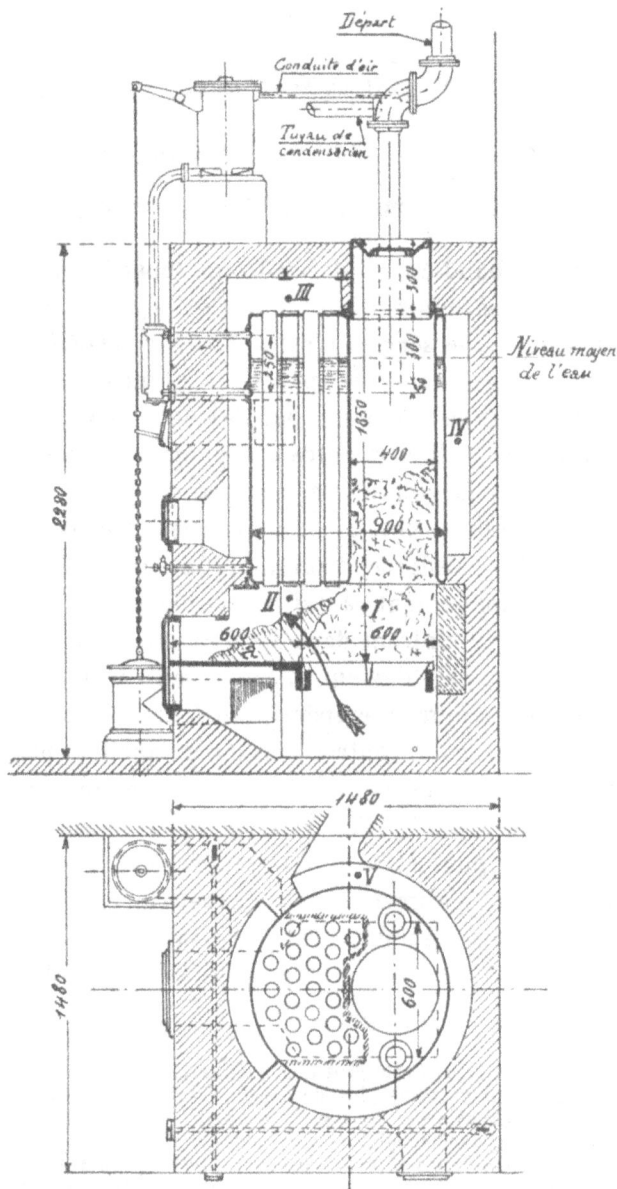

Fig. 36. — Chaudière à tubes verticaux.

pour qu'il soit possible en cherchant à l'améliorer de lui assurer un

champ d'action plus vaste ; en outre, les dépenses incessantes de ré-
paration de la maçonnerie ne sont pas négligeables[1].

OBSERVATIONS SUR L'INSTALLATION DE CHAUFFAGE ESSAYÉE (fig. 36).

Surface de chauffe............................... $9^{m2},0460$
Surface de grille................................ $0^{m2},36$

(Coke de fonderie.)

La quantité de chaleur à fournir était de 73.000 calories par heure
en nombre rond.

Le tirage de la cheminée était très faible : 1 millimètre au-dessous
de la grille, 2 millimètres au plus dans la cheminée.

La production de la chaudière était insuffisante, de sorte que le
chauffage était trop faible lorsque la température à l'extérieur était
basse. Alors que précédemment on brûlait exclusivement du coke de
fonderie d'excellente qualité, j'ai fait acheter du coke de gaz qui a
permis d'obtenir une meilleure vaporisation et a fait cesser les
plaintes. Ce fait n'a rien d'étonnant, puisque le coke de fonderie est
sensiblement plus dur que le coke de gaz et qu'il exige pour sa combustion un tirage plus énergique.

En outre, j'ai pris soin de faire jeter du coke sur la table du foyer
en avant de la grille, afin d'éviter que les flammes vinssent jusqu'à la
porte de décrassage (voir partie hachurée a de la figure 36). De cette
façon la résistance de la grille au passage de l'air et la combustion du
coke étaient rendues plus régulières, alors que précédemment, par
suite de la présence d'un espace vide au-dessus de la table du foyer,
l'air arrivait en trop grand excès, et par suite les pertes par la cheminée étaient trop importantes.

J'ai fait avec ce type de chaudière les expériences suivantes :

1° Examen de la marche pendant la période de chauffage intensif
pour la mise en régime ;

2° Examen de la marche pendant la période de chauffage diurne ;

---

[1] Nos chaudières n'avaient aucune maçonnerie, ni comme foyer, ni comme enveloppe.
Voir les détails de construction dans le *Chauffage des habitations* (Dunod et Pinat, édi-
teurs), et *le Chauffage et la Ventilation des bâtiments industriels (Technique moderne
Dunod et Pinat,* éditeurs).

G. Debesson.

3° **Examen** de la marche pendant la période de chauffage de réserve nocturne ;

4° Détermination de la perte de chaleur par la tuyauterie ;

5° Influence de l'air aspiré à travers la maçonnerie ;

6° Production spécifique des diverses parties de la surface de chauffe de la chaudière ;

7° Recherche et analyse des gaz dans la trémie de chargement.

RÉSULTATS DES ESSAIS

1° PÉRIODE DE CHAUFFAGE INTENSIF POUR LA MISE EN RÉGIME

(Voir *fig*. 37 et tableaux XVIII à XX.)

La chaudière a été allumée à sept heures et demie avec du bois et du pétrole et la trémie de chargement a été ensuite remplie de coke ; on constate tout d'abord que la production de CO^2 augmente en même temps que la température, puis qu'elle baisse, ce qui indique que le combustible d'allumage est complètement brûlé, mais que le coke n'est pas encore incandescent ; ce fait se produit au bout d'une demi-heure environ. A partir de ce moment la courbe de la teneur en CO^2 monte ainsi que celles des températures dans la couche de combustible et dans les carneaux. La vapeur n'apparaît qu'une heure après l'allumage, et une pression de 0,04 atmosphère n'est réalisée qu'au bout de deux heures dix minutes. Avant dix heures du matin, on voit les courbes en question descendre de nouveau brusquement, ce qui indique que la couche de combustible présente des trous qui se comblent au bout de peu de temps par suite de la descente du coke sur la grille. Ce fait est également prouvé par la chute brusque de la pression de la vapeur ; il se produit au bout de trois quarts d'heure et indique au chauffeur qu'il y a lieu de ringarder le feu.

Ces choses se passent d'une façon analogue dans les autres types de chaudières que j'ai expérimentés, de sorte que les chutes des courbes des teneurs en CO^2 et des températures s'expliquent facilement. L'influence défavorable sur la production de la chaudière augmente avec l'intensité du tirage, car plus le tirage est fort, plus la quantité d'air aspirée dans la chambre de combustion à travers les espaces vides de la grille est grande et la refroidit. Les moyens à employer pour remédier à ces défectuosités sont les suivants :

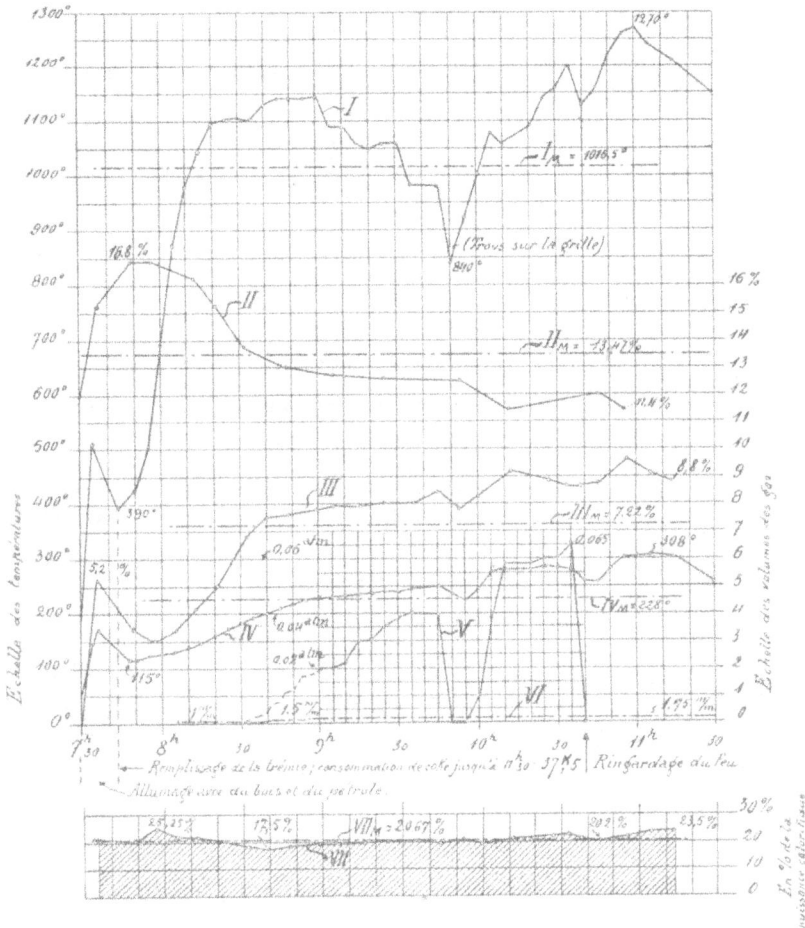

FIG. 37. — Chaudière à tubes verticaux. — Chauffage intensif.

I. Variations de la température dans la couche de combustible T_1.
I$_M$. Moyenne de la température dans la couche de combustible T_1 = 1.016°,5.
II. Variations de la teneur de O^2 en 0/0 du volume des gaz de la combustion.
II$_M$. Moyenne de la teneur de O^2 en 0/0 du volume des gaz de la combustion = 13,47 0/0.
III. Variations de la teneur de CO^2 en 0/0 du volume des gaz de la combustion.
III$_M$. Moyenne de la teneur de CO^2 en 0/0 du volume des gaz de la combustion = 7,22 0/0.
IV. Variations de la température T_2 dans le carneau de sortie.
IV$_M$. Moyenne de la température T_2 dans le carneau de sortie = 228°.
V. Variations de la pression de la vapeur en atmosphères.
VI. Tirage dans la cheminée en millimètres de hauteur d'eau.
VII. Variations de la perte par la cheminée.
VII$_M$. Moyenne de la perte par la cheminée = 20,67 0/0.

1° Avoir un tirage aussi faible que possible pour de grandes surfaces de chauffe ;

2° Employer du coke en petits morceaux, qui descend mieux dans la trémie et ne forme pas de cavités, par suite de la présence de gros morceaux ;

3° Disposer d'une façon rationnelle la trémie de chargement par rapport à la grille.

La disposition A (*fig*. 38) représente un mode de construction défectueux : l'air comburant suit le trajet indiqué par la flèche suivant lequel il éprouve le moins de résistance ; par suite le coke brûle d'abord en ce point de la grille et la laisse rapidement à découvert.

La disposition B (*fig*. 39) présente une amélioration qui corrige le défaut en question, mais je préfère encore la disposition C (*fig*. 40), dans laquelle le combustible s'accumule en couche plus épaisse dans la cuve formée par la maçonnerie ; il en résulte que la température de combustion est plus régulière sur la grille ; l'angle du talus d'éboulement avec le fond est fixé à 50°.

La perte par la cheminée a atteint 20,67 0/0 de la puissance calorifique du coke.

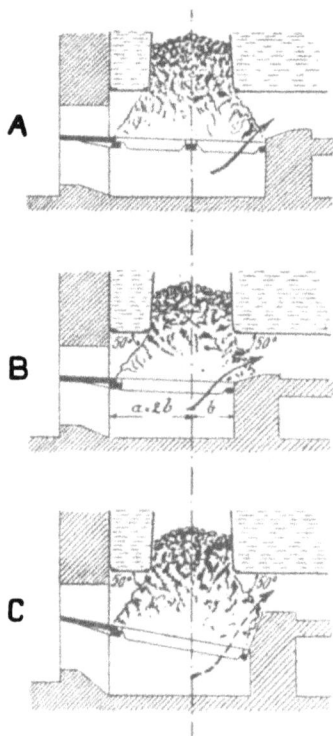

Fig. 38 à 40. — Positions relatives de la grille et de la trémie.

La température dans la couche de coke a atteint au maximum 1.270°, mais il est probable qu'elle restait au-dessous en service normal par suite de l'encrassement de la grille.

2° CHAUFFAGE DIURNE

(Voir *fig*. 41 et tableaux XVIII à XX.)

Pour vérifier les autres observations, j'ai supprimé, dans cet essai, le retour à la chaudière de façon à pouvoir déterminer le poids de l'eau de condensation et par suite directement le rendement. L'eau recueillie était aussitôt injectée de nouveau dans la chaudière au moyen d'une pompe ; elle subissait de ce fait un refroidissement moyen de 6°. Comme la pression de la vapeur se tenait le plus souvent au-dessous de 0,05 atmosphère, nous pouvons admettre que la température de la vapeur était de 100°, et nous obtenons pour la quantité de chaleur λ dégagée par kilogramme de vapeur, en tenant compte de la température de l'eau d'alimentation = 43 — 6 = 37° :

$$\lambda = 606,5 + 0,305 \times 100 - 37 = 600 \text{ calories.}$$

Le poids d'eau vaporisé était de 451 kilogrammes pour une consommation de coke de 62 kilogrammes ; le rendement était donc de :

$$\frac{600 \times 451 \times 100}{7060 \times 62} = 61,8 \ 0/0.$$

La vérification du rendement au moyen des températures absolues réalisées ne peut donner que des résultats approchés, car la combuston du coke sur la grille ne se fait pas suivant le cycle de Carnot, et la température T_5 est abaissée par suite de l'aspiration de l'air. Nous obtenons :

$$\frac{1098 - 210}{1098 + 273} = 65 \ 0/0$$

en prenant les valeurs moyennes du tableau XVIII (chauffage diurne) ; même en prenant $T_5 = 365°$ (voir plus loin), nous obtenons un rendement trop faible (53,6 0/0), ce qui prouve que cette formule souvent employée pour l'interprétation de la marche des chaudières de chauffage ne peut être appliquée.

Chaque kilogramme de coke a produit 4.369 calories utilisables. Pour une consommation horaire de $7^{kg},95$, la production de la surface de chauffe était donc de :

$$\frac{4369 \times 7,95}{9,046} = 3.860 \text{ calories,}$$

alors qu'en général les experts eux-mêmes se basent sur une production de 6.300 calories [1].

---

[1] J'admets que la production peut être quelque peu accrue par l'augmentation de l'intensité du tirage, mais alors le rendement baisse par suite de l'élévation notable de la température des gaz de la combustion dans la cheminée.

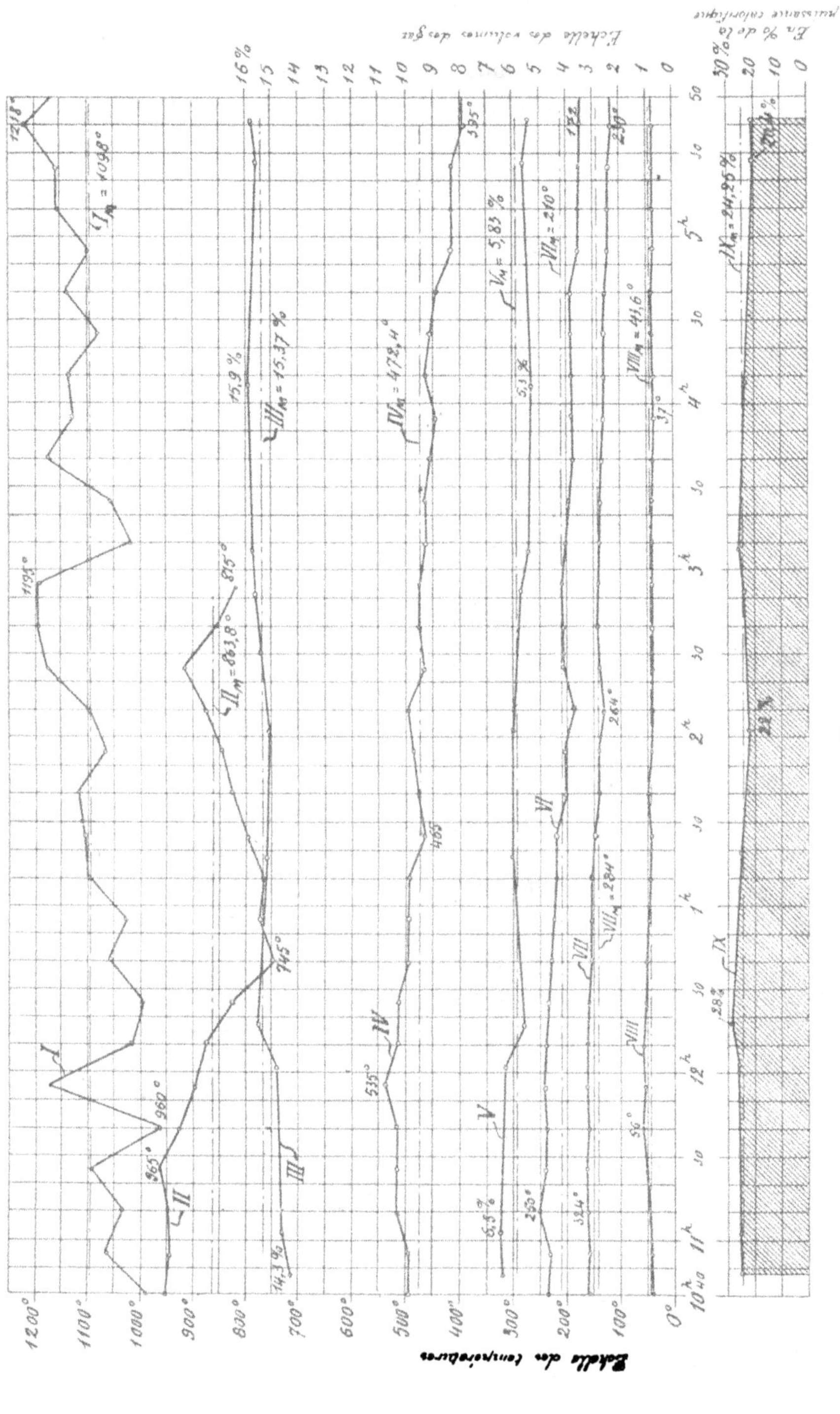
Echelle des températures
Echelle des volumes des gaz
En % de la puissance calorifique
0°
100°
200°
300°
400°
500°
600°
700°
800°
900°
1000°
1100°
1200°

FIG. 41.

Donc, comme dans l'installation expérimentée, il fallait produire environ 73.000 calories pour une différence de température de 40°, on voit que la chaudière en question n'était même pas capable de fournir la moitié de la quantité de chaleur nécessaire.

Le reste de la quantité de chaleur disponible dans le combustible était perdu par la cheminée (24,25 0/0), par conduction et rayonnement de la maçonnerie et par les résidus non brûlés (en tout 13,95 0/0).

La quantité des gaz non brûlés n'a pu être déterminée. Ces pertes sont rapportées au kilogramme de coke brûlé ; comme la quantité de coke brûlé pendant toute la durée de l'essai de huit heures n'était que de 62 kilogrammes, les proportions pour 100 sont relativement élevées.

3° CHAUFFAGE DE RÉSERVE PENDANT LA NUIT

(Voir *fig.* 42 et tableaux XVIII à XX)

En réduisant encore le tirage déjà très faible, on n'a brûlé que $87^{kg},5$ en quinze heures. Par suite de la faible intensité de la marche, la maçonnerie s'est fortement refroidie, de sorte qu'on a vu apparaître de l'hydrogène dans les gaz de la combustion. Comme la perte par conduction et rayonnement reste à peu près la même à faible marche, à cause de l'équilibre qui s'établit dans la maçonnerie, la comparaison entre les essais 1, 2 et 3 s'établit comme suit :

FIG. 41. — Chaudière à tubes verticaux. Chauffage diurne.

I.   Variations de la température dans la couche de combustible T_1.
Iм.   Moyenne de la température dans la couche de combustible $T_1 = 1.098°$.
II.   Variations de la température avant l'entrée des tubes T_2.
IIм.   Moyenne de la température avant l'entrée des tubes $T_2 = 863°,8$.
III.   Variations de la teneur de O_2 en 0/0 du volume des gaz de la combustion.
IIIм.   Moyenne de la teneur de O_2 en 0/0 du volume des gaz de la combustion $= 15,37$ 0/0.
IV.   Variations de la température à la sortie des tubes T_3.
IVм.   Moyenne de la température à la sortie des tubes $T_3 = 472°,4$.
V.   Variations de la teneur de CO_2 en 0/0 du volume des gaz de la combustion.
Vм.   Moyenne de la teneur de CO_2 en 0/0 du volume des gaz de la combustion $= 6,5$ 0/0.
VI.   Variations de la température dans le carneau de sortie T_5.
VIм.   Moyenne de la température dans le carneau de sortie $T_5 = 210°$.
VII.   Variations de la demi-température dans le carneau extérieur T_4.
VIIм.   Moyenne de la demi-température dans le carneau extérieur $T_4 = 284$.
VIII.   Variations de la température de l'eau de condensation tw.
VIIIм.   Moyenne de la température de l'eau de condensation $tw = 43°,6$.
IX.   Variations de la perte par la cheminée en 0/0 de la puissance calorifique.
IXм.   Moyenne de la perte par la cheminée en 0/0 de la puissance calorifique $= 24,25$ 0/0.

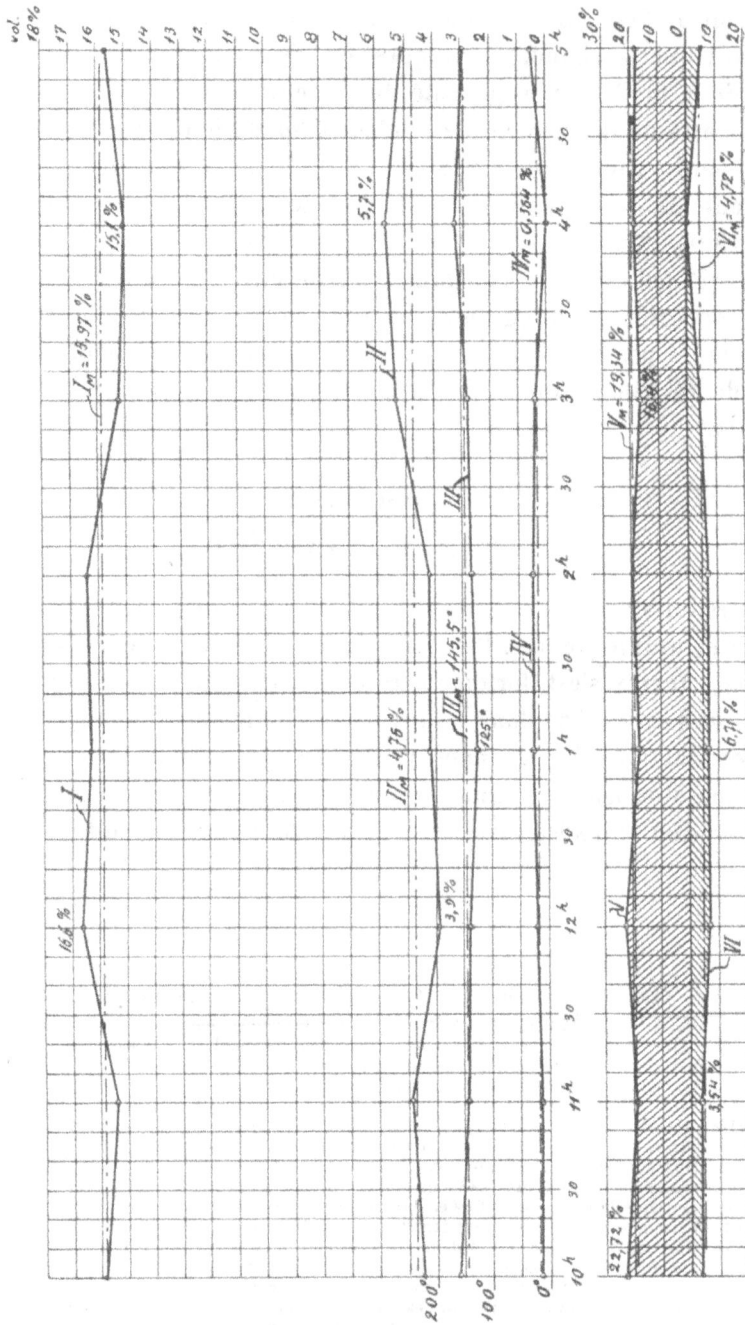

Fig. 42.

TABLEAU XIV

	1 CHAUFFAGE INTENSIF		2 CHAUFFAGE DIURNE		3 CHAUFFAGE NOCTURNE	
	CALORIES	p. 100	CALORIES	p. 100	CALORIES	p. 100
Utilisation du combustible...............	4.775	67,53	4.369	61,80	4.028	56,94
Perte par la cheminée..	1.461	20,67	1.715	24,25	1.367	19,34
Perte par combustion incomplète des gaz...	—	—	—	—	332	4,72
Perte par conduction, rayonnement, etc....	834	11,80	986	13,95	1.343	19,00
	7.070	100,00	7.070	100,00	7.070	100,00

Comptons, par exemple, que la période de chauffage intensif de mise en régime dure deux heures, celles de chauffage diurne et nocturne chacune dix heures (deux heures pour décrassage, etc...), le rendement moyen de la chaudière pour une journée complète sera de : .

$$\frac{2 \times 67,53 + 10(61,80 + 56,94)}{22} = 60,13 \ 0/0 \ (^1).$$

(¹) Ces rendements sont très sensiblement plus faibles avec les chaudières verticales tubulaires maçonnées expérimentées par M. de Grahl qu'avec les chaudières sans maçonneries des types usités en France (Grouvelle et Arquembourg, Leroy et C¹ᵉ. Louis Arquembourg et Vautier, Chappée et fils, Société métallurgique de Montbard, etc., etc.). Des résultats de nombreuses expériences faites par les laboratoires officiels et par nous-mêmes, tant au cours de notre carrière d'ingénieur de chauffage qu'au cours de nos expertises, il résulte que le rendement, avec un tirage convenable, atteint et dépasse 70 0/0. Une vaporisation de 10 à 11 kilogrammes d'eau par kilogramme d'anthracite à 8.000 calories, dans les conditions normales de chauffage, a été maintes fois relevée et fait l'objet des engagements les plus formels pris par les constructeurs dans leurs marchés les plus sérieux avec les administrations de l'Etat.

G. Debesson.

FIG. 42. — Chaudière à tubes verticaux. Chauffage nocturne de réserve.
    I. Variations de la teneur de O² en 0/0 du volume des gaz de la combustion.
   Iᴍ. Moyenne de la teneur de O² en 0/0 du volume des gaz de la combustion = 15,87 0/0.
   II. Variations de la teneur de CO² en 0/0 du volume des gaz de la combustion.
  IIᴍ. Moyenne de la teneur de CO² en 0/0 du volume des gaz de la combustion = 4,76 0/0.
   III. Variations de la température dans le carneau de sortie.
  IIIᴍ. Moyenne de la température dans le carneau de sortie = 145°,5.
   IV. Variations de la teneur de H² en 0/0 du volume des gaz de la combustion.
  IVᴍ. Moyenne de la teneur de H² en 0/0 du volume des gaz de la combustion = 0,364 0/0.
   V. Variations de la perte par la cheminée en 0/0 de la puissance calorifique.
  Vᴍ. Moyenne de la perte par la cheminée en 0/0 de la puissance calorifique = 19,34 0/0.
   VI. Variations de la perte par combustion incomplète des gaz en 0/0 de la puissance calorifique.
  VIᴍ. Moyenne de la perte par combustion incomplète des gaz en 0/0 de la puissance calorifique = 4,72 0/0.

Ce rendement s'applique bien entendu à la consommation moyenne de coke de l'installation.

Ces considérations nous montrent que la marche lente avec des chaudières maçonnées n'a pas grande raison d'être, car à la faible production correspond un faible rendement. La chaleur produite sert en partie à compenser les pertes (43,06 0/0), le reste se perd sur le trajet avant d'arriver aux radiateurs sans résultat sensible. Pour montrer ce fait pratiquement, j'ai fait deux essais spéciaux (voir tableau XV).

4° DÉTERMINATION DE LA PERTE DE CHALEUR PAR LA TUYAUTERIE

Après avoir élevé la pression de la vapeur jusqu'à 1.500 millimètres de hauteur d'eau, j'ai fait jeter le feu et l'ai fait remplacer par un gros brûleur Bunsen dont la grosseur avait été déterminée préalablement par l'expérience. En même temps j'ai fait mettre les radiateurs hors du circuit et fermer presque complètement le registre de la cheminée.

Le tableau XV indique les consommations de gaz relevées toutes les quinze minutes. Puis j'ai fait démonter les brides des tuyaux de départ et de retour, et j'ai maintenu l'état d'équilibre au moyen d'une flamme plus petite. La consommation de gaz se montait à.:

$$2^{m3},500 \text{ par heure pour le premier essai}$$
$$0^{m3},675 \quad - \quad \text{deuxième} \quad -$$

Différence... $1^{m3},825$

J'ai déterminé la composition du gaz d'éclairage par l'analyse et j'ai obtenu les résultats suivants :

	0 0
CO^2	1,2 vol.
Hydrocarbures	2,7 --
O^2	0,2 —
CO	7,8 —
H^2	59,0 —
CH^4	28,0 —
Az^2	1,1 —

et j'ai évalué sa puissance calorifique à 4.704 calories [1].

1. $H_w = 3058 \times 0,073 + 29100 \times 0,59 + 11900 \times 0,28 + 20000 \times 0,027 = 4704$ cal.

TABLEAU XV

Consommation de gaz.

a) RADIATEURS HORS CIRCUIT

HEURES	PRESSION de vapeur en millimètres d'eau	TEMPÉRATURE dans la chaufferie en centigrades	TEMPÉRATURE extérieure en centigrades	HYGROMÈTRE en p. 100	INDICATIONS du compteur à gaz en litres
10⁰⁰	180	23,0	10,2	75	55.700
10¹⁵	180	21,7	10,2	73	56.330
10³⁰	180	21,3	10,3	70	56.950
10⁴⁵	180	21,2	10,3	69	57.575
11⁰⁰	172	21	8,7	69	58.200
11¹⁵	167	21	8	68	58.850
11³⁰	158	20,9	8,5	67	59.480
11⁴⁵	152	20,9	9,3	66	60.100
12⁰⁰	149	20,8	9,5	65	60.715
12¹⁵	146	20,8	9,5	65	61.320
12³⁰	143	21	9,5	64	61.960
12⁴⁵	140	21	9,9	64	62.595
1⁰⁰	138	21,1	10,2	63	63.215
1¹⁵	135	21,1	9,8	62	63.820
1³⁰	133	21,3	10	62	64.445
1⁴⁵	132	21,3	10	61	65.095
2⁰⁰	132	21,3	10,2	61	65.700

Consommation moyenne horaire, 0m3,5.

b) BRIDES DES TUYAUX DE DÉPART ET DE RETOUR DÉMONTÉES

HEURES	PRESSION de vapeur en millimètres d'eau	TEMPÉRATURE dans la chaufferie en centigrades	TEMPÉRATURE extérieure en centigrades	HYGROMÈTRE en p. 100	INDICATIONS du compteur à gaz en mètres cubes
10⁰⁰	705	18,5	12,3	71	1,630
10¹⁵	705	18,7	12,3	71	1,800
10³⁰	710	18,7	12,7	70	1,975
10⁴⁵	713	18,5	12,7	68	2,140
11⁰⁰	718	18,7	13	68	2,310
11¹⁵	718	18,7	13	68	2,480
11³⁰	720	18,9	13,2	67	2,650
11⁴⁵	722	18,8	13,2	67	2,820
12⁰⁰	723	18,7	13,3	67	3,000
12¹⁵	725	18,8	13,3	67	3,165
12³⁰	720	18,8	13,9	66	3,330
12⁴⁵	715	18,8	13,9	65	3,510
1⁰⁰	713	18,8	14,2	65	3,675
1¹⁵	710	18,7	14,2	65	3,835
1³⁰	713	18,7	14,7	65	4,000
1⁴⁵	715	18,9	14,7	65	4,160
2⁰⁰	713	18,9	15,2	65	4,330

Consommation moyenne horaire, 0m3,675.

Pour compenser la perte par la tuyauterie, il fallait, pour une température extérieure de + 10° :

$$1,825 \times 4704 = 8.585 \text{ calories.}$$

Pendant la marche lente, on consommait 5^{kg},83 de coke par heure pour obtenir un rendement nominal de 56,94 0/0.

A ce rendement correspondent :

$$5,83 \times 7070 \times 56,94 = 23.490 \text{ calories}$$

développées par heure, dont plus du tiers (8.585 calories) est absorbé par la tuyauterie. La quantité maxima de chaleur nécessaire est de 73.000 calories, et il ne faut que 18.250 calories lorsque la température de l'extérieur est de + 10°. Nous voyons par là qu'il faut brûler proportionnellement plus de coke à marche réduite qu'à marche forcée; car, pour compenser les pertes de chaleur par la tuyauterie, il faut, dans le second cas, brûler 12 0/0, mais 47 0/0 dans le premier. Il ne peut donc pas être économique de faire de la marche dite de réserve.

En réalité, la perte par la tuyauterie augmentera également lorsque la température extérieure sera plus basse, de sorte que j'estime plus exact de majorer de 15 à 20 0/0 au lieu de 10 0/0 la quantité maxima de chaleur nécessaire.

5° INFLUENCE DE L'AIR ASPIRÉ A TRAVERS LA MAÇONNERIE

Les différences que présentent les analyses des gaz prélevés dans la chambre de combustion et dans les carneaux permettent de se rendre compte de la quantité d'air qui est aspirée à travers la maçonnerie non étanche, les volets qui ferment mal, etc... (voir *fig.* 36, points de prélèvement des gaz n°s III et V, et tableau XIX). Si l'on calcule l'excès d'air, pour une composition moyenne, on trouve que, par kilogramme de coke, 14^{kg},23 d'air ont suivi ce trajet et ont été aspirés par les conduits de fumée jusque dans le carneau de sortie.

Ce poids d'air aspiré n'a pas grande influence sur la perte par la cheminée, car tout se passe à peu près comme lorsqu'on verse de l'eau froide dans un récipient plein d'eau chaude. La température de l'eau chaude baisse, mais son poids augmente, de sorte que la quantité de chaleur contenue reste à peu près la même. Mais, par contre, la baisse de température du gaz dans les conduits de fumée a un effet défavorable sur la quantité de chaleur transmise à la chaudière qui, ainsi qu'on le sait, est également fonction de la différence des températures.

Le diagramme de la figure 43 représente ce phénomène.

Prenons dans le tableau XVIII les températures moyennes en question relevées aux divers points d'observation de la surface de chauffe :

Observation au point	I...	$T_1 =$	1.098°	Surface de chauffe...	$= 0^{m2},000$
—	II...	$T_2 =$	865°	—	... $= 0$,292
—	III...	$T_3 =$	473°	—	... $= 6$,097
—	IV...	$T_1 =$	284°	—	... $= 8$,074
—	V...	$T_5 =$	210°	—	... $= 9$,046

Dans le diagramme, les températures sont portées en ordonnées, les surfaces de chauffe en abscisses. La variation de température entre les points de prélèvement II et III, c'est-à-dire avant et après le faisceau tubulaire, peut être calculée, d'après Redtenbacher[1], par la formule :

$$\log. \text{nép.} (T_2 - t) = \log. \text{nép.} (T_3 - t) + c\frac{H}{R}.$$

Remplaçant les lettres par leurs valeurs on obtient :

$$c = 0,0445$$

(H = surface de chauffe, R = surface de grille).

On obtient, par exemple, pour le quart de la surface de chauffe :

$$\log. \text{nép.} 765 - \log. \text{nép.} (x - 100) + 0,0445 \frac{5,805}{0,36 \times 4}, \qquad \text{d'où} \qquad x = 739°.$$

De même pour H = 9,046, on trouve pour la température au point V environ 365°. La partie hachurée du diagramme représente donc la chute de température qui résulte d'abord de l'air aspiré, l'effet de la conduction et du rayonnement de la maçonnerie ne venant qu'en seconde ligne. Donc, si la maçonnerie était absolument étanche, les gaz chauds arriveraient dans la cheminée à une température de 365°

[1] Voir aussi Strahl, *Zeitschrift des Vereins deutscher Ingenieure*, 1905, p. 77.

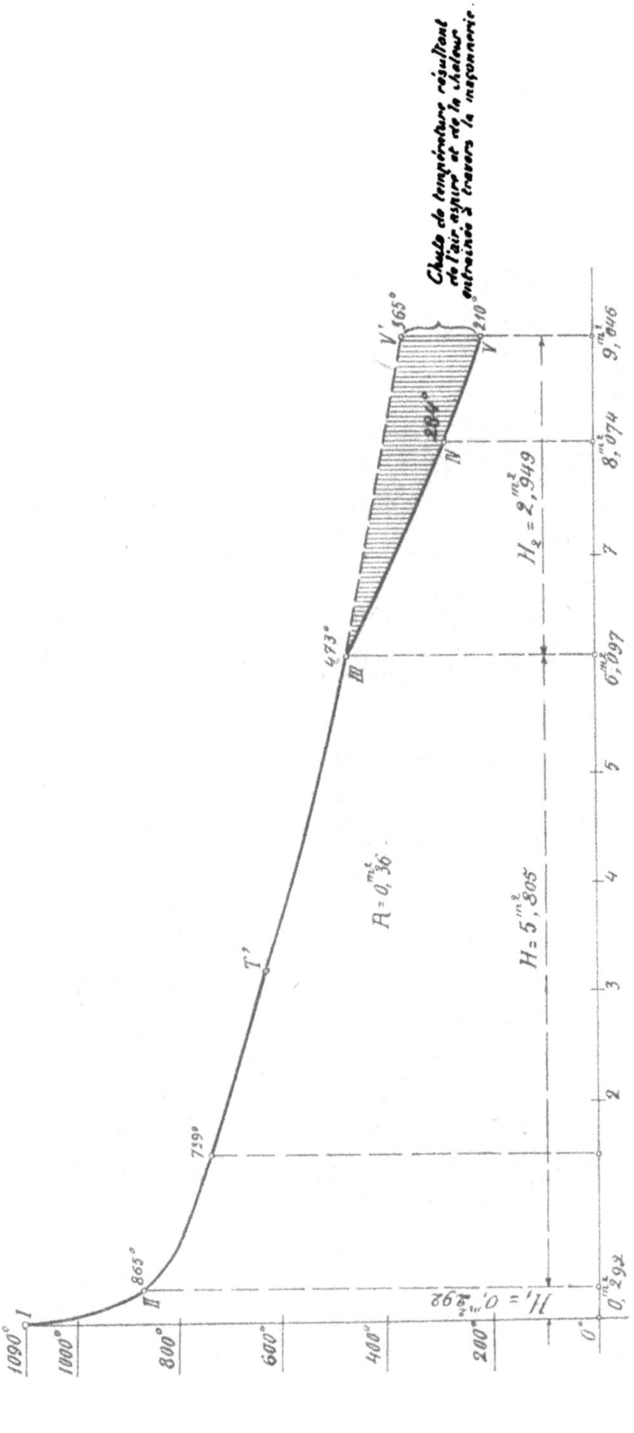

FIG. 43. — Chaudières à tubes verticaux. Variations de la température des gaz
de la combustion aux divers points de la surface de chauffe.

H. Surface de chauffe des tubes.
H_1. Surface de chauffe du fond de la chaudière.
H_2. Surface de chauffe du couvercle et de l'enveloppe de la chaudière.
R. Surface de grille.
T'. Température correspondant à la surface de chauffe H'.

au lieu de 210° et auraient pu, grâce à leur température plus élevée, augmenter la production de la chaudière.

Par suite le procédé consistant à effectuer la régulation de la pression de la vapeur par l'introduction d'air dans les conduits de fumée doit être rejeté d'abord au point de vue technique, car il réduit la production. En outre, au point de vue hygiénique, il présente l'inconvénient de donner lieu à un dégagement de CO qui peut se répandre dans la chaufferie par les ouvertures d'introduction (voir aussi p. 149). Il sera donc plus avantageux au point de vue tant économique qu'hygiénique de renoncer complètement à l'introduction d'air supplémentaire pour le réglage de la pression de la vapeur.

6° PRODUCTION SPÉCIFIQUE DE LA SURFACE DE CHAUFFE

DE LA CHAUDIÈRE

Les quantités de chaleurs absorbées par les différentes parties de la surface de chauffe s'obtiennent en faisant le produit des différences de température relevées aux divers points d'observation par les poids de gaz et leurs chaleurs spécifiques ([1]).

Le tableau suivant (XVI) donne les poids des gaz et les quantités de chaleur qu'ils contiennent.

TABLEAU XVI

Poids des gaz et quantités de chaleur qu'ils contiennent par kilogramme de coke.

GAZ de la COMBUSTION	POIDS	CAPACITÉ CALORIFIQUE EN CALORIES				PERTES PAR LA CHEMINÉE	
		$T_1 = 1.098°$	$T_2 = 865°$	$T_3 = 473°$	$T_5 = 365°$	POIDS	$T_5 = 210°$ calories
CO^2....	3,117	1.035	764	355	255	3,117	133
Az^2....	16,308	4.674	3.639	1.893	1.440	26,915	1.300
O^2.....	2,630	664	512	267	202	5,941	251
SO^2....	0,024	4	3	2	1	0,016	1
H^2O....	0,117	79	58	27	19	0,117	11
TOTAUX.		6.456	4.966	2.544	1.917		1.696

([1]) Voir p. 82 et 89.

8

Si l'on suit à partir de la grille les gaz de la combustion, les quantités de chaleur qu'ils contiennent sont les suivantes :

Point d'observation I	6.456 calories	
— II	4.966	—
— III	2.544	—
— V	1.917	—
Différences successives	1.490 calories	= 21,1 0/0
—	2.422 —	= 34,2
—	627 —	= 8,9
TOTAL	4.539 —	= 64,2 0/0

Or nous avons trouvé dans nos essais de vaporisation une différence de 4.369 calories, soit 61,8 0/0 ; les deux méthodes présentent donc un écart de 4.539 — 4.369 = 170 calories, soit 64,2 — 61,8 = 2,4 0/0.

J'attribue cet écart à des pertes résultant de la non-combustion de fragments de combustible ou bien à quelque erreur ; car si les morceaux de coke qui ont passé à travers la grille ou qui ont été enlevés avec le mâchefer avaient été utilisés, la quantité de chaleur disponible pour la vaporisation aurait été augmentée d'autant. Je retranche donc 2,4 0/0 sur le diagramme (*fig.* 44).

Si l'on multiplie les différences par la consommation horaire de coke, on obtient les quantités de chaleur absorbées par chaque partie de surface de chauffe et on en tire les productions spécifiques :

1° De la surface de la plaque tubulaire inférieure de la chaudière :

$$\frac{1490\,(100 - 2,4)\,7,95}{0,292 \times 100} = 39.600 \text{ calories} ;$$

2° Du faisceau tubulaire :

$$\frac{2422 \times 7,95}{5.805} = 3.330 \text{ calories} ;$$

3° De la surface de la plaque tubulaire supérieure de la chaudière, y compris l'enveloppe extérieure :

$$\frac{627 \times 7,95}{2,949} = 1.700 \text{ calories}.$$

Ces nombres nous renseignent sur l'effet utile de chaque partie de la surface de chauffe. La forte production de la surface inférieure

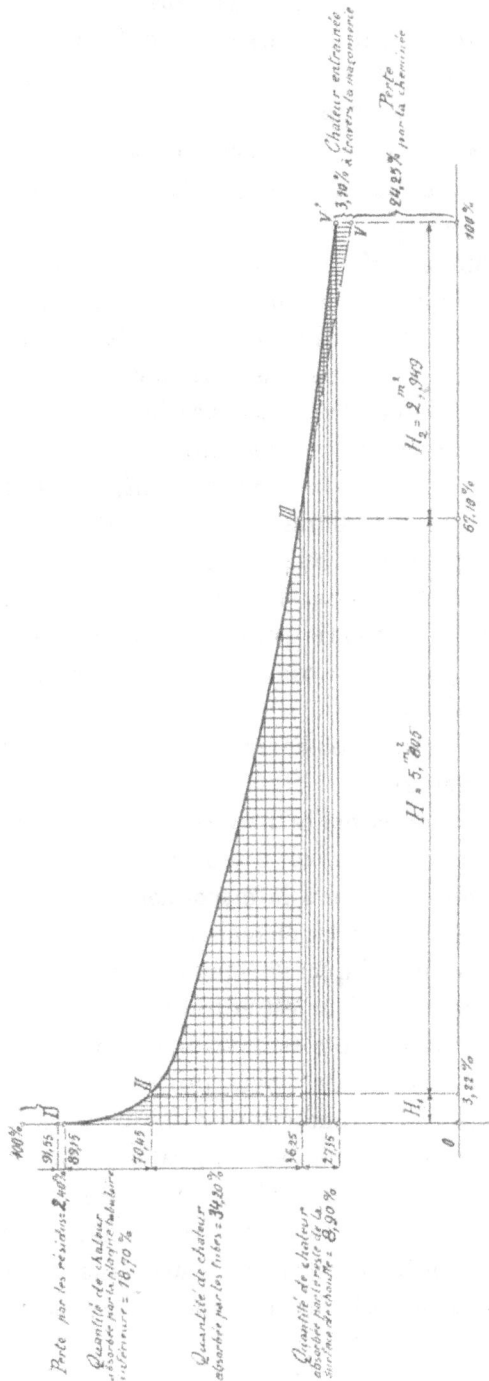

Fig. 44. — Chaudière à tubes verticaux. Quantités de chaleur absorbées par les diverses parties de la surface de chauffe.

de la chaudière explique les fuites aux tubes, qui sont si fréquentes lorsqu'on ne prend pas soin de disposer ce fond de la chaudière à une distance convenable de la couche de coke en ignition, ou de faire suivre un autre trajet aux flammes. La production spécifique du faisceau tubulaire est assez faible ; mais, comme sa surface est très grande, c'est lui qui fournit la plus grande quantité de vapeur. La figure 44 montre ce fait clairement.

J'ai laissé de côté la surface de chauffe de la trémie de chargement, car sa production dépend de la façon de faire le chargement.

Lorsque la trémie est vide, la production de la surface de chauffe intérieure dépend de l'intensité du tirage de la cheminée : plus le tirage est fort, plus l'effet de cette surface de chauffe est faible, car les gaz chauds de la combustion sont aspirés directement dans les carneaux; par contre, à cause du rayonnement, la quantité de vapeur produite augmente lorsque le tirage diminue, de sorte qu'une trémie vide a une action inverse de celle du registre de la cheminée. L'attention des chauffeurs devrait donc être toujours attirée sur la nécessité de recharger souvent la trémie pour éviter autant que possible que le feu n'y soit lorsqu'elle est vide, ce qui, d'ailleurs, est important au point de vue économique.

Il y aura lieu ensuite de considérer la perte par conduction et rayonnement de la maçonnerie.

Le coke qui brûle sur la grille ne peut pas atteindre sa température de combustion théorique, car une partie de la chaleur qu'il dégage est conduite au dehors à travers la maçonnerie. Les faits se passent de la même façon que dans les éléments du pyromètre de Le Chatelier [1], qui ne peuvent indiquer la température réelle d'une flamme, tant qu'une partie de la chaleur est entraînée par les tubes de protection métalliques. La plus haute température moyenne relevée dans la couche de combustion était de 1.098° qui ne permet de mettre en évidence qu'une quantité de chaleur de 6.456 calories. Comme le coke avait une puissance calorifique de 7.070 calories, on trouvait déjà en ce point une perte de 8,45 0/0 de chaleur enlevée par conduction. Pendant la traversée du faisceau tubulaire par les gaz de la combustion, il n'y a pas de chaleur perdue, mais dans les carneaux extérieurs la maçonnerie absorbe de nouveau par conduction une certaine

----

(¹) Voir p. 93.

quantité de chaleur, faible il est vrai, mais se montant à $V' - V =$ 221 calories, soit 3,1 0/0, de sorte que la perte totale atteint 8,45 + 3,1 = 11,55 0/0.

7° RECHERCHE DES GAZ DANS LA TRÉMIE DE CHARGEMENT

Pour mieux étudier les phénomènes de la combustion, j'ai entrepris des recherches sur les gaz qui se dégagent dans la trémie de chargement, qu'ils soient produits par le coke de fonderie ou le coke de gaz. Il est évident que les gaz doivent s'enflammer progressivement, pourvu que la température qui règne sur la grille soit suffisante. D'autre part, ils doivent s'échapper non brûlés à l'extérieur par les carneaux si la température nécessaire à leur inflammation n'est pas atteinte. Le fait que, dans mes expériences sur les chaudières de chauffage (voir, par exemple, la chaudière Lollar), j'ai constaté la présence de CH^4, H^2 et CO avant que le chargement fût terminé, a été pleinement confirmé par l'analyse des gaz recueillis dans la trémie.

TABLEAU XVII

HEURES	COKE DE GAZ (ESSAIS DES 30 IV et 4 V 1908)												COKE DE FONDERIE (ESSAI DU 24 IV 1908)					
	CO2		O2		CO		H2		CH4		Az2		CO2	O2	CO	H2	CH4	Az2
	a	b	a	b	a	b	a	b	a	b	a	b						
7³⁰ ...	12,1	8,5	0,8	7,6	11,8	6,7	1,2	2,0	»	0,4	74,1	74,8	8,1	11,5	»	»	»	80,4
8¹⁶ ...	11,4	6,6	2,3	3,7	11,6	12,7	1,9	1,8	»	»	72,8	75,2	16,8	3,5	»	»	»	79,7
8³⁰ ...	0,3	0,2	19,9	19,8	»	0,5	0,4	0,5	»	»	79,4	79,0	9,0	10,7	0,7	0,1	0,1	79,4
9¹³ ...	1,2	0,2	19,5	19,8	»	0,5	0,9	0,7	»	»	78,4	78,8	14,5	4,2	2,8	0,5	0,3	77,7
9³⁵ ...	1,1	0,8	18,0	19,1	0,5	1,3	0,7	0,3	»	»	79,7	78,5	8,1	7,8	2,4	0,1	0,3	81,3
11⁰⁰ ...	0,3	0,7	20,2	19,2	»	1,1	0,7	0,7	»	»	78,8	78,3	9,7	5,9	5,3	0,7	0,1	78,3
11³⁵ ...	»	1,9	20,5	17,8	0,7	2,7	0,8	0,9	»	?	78,0	76,7	10,2	7,3	4,5	0,4	»	77,6
12⁵⁵ ...	6,5	5,0	6,4	9,3	9,1	10,3	0,9	1,8	»	»	77,1	73,6	14,9	3,2	2,5	0,4	0,3	78,7
2¹⁵ ...	9,7	11,3	8,0	5,6	3,	5,5	1,0	1,1	»	»	78,3	76,5	13,1	5,7	1,5	0,5	»	79,2
2³⁵ ...	11,3	16,4	1,6	2,3	10,5	3,0	2,4	1,0	»	»	74,2	77,3	17,9	2,0	1,0	0,4	»	78,7

Comme les résultats des analyses a et b pour le coke de gaz coïncident sensiblement, je me contenterai d'une seule représentation graphique pour b (*fig.* 45), que je comparerai avec celle de la figure 46, correspondant au coke de fonderie. Des résultats on peut conclure ce qui suit :

1° Dans le cas du coke de gaz, il se dégage, même avant la fin du chargement, une certaine quantité de gaz non brûlés (principalement

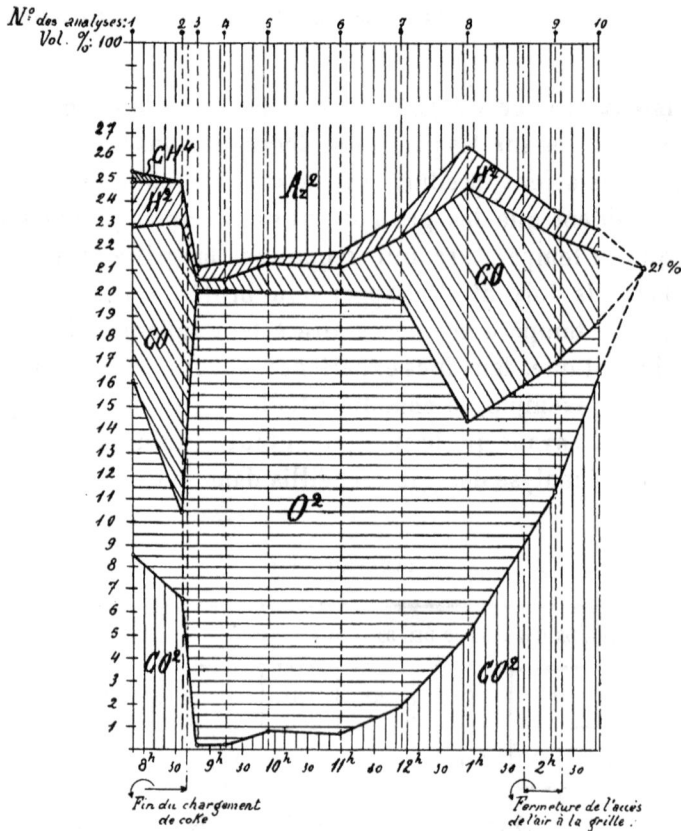

Fig. 45. — Chaudière à tubes verticaux. Analyses des gaz prélevés dans la trémie de chargement. Coke de gaz.

H_2 et CO), qui s'échappent de la chaudière dans cet état et entraînent une perte de chaleur non négligeable. Le méthane (CH_4) ne se dégage qu'en petite quantité pendant le chargement, plus du tout ensuite ;

2° Dans le cas du coke de fonderie, il ne se dégage pas de gaz non brûlés pendant le chargement, fait que l'on considère comme un avantage par rapport au coke de gaz ;

3° Après le chargement, pour les deux sortes de coke, le dégagement d'H_2 est à peu près constant; on constate, toutefois, un maximum lorsque celui du CO présente également un maximum. Alors que le coke de gaz ne donne plus lieu à un dégagement de CH^4, on constate avec le coke de fonderie un dégagement continuel de quelques centièmes de CH^4;

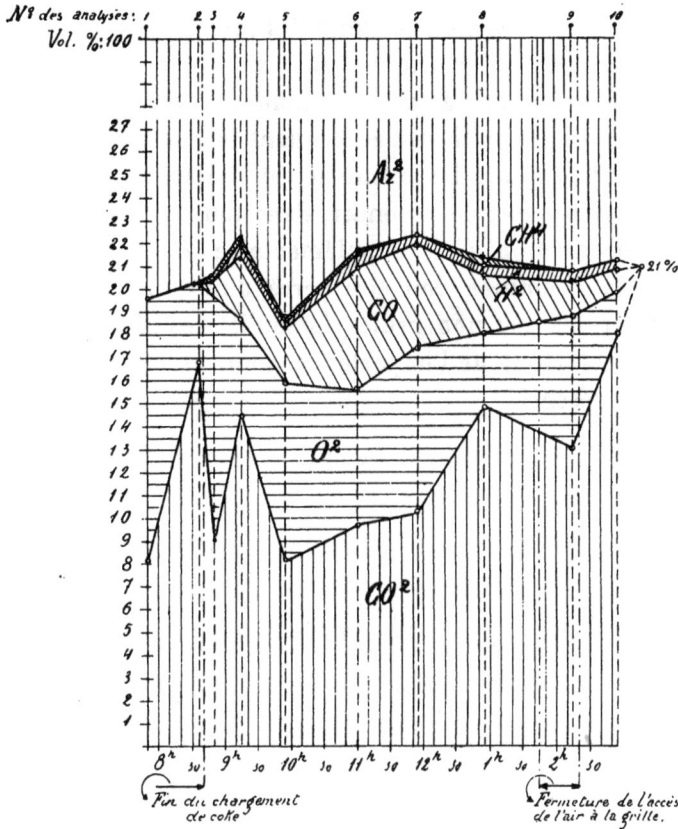

FIG. 46. — Chaudière à tubes verticaux. Analyse des gaz prélevés dans la trémie de chargement. Coke de fonderie.

4° Comme le coke de gaz se présente en général en plus petits fragments que le coke de fonderie, il est plus tassé dans la trémie que ce dernier, qui, par suite, forme plus souvent des poches d'où résultent de plus grandes variations dans la teneur en CO^2. J'ai fait exactement les mêmes constatations dans mes essais ultérieurs;

5° Les courbes permettent de reconnaître d'une façon certaine le moment où, par suite de la combustion progressive de la couche de combustible, la quantité d'air théoriquement nécessaire est dépassée;

c'est le point où toutes les courbes viennent se rencontrer et qui correspond à une teneur de 21 0/0 de CO^2. A partir de ce moment, il y a un excès d'air dans la trémie. Ces points sont les mêmes pour les deux sortes de coke ;

-6° Par suite de l'effet extrêmement nuisible sur la santé de CH^4 et CO, la trémie doit posséder une fermeture irréprochable ; le couvercle doit être suffisamment lourd afin qu'il ne puisse se soulever de lui-même [1]. Avec le coke de gaz, le chauffeur doit toujours maintenir ouvert le registre de la cheminée pendant le chargement, pour éviter le refoulement des gaz. De même il est indispensable, ainsi qu'il a déjà été dit plus haut, de renoncer, dans tous les cas, au réglage du feu par l'introduction d'air supplémentaire dans les carneaux : le registre de la cheminée doit être percé d'une ouverture capable de laisser passer les gaz non brûlés lorsqu'il s'est fermé accidentellement ; cela a surtout de l'importance pour la marche lente dite de chauffage de réserve.

[1] J'ai constaté un fait de ce genre dans un autre cas qui s'est présenté dans ma carrière : après le chargement, la cloche soulevée pour permettre l'entrée de l'air sous la grille (*fig.* 36) s'est refermée brusquement avec choc par l'effet du violent tirage de la cheminée ; de sorte qu'il s'est produit une surpression dans la trémie, dont le couvercle s'est soulevé et a permis la sortie des gaz non brûlés.

TABLEAU XVIII

Relevé des observations. — Chaudière tubulaire verticale

	CHAUFFAGE PRÉALABLE						CHAUFFAGE NORMAL DIURNE					
HEURES	TEMPÉRATURE dans la couche de combustible centigrades.	TEMPÉRATURE DES GAZ à l'échappement centigrades.	TIRAGE avant le registre de la cheminée en mm. de haut. d'eau	TEMPÉRATURE dans la chaufferie centigrades.	PRESSION DE LA VAPEUR atmosphères	HEURES	TEMPÉRATURE T_1 dans la couche de combustible centigrades.	TEMPÉRATURE T_5 des gaz à l'échappement centigrades.	TEMPÉRATURE T_2 avant l'entrée dans les tubes centigrades.	TEMPÉRATURE T_3 à la sortie des tubes centigrades.	TEMPÉRATURE T_4 dans les conduits de fumée extérieurs centigrades.	TEMPÉRATURE t_v de l'eau de condensation centigrades.
7^{34}	510	145	»	20	»	10^{10}	990	235	955	495	315	40
7^{36}	»	170	»	»	»	10^{35}	1.065	230	945	495	312	43
7^{44}	390	115	»	»	»	11^{40}	1.035	250	950	515	324	47
7^{50}	425	115	»	»	»	11^{25}	1.090	238	965	515	320	50
7^{55}	505	125	»	»	»	11^{40}	960	238	925	515	319	56
8^{00}	690	130	»	»	»	11^{55}	1.175	242	895	535	321	53
8^{03}	870	130	1	»	»	12^{10}	1.015	238	875	515	320	56
8^{10}	980	140	1	»	»	12^{25}	993	235	825	515	315	51
8^{15}	1.045	150	1	»	»	12^{40}	1.055	230	745	495	310	50
8^{20}	1.095	160	1	»	»	12^{55}	1.025	225	775	495	308	48
8^{25}	1.105	175	1	»	»	1^{10}	1.095	220	765	495	305	44
8^{30}	1.110	185	1	»	»	1^{25}	1.105	220	795	465	296	44
8^{35}	1.100	195	1	»	»	1^{40}	1.115	200	825	475	278	48
8^{40}	1.130	200	1,5	»	»	1^{55}	1.065	205	845	485	280	44
8^{45}	1.140	210	1,5	»	»	2^{10}	1.095	188	875	495	264	41
8^{50}	1.140	215	1,5	»	»	2^{25}	1.175	203	915	4 5	278	40
8^{55}	1.140	225	1,75	»	»	2^{40}	1.192	208	855	475	285	39
9^{00}	1.145	230	1,75	»	0,02	2^{55}	1.193	210	815	475	283	40
9^{03}	1.090	230	1,75	»	0,02	3^{10}	1.015	200	»	465	277	39
9^{10}	1.090	235	1,75	»	0,022	3^{25}	1.055	193	»	465	274	41
9^{15}	1.060	237	1,75	»	0,03	3^{40}	1.175	188	»	455	270	38
9^{20}	1.050	240	1,75	»	0,03	3^{55}	1.125	188	»	445	265	37
9^{25}	1.060	242	1,75	»	0,035	4^{10}	1.135	190	»	465	263	38
9^{30}	1.060	240	1,75	»	0,038	4^{25}	1.076	192	»	455	262	38
9^{35}	980	245	1,75	»	0,040	4^{40}	1.137	192	»	445	256	39
9^{45}	980	250	1,75	»	0,040	4^{55}	1.095	178	»	415	246	37
9^{50}	840	235	1,75	»	0	5^{10}	1.158	178	»	415	243	37
9^{55}	920	225	1,75	»	0	5^{25}	1.158	174	»	395	239	37
10^{00}	1.000	245	1,75	»	0,01	5^{40}	1.218	172	»	395	230	37
10^{03}	1.080	278	1,75	»	0,038							
10^{10}	1.060	280	1,75	»	0,058	moyenne	1.098°	210°	865°	473°	284°	43°
10^{20}	1.090	282	1,75	»	0,058							
10^{25}	1.140	285	1,75	»	0,06							
10^{30}	1.160	282	1,75	»	0,06							
10^{35}	1.200	280	1,75	»	0,065							
10^{40}	1.130	260	1,75	»	0							
10^{45}	1.160	260	1,75	»	»							
10^{50}	1.220	285	1,75	»	»			Température dans la chaufferie 15°.				
10^{55}	1.260	304	1,75	»	»							
11^{00}	1.270	305	1,75	»	»							
11^{05}	1.240	308	1,75	»	»							
11^{14}	1.210	300	1,75	»	»							
11^{30}	1.150	255	1,75	»	»							

TABLEAU XIX

Analyse des gaz de la combustion. Chaudière tubulaire verticale

CHAUFFAGE PRÉALABLE

Heures	CO²	O²	Az²
	0/0	0/0	0/0
7^{36}	5,2	15,2	79,6
7^{49}	3,4	16,8	79,8
7^{57}	3,0	16,8	80,2
8^{05}	3,4	»	»
8^{13}	4,2	16,25	79,55
8^{21}	5,0	15,25	79,75
8^{32}	6,8	13,70	79,5
8^{40}	7,5	»	»
8^{48}	7,65	13,0	79,35
8^{59}	7,8	»	»
9^{08}	7,95	12,7	79,35
9^{16}	7,9	»	»
9^{25}	8,0	12,6	79,4
9^{36}	8,0	»	»
9^{45}	8,45	»	»
9^{53}	7,8	12,5	79,7
10^{00}	8,3	»	»
10^{12}	9,2	11,4	79,4
10^{27}	8,8	»	»
10^{33}	8,65	»	»
10^{38}	8,6	»	»
10^{45}	8,7	12,0	79,3
10^{56}	9,6	11,4	79,0
11^{05}	9,1	»	»
11^{13}	6,8	»	»

CHAUFFAGE NORMAL DIURNE — POINT DE PRÉLÈVEMENT V (fig. 36)

Heures	CO²	O²	Az²
	0/0	0/0	0/0
10^{17}	6,4	14,3	79,3
11^{02}	6,5	14,6	78,9
12^{02}	6,3	14,8	78,9
12^{17}	5,6	15,5	78,9
1^{17}	6,0	15,15	78,85
2^{02}	6,0	15,10	78,9
2^{52}	5,7	15,6	78,7
3^{07}	5,45	15,7	78,85
4^{07}	5,3	15,9	78,8
5^{27}	5,6	15,5	78,9
5^{12}	5,45	15,7	78,85
Moyenne	5,85	15,28	78,87

POINT DE PRÉLÈVEMENT III (fig. 36)

Heures	CO²	O²	Az²
10^{12}	11,5	8,8	79,7
10^{32}	11,3	8,7	80,0
1^{120}	9,0	12,2	78,8
12^{00}	10,6	10,2	79,2
12^{20}	12,0	9,3	78,7
2^{15}	11,0	10,2	78,8
2^{50}	10,0	10,0	80,0
3^{35}	9,0	12,2	78,8
3^{50}	10,1	11,2	78,7
4^{25}	9,0	12,5	78,5
5^{30}	6,5	14,3	79,2
5^{43}	6,3	14,9	78,8
Moyenne	9,7	11,2	79,10

CHAUFFAGE DE RÉSERVE NOCTURNE

Heures	CO²	O²	H²	Az²
	0/0	0/0	0/0	0/0
10^{00}	4,5	15,8	0,3	79,4
11^{00}	4,9	15,4	0,3	79,4
12^{00}	3,9	16,6	0,45	79,03
1^{00}	4,3	16,3	0,5	78,9
2^{00}	4,25	16,5	0,5	78,75
3^{00}	5,4	15,3	0,4	78,9
4^{00}	5,7	15,1	»	79,2
5^{00}	5,15	15,7	0,5	78,65

CHAUFFAGE DE RÉSERVE		
HEURES	T$_5$ EN CENTIGRADES	TEMPÉRATURE dans la chaufferie
10^{00}	160	20°
11^{00}	150	»
12^{00}	140	»
1^{00}	125	»
2^{00}	135	»
3^{00}	140	»
4^{00}	162	»
5^{00}	145	»

TABLEAU XX

Pertes. — Chaudière tubulaire verticale

CHAUFFAGE PRÉALABLE		CHAUFFAGE NORMAL DIURNE		CHAUFFAGE DE RÉSERVE NOCTURNE		
HEURES	PERTES par la cheminée V'' en 0/0	HEURES	PERTES par la cheminée V'' en 0/0	HEURES	PERTES par combustion incomplète des gaz V'' en 0 0	PERTES par la cheminée V'' en 0 0
7 36	20,80	10 47	24,50	10 00	3,86	22,72
7 49	20,25	11 02	25,00	11 00	3,54	18,72
7 57	25,25	12 02	25,80	12 00	6,68	22,38
8 05	22,20	12 17	28,00	1 00	6,71	17,68
8 13	21,50	1 17	25,00	2 00	6,80	19,82
8 21	20,25	2 02	22,00	3 00	4,28	16,40
8 32	18,10	2 52	24,25	4 00	»	18,54
8 40	17,50	3 07	25,50	5 00	5,62	17,81
8 48	18,50	4 07	23,80			
8 59	19,50	5 27	20,40			
9 06	19,00	5 42	20,80			
9 16	19,50					
9 25	20,00					
9 36	20,50					
9 45	20,00					
9 53	20,50					
10 00	19,50					
10 12	21,00					
10 27	22,00					
10 33	22,50					
10 38	21,00					
10 45	20,20					
10 56	21,50					
11 05	23,50					
11 13	23,50					

XVI

CHAUDIÈRE EN FER A CHEVAL

(Chauffage à vapeur à basse pression)

OBSERVATIONS FAITES SUR CE TYPE DE CHAUDIÈRE

L'effet calorifique de ce système de chaudière a toujours été estimé beaucoup trop haut. Alors que, dans de bonnes conditions de tirage, je n'ai pu constater un effet calorifique dépassant 5.500 à 6.500 calories par mètre carré de surface de chauffe, j'ai vu admettre jusqu'à 8.000 calories. Le défaut de cette chaudière est d'avoir une grande surface de tubes; le constructeur a la faculté de l'agrandir à volonté au détriment de leur effet calorifique spécifique. Comme on peut le voir figures 47 et 48, le faisceau tubulaire à lui seul fournit environ 30 mètres carrés de surface de chauffe; dans le sens vertical, les tubes sont placés trop haut en haut et trop bas en bas. Comme leur section totale est beaucoup trop grande, les gaz de la combustion ne peuvent venir en contact qu'avec une partie de leur surface; l'autre partie n'a qu'une action illusoire sur la quantité de chaleur absorbée par l'eau; il en résulte que la contenance en eau est trop faible et le poids de métal trop fort. Donc, plus ces chaudières sont hautes, plus leur production de chaleur est mauvaise. Par la comparaison entre ce type de chaudières et les chaudières à foyer intérieur (voir Chap. XVII), on peut se rendre compte des avantages que le constructeur peut retirer de l'examen des défauts signalés plus haut ([1]).

([1]) Il semble que les conclusions pessimistes de M. de Grahl sur ce type de chaudières viennent de ce qu'il a surtout examiné les très grands modèles employés en Allemagne, et dans lesquels la surface de chauffe est principalement tubulaire et le foyer extérieur. Lorsque le nombre de tubes est en disproportion avec la surface du foyer et avec le volume des gaz de la combustion, et lorsque le foyer est extérieur, la critique de M. de Grahl est absolument fondée.

En d'autres termes, on ne peut, avec ce type de chaudières, augmenter à l'infini la surface de chauffe en multipliant le nombre des tubes sans diminuer le rendement. Mais les petits modèles à foyer intérieur, souvent employés en France dans les chauffages de serres (1 à 10 mètres carrés) ne méritent pas une critique aussi sévère et donnent d'excellents rendements. La rouille ne serait à craindre que pendant le repos de l'été si on ne prenait pas les soins nécessaires (Voir *le Chauffage des habitations*. Soins à donner aux chaudières).

G. Debesson.

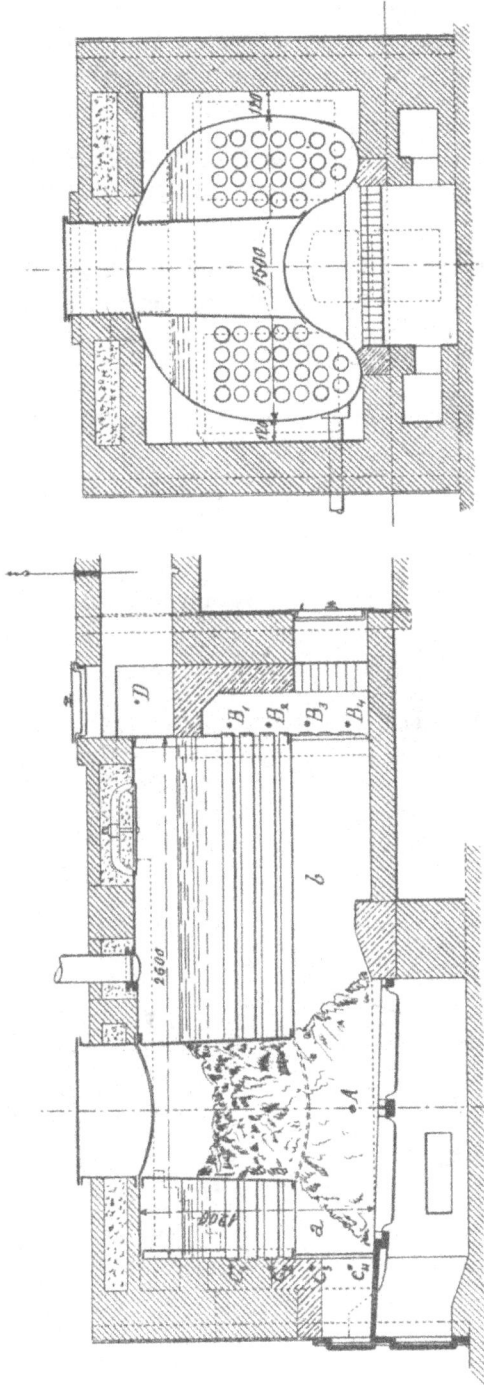

Fig. 47 et 48. — Chaudière en fer à cheval. Chauffage à vapeur à basse pression.

directe		36,5620
du carneau inférieur	AVa.	0,1100
	ARᵦ.	0,8050
de la plaque tubulaire	AV.	0,6280
	AR.	0,7600
du faisceau tubulaire		30,6280
du carneau latéral et supérieur		3,2700
Total		36,5620

Surface de chauffe.................

$AB_1 B_2 B_3 B_4$, $C_1 C_2 C_3 C_4$, D points de mesure des températures.

La chaudière en fer à cheval a.trop de maçonnerie en contact avec les flammes, d'où résultent trop de pertes de chaleur. C'est sur la grille que se développe la plus grande quantité de chaleur et une partie seulement est utilisée par contact direct; une quantité de chaleur qui n'est pas négligeable est détournée et par suite perdue dans les fondations et dans le sol surtout pendant le chauffage intensif de mise en régime.

La combustion est rationnelle; il n'a pas été possible de déceler la présence de gaz non brûlés; en ce qui concerne la rouille, mêmes observations que dans la chaudière à foyer intérieur.

OBSERVATIONS SUR L'INSTALLATION ESSAYÉE

Trois chaudières de 110 mètres carrés de surface de chauffe
et $3^{m2},12$ de surface de grille.
(Coke de fonderie.)
Quantité de chaleur maxima nécessaire : environ 900.000 calories
Tirage dans la cheminée : 14 millimètres d'eau

Tirage sous la grille. — Chaudière I. . . . .   10 millimètres
—   —   II.   6   —
—   —   III. . . . . $5^{mm},5$
Poids de coke chargé. — Chaudière I, de $11^h 54$ matin à $7^h 13$ soir   362,5
—   —   II,   11 26   —   7 20 —   315,0
—   —   III, 11 15   —   7 30 —   324,4

D'où consommation par heure :

Chaudière I. . . . . $49^{kg},5$
—   II.' . . . .   53 ,4
—   III. . . . .   44 ,75

ou, en prenant les trois chaudières ensemble, en moyenne, 50 kilogrammes[1].

Dans la chaudière II, la porte du cendrier n'était pas complètement étanche, de sorte que, malgré son tirage moindre, sa consommation était supérieure à celle de la chaudière I.

Pendant les essais, la température extérieure était de — 0°,8. Malgré cela, il n'a pas été possible de maintenir d'une façon permanente une pression de vapeur de 0,1 atmosphère. Cette pression baissait

---

[1] Rietschel indique dans son Aide-mémoire (4e édition), pour 100 kilogrammes de coke, $0^{m2},9$ à $1^{m2},2$, alors que 50 kilogrammes sont déjà un maximum.

lors du chargement de la grille et ne se rétablissait qu'au bout d'une heure et même davantage, quoique le remplissage de la trémie ainsi que le décrassage ne fussent jamais faits au même moment. Dans cet état, l'installation se trouvait être beaucoup trop petite ; on aurait peut-être pu obtenir un effet calorifique un peu plus intense en employant deux chauffeurs au lieu d'un ; mais, dans les conditions existantes, on doit considérer comme un maximum l'effet calorifique obtenu, puisque en sept heures et demie un seul chauffeur a chargé 1.000 kilogrammes de coke dans les paniers, les a montés jusque sur les chaudières, a décrassé les grilles et assuré le service des chaudières d'une façon générale, résultat qu'il n'est pas possible d'obtenir sans surveillance.

RÉSULTATS D'ESSAIS

Comme la combustion se fait d'une façon analogue dans les chaudières à foyer intérieur, je n'appellerai l'attention, pour éviter les répétitions, que sur les points spéciaux au type de chaudière expérimenté.

Pour déterminer les rapports des températures, j'ai fait des relevés aux emplacements suivants de la chaudière I :

Point A. — Dans la couche du combustible....... $T_1 = 1.190°$
— B. — Contre la première plaque tubulaire... $T_2 = 620$
— C. — Contre la deuxième plaque tubulaire... $T_3 = 255$
— D. — Au bout du troisième carneau........ $T_4 = 242$

T_2 et T_3 représentent la moyenne des températures relevées respectivement aux points B_1, B_2, B_3 et B_4 et C_1, C_2, C_3 et C_4.

	1re plaque tubulaire.		2e plaque tubulaire.	Différence.
	B_1	436°,5	C_1 180°,5	256°
	B_2	665	C_2 283,5	281,5
	B_3	720	C_3 307	413
	B_4	457	C_4 194,5	262,5
Moyennes...	$T_2 =$	620°	$T_3 = 255°$	365°

Ce tableau montre que les températures étaient très variables du haut en bas des plaques tubulaires. La plus grande quantité de chaleur a été absorbée dans les rangées de tubes B_3C_3, c'est-à-dire celles qui se trouvent à la hauteur du sommet de la concavité intérieure. Les gaz de la combustion qui ont suivi la génératrice supérieure de cette concavité d'avant en arrière, reviennent pour la plupart à la même hauteur d'arrière en avant en traversant le faisceau tubulaire ; les tubes qui sont placés au-dessus et au-dessous de cette génératrice reçoivent par suite une quantité de chaleur moindre ; c'est ce qui explique qu'à la sortie du faisceau tubulaire aux points C_1 et C_4 les gaz soient à une température moindre que dans le carneau ; ils doivent donc être réchauffés par les autres gaz de façon à atteindre la température observée de 242°, ce qui n'est pas fait pour augmenter l'effet calorifique.

Dans la chaudière III, la température dans le carneau de sortie n'atteignait que 175° en moyenne, à cause du faible tirage de la cheminée.

Dans la chaudière I, l'effet utile du combustible était faible, soit 59,3 0/0[1]. La perte par la cheminée se montait à 23,7 0/0, à cause de la grille trop grande et du trop grand excès d'air en résultant, alors que la perte par conduction par la maçonnerie atteignait 16 0/0.

Dans la chaudière III, l'effet utile du combustible atteignait 70 0/0.

Dans la chaudière I, la vapeur était produite dans les proportions suivantes :

1° Surface de chauffe directe.....	17,7 0/0 =	35.620	calories
2° Premier carneau	57,6 =	116.060	—
3° Faisceau tubulaire...........	23,7 =	47.500	—
4° Troisième carneau...........	1,0 =	2.020	—
TOTAL.................	=	201.100	calories

Si l'on rapporte ces quantités de chaleur à l'unité de surface, on obtient pour l'effet calorifique spécifique :

| 1° 98.700 calories ; |
| 2° 69.300 — ; |
| 3° 1.500 — ; |
| 4° 600 — . |

On voit par là que les longs carneaux ne sont pas justifiés lors-

[1] Pour plus de détails, voir de Grahl, *Gesundheits Ingenieur*, 1906.

qu'on emploie des combustibles à courte flamme. Le carneau infé-rieur, dont la surface est de $2^{mq},036$ et qui constitue en réalité la chambre de combustion, fournit à lui seul 75 0/0 de la production de toute la chaudière, qui a une surface de chauffe totale de $36^{m2},6$. Ce ne sont pas là des conditions normales.

Par mètre carré et par heure, la production était de :

Chaudière I............................ 5.500 calories
Chaudières II et III.................... 6.500

On voit aussi ici, comme je le montrerai pour les autres types de chaudières, combien un tirage intense est nuisible ; non seulement on obtient une mauvaise production, mais encore on augmente la consommation de coke.

L'installation était trop petite et comme les résultats des essais pouvaient le faire prévoir, le chauffage était absolument insuffisant pour une température extérieure de — 6 à — 7°.

XVII

CHAUDIÈRE A FOYER INTÉRIEUR
AVEC BOUILLEUR TRANSVERSAL ET TUBES A FUMÉE

(Chauffage à l'eau chaude)

OBSERVATIONS FAITES SUR CE SYSTÈME DE CHAUDIÈRE

Ce système de chaudière est caractérisé par une grande production et un fonctionnement très économique. La trémie de chargement présente l'avantage de rassembler les gaz non brûlés ([1]) qui, au fur et à mesure de la combustion de la couche de coke, se répandent peu à peu dans la chambre de combustion limitée par un autel en maçon-nerie porté au rouge et dans laquelle ils brûlent complètement. Par conséquent, je n'ai jamais pu établir la présence de CO ou d'H^2 dans les gaz de la combustion, de sorte que le rendement de ce type de chaudière et des types analogues est augmenté grâce à la suppres-

([1]) Voir p. 117.

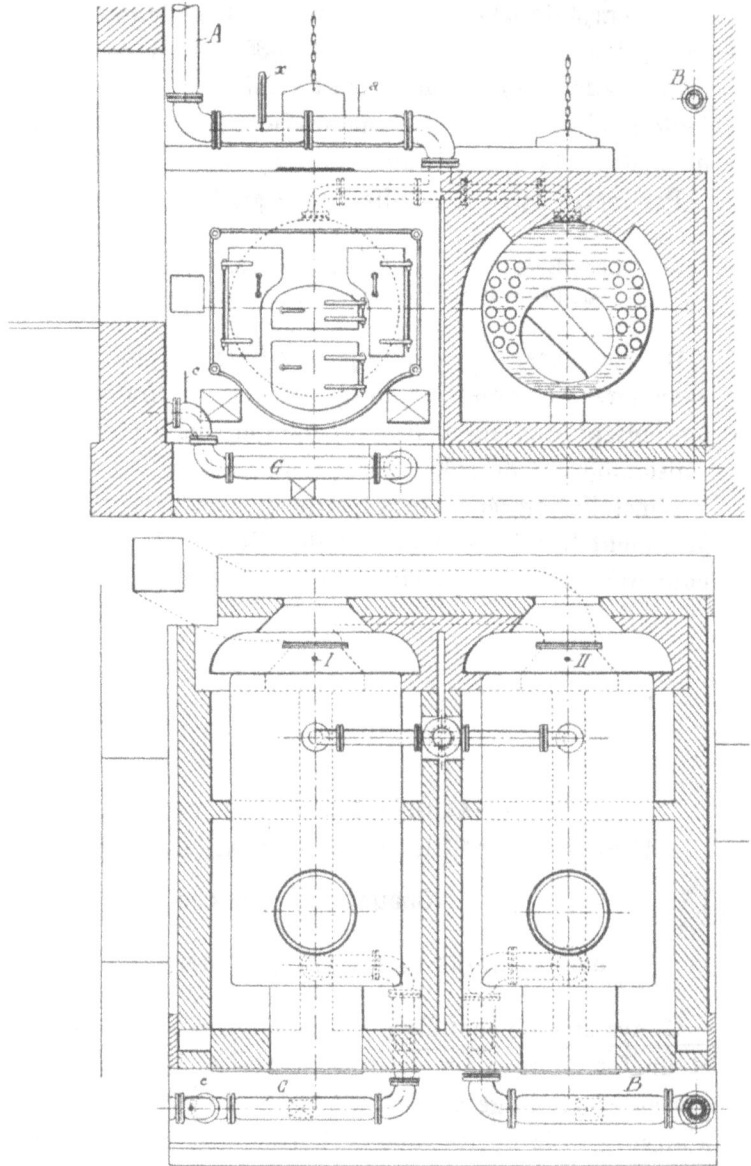

sion des pertes par combustion incomplète. En outre, par suite de la longueur des carneaux et de l'épaisseur de la couche de combustible dont la combustion dure longtemps, la perte par la cheminée est plus faible et moins variable que dans les chaudières en fonte.

J'attribue l'effet calorifique élevé de cette chaudière à la façon

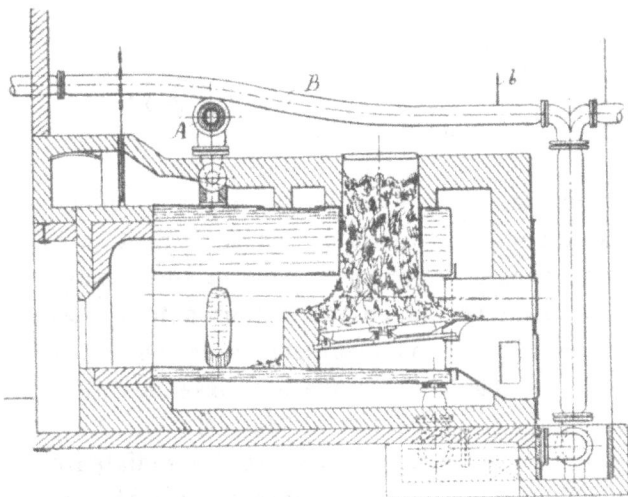

Fig. 49, 50 et 51. — Chaudière à foyer intérieur à tubes horizontaux et à bouilleur oblique.
Chauffage à eau chaude.

   A. Tuyau de départ.
   B. Tuyau de retour du corps de bâtiment postérieur.
   C. Tuyau de retour du corps du bâtiment antérieur.
   a. Thermomètre d'expérience sur le tuyau de départ.
   b. Thermomètre d'expérience sur le tuyau de retour du corps de bâtiment postérieur.
   c. Thermomètre d'expérience sur le tuyau de retour du corps de bâtiment antérieur.
   x. Thermomètre existant.
 I, II. Point de prélèvement des gaz et de mesure de la température et du tirage.

avantageuse dont la chambre de combustion est entourée par l'eau ainsi qu'à la présence du bouilleur transversal, qui permet une circulation énergique de l'eau dans la chaudière.

En face de ces avantages, ce type de chaudière présente l'inconvénient de se rouiller facilement, de donner lieu à des fuites aux soudures et rivures et d'exiger des réparations fréquentes à la grille et à la maçonnerie. Mais, à mon avis, ces inconvénients sont de peu d'importance si la chaudière est construite rationnellement (par exemple, en évitant la présence de parties rivées dans le feu, en employant des grilles refroidies par l'eau), et si l'on prend soin, lorsque la chaudière est arrêtée, d'ouvrir ses portes de nettoyage, de façon à éviter, grâce au courant d'air continuel qui la traverse, les dépôts d'humidité et, par suite, la formation de la rouille [1].

----

[1] Nous n'avons jamais observé de rouille que dans les chaudières mal entretenues, pendant le repos de l'été, mais jamais en service normal d'hiver. Nous l'évitions facilement en ayant soin de procéder au nettoyage dès l'arrêt de la saison de chauffage : enlever les cendres et la suie, brosser toutes les parties à la brosse métallique et goudronner à chaud

OBSERVATIONS SUR L'INSTALLATION ESSAYÉE

Deux chaudières de 25 mètres carrés de surface de chauffe (*fig.* 49 à 51.)
(Coke de fonderie.)

L'installation choisie pour les essais avait donné lieu à de nombreux et difficiles procès, à l'occasion desquels non seulement tous les experts judiciaires, mais encore des experts privés et appartenant à l'industrie du chauffage, avaient été entendus tour à tour. Les deux chaudières, à cause des dimensions insuffisantes de leurs surfaces de chauffe établies par le calcul et des avaries survenues ultérieurement, avaient été remplacées trois fois (la dernière en 1901), la tuyauterie avait été changée en partie, le nombre des radiateurs augmenté, sans que l'on pût constater une influence appréciable sur la consommation de coke. Une fois les procès terminés, j'ai recommencé les essais de l'installation dans un intérêt purement scientifique pour confirmer l'opinion que j'avais émise, mais qui n'avait malheureusement pas été retenue et d'après laquelle la consommation de coke, si toutefois il est possible de la considérer comme exagérée et anormale, ne pouvait, en aucune manière, être attribuée à la mauvaise qualité du système de chaudière.

La conduite de l'installation ne laissait rien à désirer. Un chauffage de réserve pendant la nuit à marche lente avait pour objet de fournir à l'installation une quantité de chaleur suffisante pour que, le matin, l'eau chaude fût à une température de 30 à 40°. Le registre de la cheminée était manœuvré d'une façon rationnelle et correspondant aux variations de la température extérieure. A six heures du matin, le feu était ringardé, la grille garnie et le chauffage commençait à pleine intensité avec les portes du cendrier ouvertes; de cette façon, au bout de deux heures, l'eau chaude atteignait une température de 80° environ. La marche diurne était réglée d'après les variations de la température, c'est-à-dire que la température de l'eau dans le tuyau de départ était maintenue avec la température extérieure dans un rapport

les parties extérieures. Pour l'intérieur, il suffit de vider l'eau, enlever les boues, faire plusieurs lavages et remplir complètement d'eau. Nous avons l'expérience de centaines de chaudières, vieilles de plus de quinze ans et qui ne présentent aucune trace de fatigue et n'ont jamais été réparées.

G. Debesson.

déterminé et indiqué par un barème. Le propriétaire de la maison inscrivait consciencieusement sur un registre les consommations de coke journalières, les variations de la température et les autres observations intéressantes. D'après les indications de ce registre, j'ai constaté que le chauffage fonctionnait encore lorsque la température extérieure moyenne atteignait + 11° ([1]). En même temps j'ai constaté qu'un jour froid laissé sans chauffage se présentait plutôt en septembre qu'en avril ou mai.

Le tableau XXI nous montre que la consommation moyenne annuelle était de 107.250 kilogrammes correspondant à une dépense moyenne de 4.357 fr. 58. Suivant le choix, la qualité du coke et son prix d'achat, elle a atteint au maximum 6.331 fr. 25 et au minimum 3.543 fr. 75.

TABLEAU XXI

ANNÉES	CONSOMMATION DE COKE	PROVENANCE DU COKE	PRIX PAR 100 KGR.	DÉPENSE TOTALE	OBSERVATIONS
	kg.		fr.	fr.	
1898-1899.	121.100	BS	3,75	4.541,25	
1899-1900.	165.000	W	3,75	6.187,50	Carneaux effondrés.
1900-1901.	117.650	W G	5,875 3,80	6.331,25	
1901-1902.	108.750	W G	4,00 2,875	4.232,50	
1902-1903.	110.000	W G	3,875 2,25	3.861,25	
1903-1904.	95.000	W	3,75	3.562,50	
1904-1905.	94.500	W	3,75	3.543,75	
1905-1906.	101.250	W	3,75	3.796,25	
1906-1907.	114.800	W	4,00	4.592,00	
1907-1908.	102.800	W	4,625	4.756,50	
Moyennes. (Non compris 1899 - 1900.)	107.250			4.357,58	

BS = Coke de fonderie de Basse-Silésie ;
W = — — de Westphalie ;
G = — de gaz.

Les experts ont fixé la quantité de chaleur nécessaire à 253.440 calories et évalué la consommation de coke par la formule empirique 0,4 W à 101.385 kilogrammes, d'après la moyenne des neuf années.

([1]) Voir p. 23.

RÉSULTATS D'ESSAI

Les deux chaudières travaillaient différemment de façon à proportionner l'utilisation du combustible aux conditions réelles de marche. La chaudière I marchait avec le registre de la cheminée grand ouvert pour permettre à l'eau chaude d'atteindre dans le tuyau de départ la température nécessaire ; la chaudière II marchait avec le registre de la cheminée ouvert à 60 millimètres et les portes du cendrier fermées. Dans ces conditions d'ouverture du registre, les tirages, teneurs en CO_2, températures de sortie des gaz et pertes par la cheminée étaient les suivantes :

	TIRAGE	TENEUR EN CO²	TEMPÉRATURES DE SORTIE DES GAZ	PERTES PAR LA CHEMINÉE
Chaudière I............	5^{mm},68	8,31 0 0	137°5	10,89 0 0
Chaudière II..........	3^{mm},80	8,31 0 0	92°13	6,81 0 0

Les graphiques (*fig.* 52 et 53) permettent de se rendre compte nettement de la marche de la combustion dans la chaudière I, qui fonctionne avec le plus fort tirage ; c'est lorsque la grille vient d'être garnie et la trémie remplie que l'on constate la plus forte teneur en CO_2, soit 12,7 0/0. Par suite de l'interruption de la marche qui résulte de la formation de cavités dans le combustible et du chargement, la teneur en CO_2 tombe à 2,6 0/0 (midi et demi). Puis le coke se remet à descendre et s'entasse sur la grille : la teneur en CO_2 remonte à 9,2 0/0 et 9,9 0/0. L'influence de l'excès d'air à ce moment se reconnaît par l'augmentation de la perte par la cheminée (voir la surface hachurée); à midi et demi (Voir aussi le tableau XXVI), cette perte atteint 24,76 0/0 et, une demi-heure après, elle n'est plus que de 8 0/0 de la puissance calorifique du coke.

Nous voyons par là combien le choix du combustible a d'importance pour éviter des pertes plus grandes. Le coke en gros morceaux descend mal dans la trémie et exige un excès d'air, tandis que le coke en petits morceaux remplit bien tous les espaces vides de la trémie, de sorte que la combustion marche d'une façon régulière avec

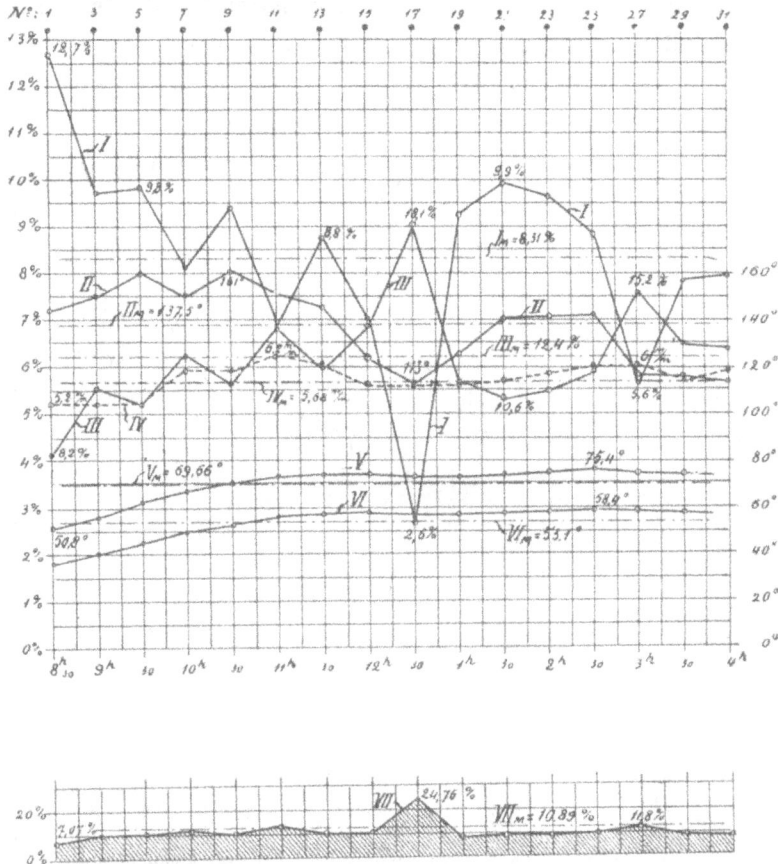

FIG. 52. — Chaudière à foyer intérieur n° I. Chauffage à eau chaude.

I.   Variations de la teneur de CO_2 en 0/0 du volume des gaz de la combustion.
Iм. Moyenne de la teneur de CO_2 en 0/0 du volume des gaz de la combustion = 8,31 0/0.
II. Variations de la température de sortie des gaz de la combustion.
IIм. Moyenne de la température de sortie des gaz de la combustion = 137°,5.
III. Variations de la demi-teneur de O_2 en 0/0 du volume des gaz de la combustion.
IIIм. Moyenne de la demi-teneur de O_2 en 0/0 du volume des gaz de la combustion = 12,4 0/0.
IV. Variations du tirage devant le registre en millimètres de hauteur d'eau.
IVм. Moyenne du tirage devant le registre en millimètres de hauteur d'eau = 5,68 m/m.
V.   Variations de la température dans le tuyau de départ.
Vм. Moyenne de la température dans le tuyau de départ = 69°,06.
VI. Variations de la température dans le tuyau de retour.
VIм. Moyenne de la température dans le tuyau de retour = 53°,1.
VII. Variations de la perte par la cheminée en 0/0 de la puissance calorifique.
VIIм. Moyenne de la perte par la cheminée en 0/0 de la puissance calorifique = 10,89 0/0.

A 8ʰ30. Registre ouvert en grand, porte du cendrier ouverte en grand.
  9ʰ50. Chargé 44 kilogrammes de coke.
 10ʰ25. Chargé 22 kilogrammes de coke.
 10ʰ50. Porte du cendrier refermée jusqu'à 20 millimètres d'ouverture.
 11ʰ10. Chargé 44 kilogrammes.
 11ʰ50. Chargé 22 kilogrammes. Porte du cendrier fermé.
 12ʰ50. Chargé 22 kilogrammes. Porte du cendrier ouverte à 20 millimètres.
  1ʰ50. Chargé 22 kilogrammes.
  2ʰ35. Chargé 22 kilogrammes. Porte du cendrier fermée.
  4ʰ15. Décrassé la grille. Chargé 100 kilogrammes.

une plus forte production de CO_2. Bien entendu le coke tamisé présente, en outre, l'avantage de contenir moins de cendres et de produire moins de mâchefer.

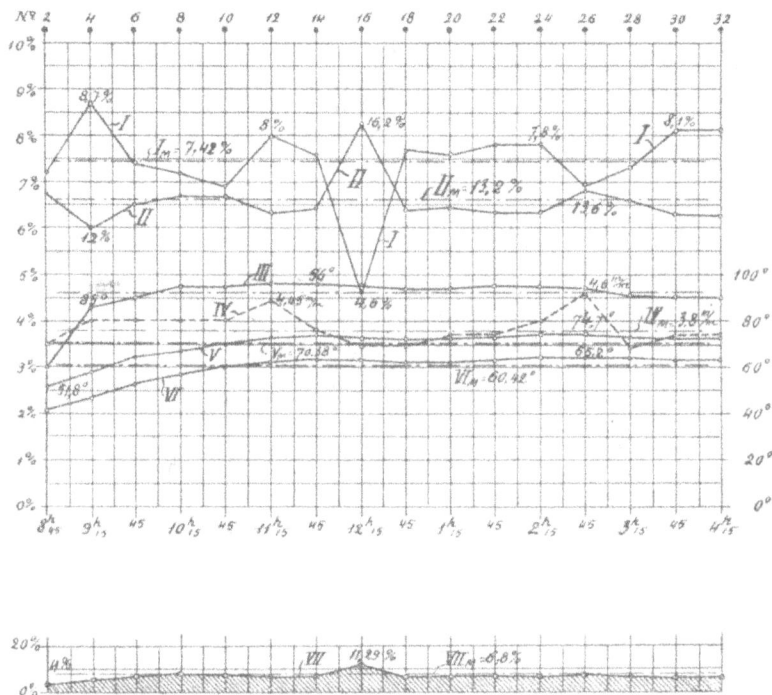

Fig 53. — Chaudière à foyer intérieur n° II. Chauffage à eau chaude.

  I. Variations de la teneur de CO_2 en 0/0 du volume des gaz de la combustion.
  Im. Moyenne de la teneur de CO_2 en 0/0 du volume des gaz de la combustion = 7,42 0/0.
  II. Variations de la demi-teneur de O_2 en 0/0 du volume des gaz de la combustion.
  IIm. Moyenne de la demi-teneur de O_2 en 0/0 du volume des gaz de la combustion = 13,2 0/0.
  III. Variations de la température de sortie des gaz de la combustion.
  IIIm. Moyenne de la température de sortie des gaz de la combustion = 92°.
  IV. Variations du tirage devant le registre en millimètres de hauteur d'eau.
  IVm. Moyenne du tirage devant le registre en millimètres de hauteur d'eau = 3,8 m/m.
  V. Variations de la température dans le tuyau de départ.
  Vm. Moyenne de la température dans le tuyau de départ = 70,°8.
  VI. Variations de la température dans le tuyau de retour.
  VIm. Moyenne de la température dans le tuyau de retour = 60,42.
  VII. Variations des pertes par la cheminée en 0/0 de la puissance calorifique.
  VIIm. Moyenne des pertes par la cheminée en 0/0 de la puissance calorifique = 6,8 0/0.
  A 8h45. Registre ouvert à 60 millimètres, porte de cendrier fermé.
    10h20. Chargé 22 kilogrammes.
    11h10. Chargé 22 kilogrammes.
    12h20. Chargé 22 kilogrammes.
    2h35. Chargé 22 kilogrammes.
    4h15. Décrassé la grille. Chargé 109 kilogrammes.

La figure 53 montre que les choses se passent de la même façon dans la chaudière II, qui marche avec un tirage moindre. On remarque qu'à midi un quart le dégagement de CO_2 est minimum et qu'à la même heure la perte par la cheminée est maxima. La moindre amplitude des variations dans la chaudière II résulte de ce que le tirage est moindre. A part cela, dans les deux chaudières, la combustion est relativement régulière, car les pertes par la cheminée varient fort peu par rapport à celles des autres chaudières expérimentées.

La figure 52 montre très nettement que la température de sortie des gaz s'élève avec la teneur en CO_2. En outre, l'influence de cette température sur la perte par la cheminée est moindre que celle de la teneur en CO_2. Je recommanderai donc de prendre des trémies aussi hautes que possible et de garnir la grille souvent pour que la chambre de combustion soit toujours pleine : on évitera alors, d'une façon certaine, qu'il se produise de grandes variations dans la teneur en CO_2 et le rendement en sera amélioré. La méthode appliquée par le propriétaire et consistant à ne faire charger que peu de coke à la fois, pour réduire la consommation, est donc exactement le contraire de ce qu'il faut faire.

L'utilisation du combustible, en admettant une perte par conduction et rayonnement de 5 0/0 en nombre rond, se montait à :

Chaudière I...................... 84 0/0 = 5.950 calories.
   —   II...................... 88 0/0 = 6.222   —

Ces nombres sont remarquables.

La production des deux chaudières était aussi bonne, malgré leur faible tirage. On a brûlé dans la chaudière I, en sept heures trois quarts, 307 kilogrammes : dans la chaudière II, en sept heures et demie, 194 kilogrammes de coke ; on a donc réalisé un effet calorifique par mètre carré de surface de chauffe et par heure de :

Chaudière I .... $\dfrac{307}{25} \dfrac{5950}{7,75} = 9.450$ calories.

   —   II..................... $\dfrac{194}{25} \dfrac{6222}{7,5} = 6.420$ —

La quantité brûlée par mètre carré de surface de grille a été de :

Chaudière I...................................... $56^{kg},5$
   —   II.... 37

Le calcul exact de la consommation de coke se fait au moyen des observations réelles journalières, de la température moyenne journalière et du rendement moyen obtenu (en moyenne 5.900 calories par kilogramme de coke (¹) ainsi qu'on peut le voir sur le tableau XXII.

TABLEAU XXII

ANNÉES	NOMBRE DE JOURS de chauffage	TEMPÉRATURE MOYENNE journalière pour la période de chauffage centigrades	CONSOMMATION DE COKE en K	
			CALCULÉE	RÉELLE
1901-1902.............	223	4,47	89.100	103.750
1902-1903.............	236	4,41	94.600	110.000
1903-1904	210	4,00	86.500	95.000
1904-1905.............	214	5,21	81.500	94.500
1905-1906.............	208	3,77	87.000	101.250
MOYENNE...........	218	4,38	87.750	101.200
			Différence 13.450 kilogr.	

La consommation réelle est d'environ 15 0/0 supérieure à la consommation calculée, fait que j'attribue aux pertes de chaleur par la tuyauterie. Pour vérifier cet écart, il y aurait lieu de tenir compte du chauffage intensif de mise en régime de six à huit heures du matin.

La quantité de chaleur moyenne émise par mètre carré de surface de radiateur pour une température maxima de départ de 90° et une température de retour de 70° est égale à :

$$\left(\frac{90 + 70}{2} - 20\right) 3,75 = 225 \text{ calories,}$$

en désignant par 3,75 un coefficient moyen s'appliquant aux radiateurs à trois et six éléments, et en admettant une température intérieure de 20°.

Donc, pour fournir 253.440 calories, il faudrait :

$$\frac{253440}{225} = 1.130 \text{ mètres carrés de radiateurs.}$$

Pour une température extérieure de — 10°, la température des locaux

(¹) En tenant compte de la durée du décrassage.

était, à six heures du matin, de 12° **environ**, à huit heures de 17° environ, pendant ce temps la température de l'eau **au départ** s'est élevée de 30° à 80°. Comme le rapport entre les températures **du départ** et du retour était différent pour les deux chaudières ([1]), le tableau **XXIII donne** les températures moyennes calculées de l'eau.

TABLEAU XXIII

CHAUDIÈRE I m centigrades.	CHAUDIÈRE II n centigrades.	a TEMPÉRATURE MOYENNE de l'eau $\frac{m+n}{2}$ centigrades.	b TEMPÉRATURE DES LOCAUX centigrades.	c $a - b$ centigrades.	d COEFFICIENT	e $c - d$ CALORIES
$\frac{80 + 55,6}{2} = 67,8$	$\frac{80 + 65,2}{2} = 72,6$	70,2	17	53,2	3,5	186
$\frac{70 + 52,5}{2} = 61,2$	$\frac{70 + 59,3}{2} = 64,6$	62,9	15	47,9	3,25	156
$\frac{50 + 43,2}{2} = 46,6$	$\frac{50 + 46}{2} = 48,0$	47,3	13	34,3	2,75	94
$\frac{30 + 29}{2} = 29,5$	$\frac{30 + 29}{2} = 29,5$	29,5	12	17,5	2,75	48

La figure 54 donne une représentation graphique de la quantité de chaleur émise par les radiateurs pour chaque température de l'eau chaude. La quantité de chaleur moyenne est de 116 calories.

Par suite, pour la période de chauffage intensif, de mise en régime il y a lieu de tenir compte des quantités de chaleur suivantes :

1° Élévation de la température de 29°,5 à 70°,2 de
    de 12.000 kilogr. d'eau chaude environ........ = 488.400 calories
2° Même élévation de température pour environ
    26.000 kilogr. de fer, soit :
        126.000 × 0,12 × 40,7............ = 126.900 calories
3° Quantité de chaleur émise par 1130 mètres carrés
    de radiateur, soit 1130 × 116................. = 131.080 calories
        En tout.................. 746.380 calories

L'essai de la chaudière I en pleine marche nous a montré que, lorsque la grille vient d'être garnie, on consomme 69 kilogrammes de

---

([1]) Les températures inscrites sur les figures 52 et 53 doivent subir une correction, car les thermomètres placés sur les tuyaux donnaient des indications trop faibles de 5° en moyenne.

coke en deux heures avec un rendement de 85 0/0. Pour les deux chaudières, la quantité de chaleur fournie sera de :

$$2 \times 69 \times 7070 \times 0,85 = 828.000 \text{ calories.}$$

Il reste donc une différence de 828.000 — 746.380, soit environ 10 0/0 à compter comme perte de chaleur non apparente.

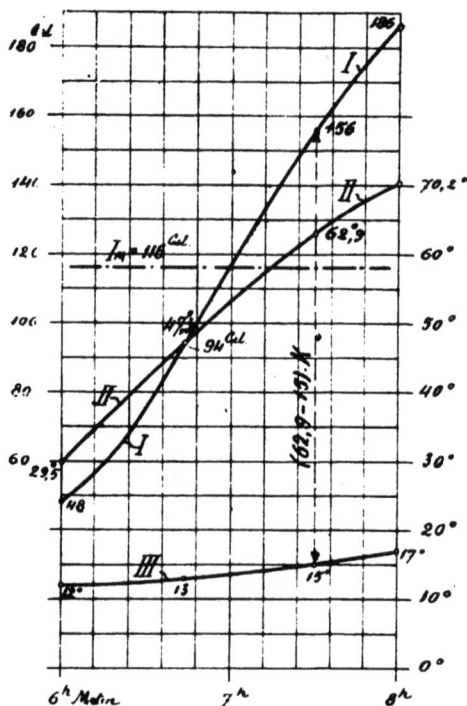

FIG. 54. — Chaudière à foyer intérieur.

I.   Quantité de chaleur émise par m² de surface de radiateur.
Iₘ.   Moyenne de la quantité de chaleur émise par m² de surface de radiateur = 116 calories.
II.   Température moyenne de l'eau chaude.
III. Température des locaux.

Quoique l'on doive bien admettre que les poids d'eau et de fer ne sont qu'approximatifs, le résultat ne doit pas s'éloigner beaucoup de la réalité. J'attribue cette différence aux pertes par la tuyauterie qui, de même que la quantité de chaleur absorbée par les murs, ne peuvent être compensées complètement que par le chauffage continu.

Comme cette quantité de chaleur est de nouveau restituée aux locaux, elle ne peut avoir d'influence sur la consommation du coke.

TABLEAU XXIV

Relevé des observations. — Chaudière à foyer intérieur.

HEURES	CHAUDIÈRE I		CHAUDIÈRES I ET II			CHAUDIÈRE II		HEURES
	TEMPÉRATURE de sortie des gaz	TIRAGE avant le registre de la cheminée	HUMIDITÉ relative dans la chaufferie	TEMPÉRATURE dans la chaufferie	TEMPÉRATURE extérieure	TIRAGE avant le registre de la cheminée	TEMPÉRATURE de sortie des gaz	
	centigrades	mm. d'eau	0/0	centigrades	centigrades	mm. d'eau	centigrades	
8^{30}	144,0	5,2	60,0	18,9	4,5			
			61,0	19,5	4,5	3,5	60,0	8^{45}
9^{00}	150,0	5,2	58,0	20,0	4,3			
			57,0	20,0	4,3	4,0	85,3	9^{15}
9^{30}	160,0	5,2	55,0	21,0	4,9			
			55,0	21,5	5,0	4,0	90,0	9^{45}
10^{00}	150,0	5,8	54,0	22,0	5,2			
			53,0	22,0	5,7	4,0	95,0	10^{15}
10^{30}	160,5	5,8	51,0	22,3	5,9			
			51,0	23,0	6,0	4,0	95,0	10^{45}
11^{00}	150,5	6,2	51,0	22,8	6,0			
			51,0	23,0	6,2	4,4	96,0	11^{15}
11^{30}	145,0	6,0	51,0	23,0	6,2			
			51,0	23,0	6,5	3,8	96,0	11^{45}
12^{00}	123,0	5,6	51,0	23,0	6,9			
			51,0	23,0	7,0	3,4	95,0	12^{15}
12^{30}	112,0	5,6	51,0	23,0	6,9			
			51,0	23,0	6,5	3,4	94,0	12^{45}
1^{00}	125,0	5,5	52,0	23,5	5,5			
			52,0	23,0	6,0	3,6	94,0	1^{15}
1^{30}	140,1	5,6	52,0	24,0	6,0			
			52,0	24,0	5,9	3,6	95,0	1^{45}
2^{00}	140,5	5,8	51,0	24,5	5,9			
			51,0	23,8	5,8	4,0	95,0	2^{15}
2^{30}	141,0	6,0	51,0	24,8	5,8			
			50,0	24,0	5,5	4,6	94,0	2^{45}
3^{00}	115,8	6,0	50,0	24,5	5,5			
			51,0	24,2	4,3	3,4	91,0	3^{15}
3^{30}	115,0	5,6	51,0	24,0	5,5			
			51,0	24,5	5,2	3,6	90,0	3^{45}
4^{00}	113,0	5,8	51,0	24,8	5,5			
			51,0	24,5	6,0	3,6	90,0	4^{15}

TABLEAU XXV

Analyse des gaz de la combustion. — Chaudière à foyer intérieur

	CHAUDIÈRE I					CHAUDIÈRE II			
HEURES	NUMÉRO DU BALLON D'ESSAI	CO_2 p. 100	O_2 p. 100	Az_2 p. 100	HEURES	NUMÉRO DU BALLON D'ESSAI	CO_2 p. 100	O_2 p. 100	Az_2 p. 100
8³⁰	1	12,7	8,2	79,1	8¹⁵	2	7,2	13,5	79,3
9⁰⁰	3	9,7	11,1	79,2	9¹⁵	4	8,7	12,0	79,3
9³⁰	5	9,8	10,8	79,4	9¹⁵	6	7,4	13,1	79,5
10⁰⁰	7	8,1	12,5	79,4	10¹⁵	8	7,2	13,4	79,4
10³⁰	9	9,4	11,3	79,3	10¹⁵	10	6,9	13,4	79,7
11⁰⁰	11	6,9	13,7	79,4	11¹⁵	12	8,0	12,7	79,3
11²⁰	13	8,8	11,9	79,3	11¹⁵	14	7,6	12,9	79,5
12⁰⁰	15	7,0	13,7	79,3	12¹⁵	16	4,6	16,2	79,4
12³⁰	17	2,6	18,1	79,3	12¹⁵	18	7,7	12,8	79,5
1⁰⁰	19	9,2	11,3	79,5	1¹⁵	20	7,6	12,9	79,5
1³⁰	21	9,9	10,6	79,5	1¹⁵	22	7,8	12,7	79,5
2⁰⁰	23	9,6	10,9	79,5	2¹⁵	24	7,8	12,7	79,5
2³⁰	25	8,8	11,7	79,5	2¹⁵	26	6,9	13,7	79,4
3⁰⁰	27	5,6	15,2	79,2	3¹⁵	28	7,3	13,2	79,5
3³⁰	29	7,8	12,8	79,4	3¹⁵	30	8,1	12,6	79,3
4⁰⁰	31	7,9	12.7	79,4	4¹¹	32	8,1	12,5	79,4

TABLEAU XXVI

Pertes. — Chaudière à foyer intérieur

	CHAUDIÈRE I		CHAUDIÈRE II
HEURES	PERTES par la cheminée V"	HEURES	PERTES par la cheminée V"
	0/0		0,0
8³⁰	7,07	8¹⁵	4,04
9⁰⁰	9,76	9¹⁵	5,38
9³⁰	10,34	9¹⁵	6,67
10⁰⁰	11,50	10¹⁵	7,31
10³⁰	10,72	10¹⁵	7,53
11⁰⁰	13,47	11¹⁵	6,58
11³⁰	10,35	11¹⁵	6,93
12⁰⁰	10,20	12¹⁵	11,29
12³⁰	24,76	12¹⁵	6,65
1⁰⁰	8,00	1¹⁵	6,74
1³⁰	8,52	1¹⁵	6,56
2⁰⁰	8,78	2¹⁵	6,59
2³⁰	9,50	2¹⁵	7,30
3⁰⁰	11,80	3¹⁵	6,60
3³⁰	8,40	3¹⁵	5,83
4⁰⁰	8,07	4¹⁵	5,83

XVIII

CHAUDIÈRE STREBEL ([1])

(Chauffage à vapeur à basse pression)

OBSERVATIONS FAITES SUR CE SYSTÈME DE CHAUDIÈRE

L'usine Strebel (société à responsabilité limitée), à Mannheim, est caractérisée par sa fabrication régulière et la bonne qualité de son travail. Les matériaux employés sont excellents et les formes des

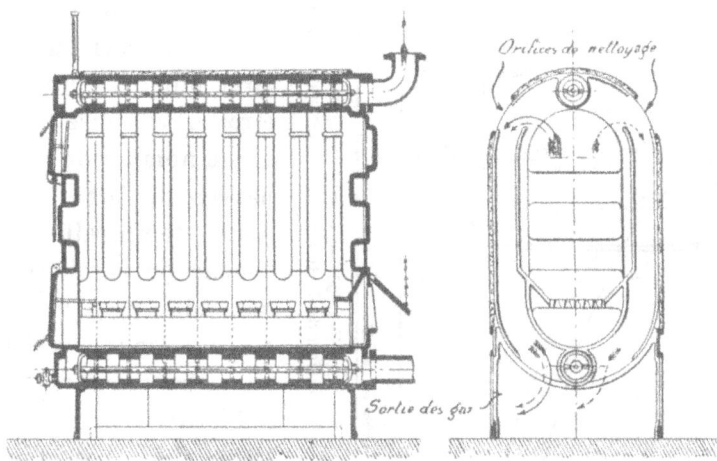

Fig. 55. — Chaudière de Strebel. Chauffage à vapeur à basse pression.

chaudières satisfaisantes. Les volets de nettoyage installés sur les côtés des chaudières du modèle le plus récent constituent une amélioration notable, car, grâce à eux, le nettoyage des tuyaux d'échappement perpendiculaires est beaucoup plus facile que sur les modèles anciens (voir *fig.* 55 et 56).

L'utilisation du combustible est moins favorable dans les chaudières étroites (600 millimètres de largeur) que dans les chaudières

([1]) Ces chaudières sont très connues et très employées en France.

G. Debesson.

larges (900 millimètres de largeur); mais la production est un peu plus grande dans les premières que dans les deuxièmes. J'attribue ce fait à la moindre concentration du feu dans des trémies larges que dans des trémies étroites même lorsque, dans les deux cas, la surface de chauffe directe est la même. Si l'on admet que la quantité d'air arrivant sur la grille par unité de temps et par mètre carré de surface de grille est la même dans les deux cas, la combustion doit être plus complète dans une trémie large que dans une trémie étroite, à cause du plus grand nombre de points de passage de l'air et de la plus haute température de la couche de combustible et, par suite, les pertes par combustion incomplète doivent être moindres.

L'utilisation du combustible dans ce type de chaudière et les types de construction analogue est généralement faible parce que les gaz chauds ne suivent pas les deux chemins indiqués par les flèches sur la figure 55 (coupe transversale), mais ne passent souvent que d'un seul côté. J'ai remarqué ce fait principalement dans des chaudières fonctionnant à marche forcée et raccordées avec les carneaux d'un seul côté, on peut facilement s'en rendre compte en

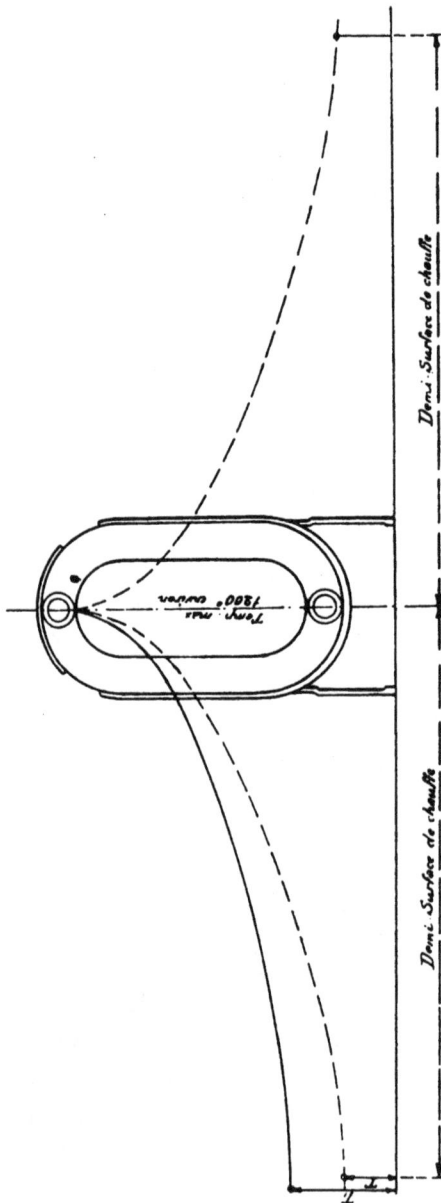

Fig. 56. — Chaudière Strebel.
Variation de la température des gaz de la combustion.

observant le feu à travers un verre fumé devant la porte ouverte. Dans ce cas, la moitié seule de la surface de chauffe est utilisée, les pertes par la cheminée sont considérablement augmentées par suite de la haute température de sortie des gaz, et la production de la chaudière est diminuée. J'ai représenté graphiquement (*fig.* 56) la variation des températures dans les deux cas possibles. Si l'on imagine la demi-surface de chauffe portée en abscisses de chaque côté de l'orifice de chargement dans le cas de l'utilisation normale de la surface de chauffe, la perte par la cheminée sera moindre, à cause de la plus basse température des carneaux T, que dans le deuxième cas où les gaz arriveront à la cheminée avec une température plus élevée T_1, à cause de leur plus grande vitesse et du moindre pouvoir absorbant de la surface de chauffe.

OBSERVATIONS SUR L'INSTALLATION ESSAYÉE

Trois chaudières ayant ensemblé une surface de chauffe de $49^{m2},5$

Les figures 57 et 58 représentent le schéma de l'installation de chauffage à vapeur à basse pression essayée. On se plaignait de l'insuffisance de l'effet calorifique et de l'excès de la consommation de coke. La quantité de chaleur nécessaire était au maximum de 287.280 calories par heure, alors que les radiateurs installés étaient en état de fournir 1/3 en plus.

La cause de l'insuffisance du chauffage ne pouvait donc être recherchée dans l'insuffisance des radiateurs. Pour calculer la surface de chauffe des chaudières, j'ai admis une majoration de 20 0/0, de sorte qu'il fallait fournir au maximum, par mètre carré de surface de chauffe, une quantité de chaleur de :

$$\frac{1,2 \times 287280}{49,5} = 7.000 \text{ calories.}$$

La surface de chauffe ne pouvait donc pas non plus être incriminée.

Les chaudières, d'abord raccordées au carneau d'une façon dissymétrique, comme celles des figures 62 et 63 [1], furent ensuite dis-

[1] Les raccordements à la cheminée, soit dans le cas de chaudières à deux carneaux de départ, soit dans le cas de chaudières accouplées, doivent être faits avec le plus grand soin pour que le tirage soit le même dans chaque carneau ou dans chaque chaudière. C'est la première chose à examiner lorsqu'une chaudière, que le calcul indique comme à peu près suffisante, ne produit pas la quantité de calories rationnelle, étant donné sa surface de chauffe.   G. Debesson.

posées suivant les indications des figures 57 et 58. La consommation de coke diminua, mais resta toujours trop considérable, car, pour une température extérieure de — 5° à — 10°, elle se montait à 33 hecto-litres par jour.

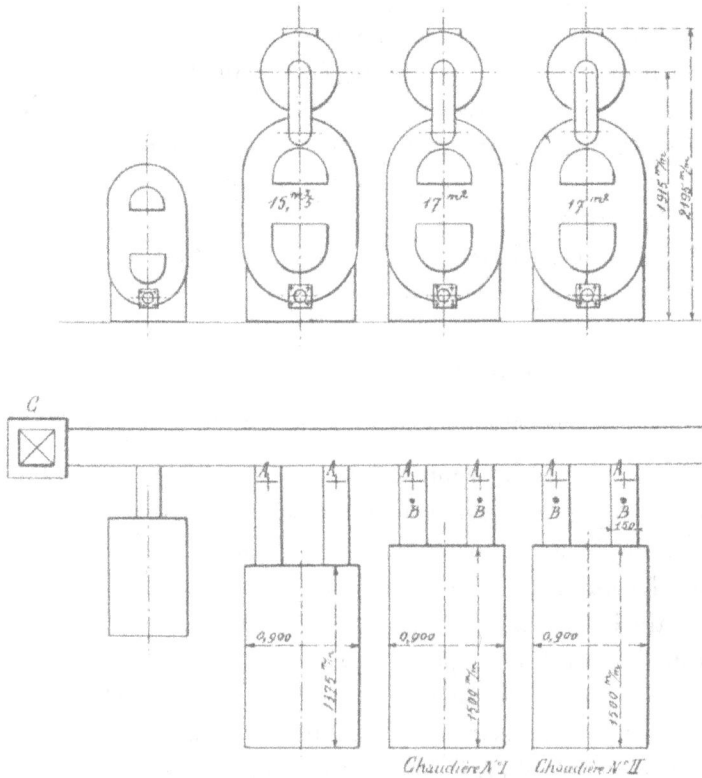

Fig. 57 et 58. — Chaudière Strebel (chauffage à vapeur à basse pression).
Schéma de l'installation expérimentée.

AAA. Clapets de réglage.
BBB. Points de prélèvement des gaz et de mesure de la température et du tirage.
  C. Cheminée.

Tirage moyen { Chaudière n° I 9 millimètres de hauteur d'eau.
{ Chaudière n° II 5 millimètres de hauteur d'eau.

L'insuffisance de l'effet calorifique et l'excès de consommation de coke résultaient, comme le montra l'examen de l'installation, de la manœuvre maladroite du régulateur de pression ; comme le tirage de la cheminée était supprimé par l'accès d'air supplémentaire dans les carneaux bien avant que la pression de vapeur atteignît 0,1 atmosphère, la quantité de chaleur contenue dans la vapeur ne suffisait pas à four-nir la chaleur nécessaire aux radiateurs à cause de la condensation prématurée de la vapeur dans la tuyauterie. Le coke brûlé ne fournissait donc rien, puisque pratiquement il n'en coûte pas plus cher de faire de la vapeur à 0,10 qu'à 0,05 atmosphère de pression. Mais la vapeur à 0,05 atmosphère ne fournit pas l'effet calorifique nécessaire et conduit à une marche non économique. La haute température dans la chaufferie était avantageuse en vue de la réduction de la perte par la cheminée ; elle atteignait en moyenne 41° C.

RÉSULTATS DES ESSAIS

Sur les trois chaudières Strebel installées, j'ai d'abord expérimenté les deux chaudières semblables I et II, la température extérieure n'étant pas trop basse (en moyenne — 3°). Pour étudier l'influence du tirage sur le rendement, j'ai fait marcher la chaudière I avec un tirage de 9 millimètres d'eau et la chaudière II avec un tirage de $5^{mm},5$ dans les carneaux de sortie. Ce tirage ne produisait pas son effet à cause de la présence du régulateur de combustion ; en effet le tirage de la cheminée était affaibli par suite de l'introduction d'air supplétaire dans le carneau de sortie. La consommation de coke des deux chaudières était donc à peu près la même ; elle se montait, pour une durée de huit heures et demie du matin à quatre heures et demie du soir, à :

Chaudière I .... 150 kilogrammes
—   II 140   —

Les variations de tirage constatées sont inscrites sur le tableau des observations.

La pression de vapeur était en moyenne de 0,046 atmosphère, alors que la pression calculée pour l'installation aurait dû être de 0,1 atmosphère. Un coup-d'œil sur la représentation graphique de la marche de la combustion de la chaudière I (*fig.* 59) montre que les variations des températures de sortie correspondent exactement à celles de la pression ; lorsqu'on fermait le volet commandant l'accès de l'air frais, la température dans le carneau de sortie augmentait aussitôt ainsi que la pression de la vapeur. Par contre, lorsque ce volet était ouvert par le régulateur de pression, l'air s'introduisait dans le carneau de sortie, diluait les gaz de la combustion, de sorte que leur température baissait immédiatement. La pression de la vapeur se comportait de la

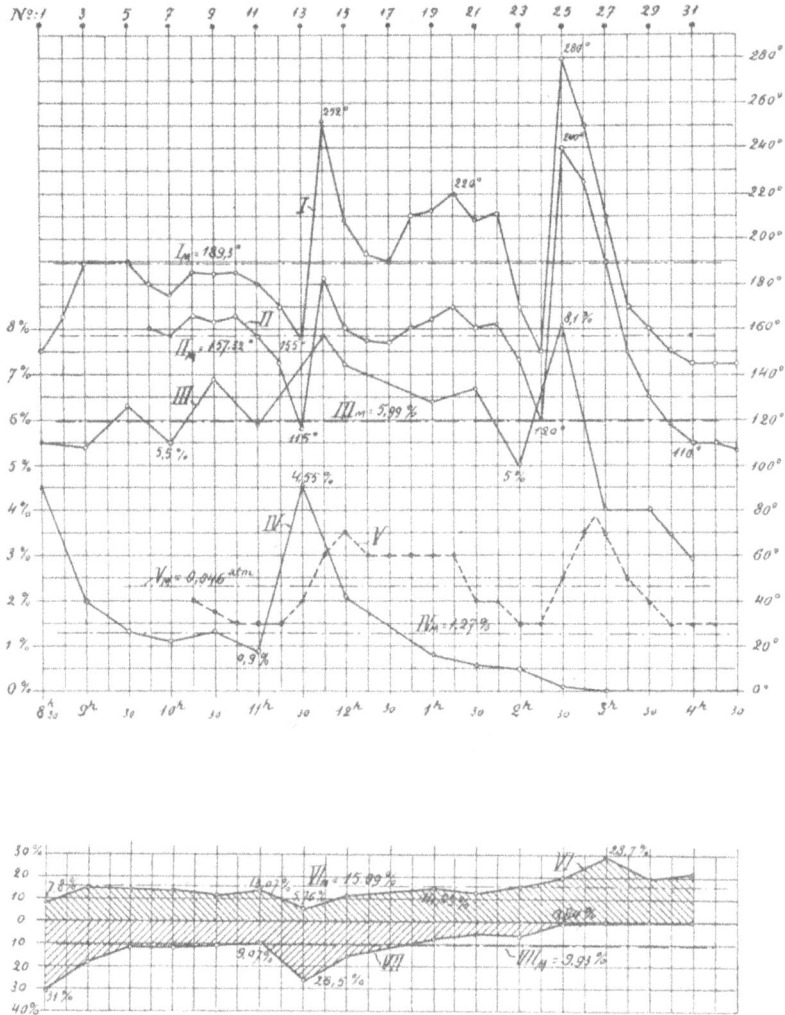

FIG. 59. — Chaudière Strebel n° I. Chauffage à vapeur à basse pression.

I. Variations de la température des gaz de la combustion dans le carneau de droite.

I$_M$. Moyenne de la température des gaz de la combustion dans le carneau de droite = 189°,3.

II. Variation de la température des gaz de la combustion dans le carneau de gauche.

II$_M$. Moyenne de la température des gaz de la combustion dans le carneau de gauche = 157°,32.

III. Variations de la teneur de CO_2 en 0/0 du volume des gaz de la combustion.

III$_M$. Moyenne de la teneur de CO_2 en 0/0 du volume des gaz de la combustion = 5,99 0/0.

IV. Variations de la teneur de CO en 0/0 du volume des gaz de la combustion.

IV$_M$. Moyenne de la teneur de CO en 0/0 du volume des gaz de la combustion = 1,27 0/0.

V. Variations de la pression de la vapeur en atmosphères.

V$_M$. Moyenne de la pression de la vapeur en atmosphères = 0^{atm}.046.

VI. Variations de la perte par la cheminée en 0/0 de la puissance calorifique.

VI$_M$. Moyenne de la perte par la cheminée en 0/0 de la puissance calorifique = 15,09 0/0.

VII. Variations de la perte par combustion incomplète en 0/0 de la puissance calorifique.

VII$_M$. Moyenne de la perte par combustion incomplète en 0/0 de la puissance calorifique = 9,93 0/0.

    A 8ʰ30. Chaudière complètement garnie.

    11ʰ20. Mâchefer brisé et chargé 50 kilogrammes de coke.

    1ʰ20. Mâchefer brisé.

    2ʰ45. Porte du cendrier ouverte à 140 millimètres environ.

    4ʰ30. Mâchefer enlevé et chargé 100 kilogrammes de coke.

même façon dans ce cas, mais ne remontait qu'au bout de quelques heures.

A une forte teneur en CO^2 correspondait une haute température de sortie ; lorsque le tirage diminuait, la teneur en CO augmentait. Lorsque la perte par la cheminée diminuait, la perte par combustion incomplète de CO augmentait, ainsi qu'on peut le voir sur les surfaces hachurées (surtout pour la chaudière I). La somme des pertes par la cheminée et par combustion incomplète de CO a une valeur à peu près constante pour la chaudière I. Il ressort de ce fait que le réglage de la pression de vapeur par l'introduction d'air frais dans le carneau de sortie n'est pas à recommander, car le CO peut être refoulé dans la chaufferie et de là dans les locaux d'habitation.

Les pertes de chaleur en pour 100 de la puissance calorifique du coke étaient les suivantes :

	PERTE PAR LA CHEMINÉE	PERTE PAR COMBUSTION INCOMPLÈTE de CO
	0/0	0/0
Chaudière I......	15,09	9,93
— II......	9,60	6,87

En particulier, j'ai relevé les variations suivantes dans la composition des gaz à la sortie de la chaudière :

	CO^2	CO	O^2
	0/0	0 0	0/0
Chaudière I......	2,9 à 8,1	0 à 4,55	10,5 à 17,9
— II......	3,3 à 5,7	0 à 3,3	13,8 à 17,4

Les figures 59 et 60 montrent les variations de température dans le carneau de sortie.

D'après les résultats des essais effectués sur une chaudière Strebel par le Laboratoire grand-ducal d'essais et de recherches chimiques et techniques à Kalsruhe (duché de Bade)[1], j'ai déterminé une perte restante par conduction et rayonnement de 1,67 0/0 de la puissance

[1] Voir la brochure *Chaudières à éléments à courant renversé* de Strebel (liste 344, p. 9).

calorifique du coke. Si j'applique cette valeur aux chaudières en question, j'obtiendrai pour le rendement :

Chaudière I. — $100 — (15,09 + 9,93 + 1,67) = 73,31$ 0/0 $[81,5$ 0/0 [1]$]$,
—   II. — $100 — (9,60 + 6,87 + 1,67) = 81,86$ 0/0,

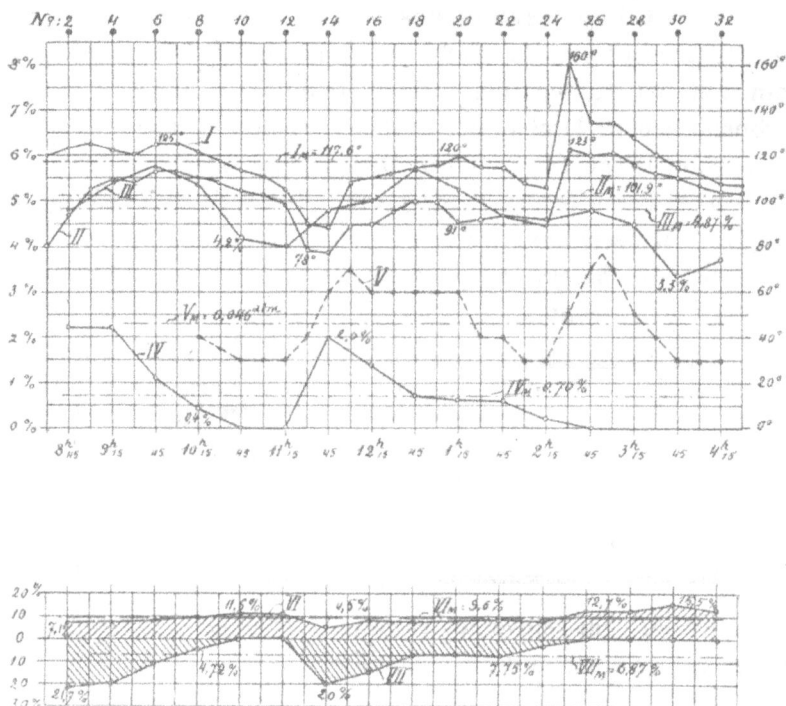

FIG. 60. — Chaudière Strebel n° II. Chauffage à vapeur à basse pression.

I.   Variations de la température des gaz de la combustion dans le carneau de gauche.
IM. Moyenne de la température des gaz de la combustion dans le carneau de gauche $= 117°,6$.
II. Variations de la température des gaz de la combustion dans le carneau de droite.
IIM. Moyenne de la température des gaz de la combustion dans le carneau de droite $= 101°,9$.
III. Variations de la teneur de CO_2 en 0/0 du volume des gaz de la combustion.
IIIM. Moyenne de la teneur de CO_2 en 0/0 du volume des gaz de la combustion $= 4,87$ 0/0.
IV. Variations de la teneur de CO en 0/0 du volume des gaz de la combustion.
IVM. Moyenne de la teneur de CO en 0/0 du volume des gaz de la combustion $= 0,70$ 0/0.
V.   Variations de la pression de la vapeur en atmosphères.
VM. Moyenne de la pression de la vapeur en atmosphères $= 0^{atm},046$.
VI. Variations de la perte par la cheminée en 0/0 de la puissance calorifique.
VIM. Moyenne de la perte par la cheminée en 0/0 de la puissance calorifique $= 9,6$ 0/0.
VII. Variations de la perte par combustion incomplète en 0/0 de la puissance calorifique.
VIIM. Moyenne de la perte par combustion incomplète en 0/0 de la puissance calorifique $= 6,87$ 0/0.
        A 8h30. Chaudière complètement garnie.
        11h20. Brisé le mâchefer et chargé 50 kilogrammes de coke.
        2h20. Brisé le mâchefer.
        2h45. Porte du cendrier ouverte à 140 millimètres environ.
        ■h30. Enlevé le mâchefer et chargé 90 kilogrammes de coke.

[1] Voir la correction, p. 165.

ou, en d'autres termes, 1 kilogramme de coke a fourni dans la chaudière I $\frac{7070 \times 73,31}{100} = 5183 \,[5762(^1)]$ calories et dans la chaudière II 5.787 calories.

Avec ces rendements, les productions spécifiques par mètre carré de surface de chauffe ont été les suivantes. :

Chaudière I $\qquad \frac{150 \times 5183}{8 \times 17} = 5.700\,[6.350\,(^1)]$ calories,

— II $\qquad \frac{140 \times 5787}{8 \times 17} = 5.950$ calories.

L'installation devait se montrer insuffisante, car, avec la disposition du régulateur de pression existante, la production nécessaire de 7.000 calories par mètre carré de surface de chauffe ne pouvait être atteinte. Les productions qu'il est indispensable de réaliser pendant le chauffage intensif de mise en régime ne doivent pas être réalisées pendant des heures au détriment de la consommation de coke, car plus la production est forte plus le rendement est faible. Pour cette raison, il est désirable de construire des installations aussi grandes que possible et de partager la surface de chauffe en plusieurs chaudières, de façon à ne pas diminuer leur faculté de régulation.

(¹) Voir la correction, p. 165.

TABLEAU XXVII

Relevé des observations. — Chaudière Strebel

(Chauffage à vapeur à basse pression).

	CHAUDIÈRE I				CHAUDIÈRES I ET II					CHAUDIÈRE II			
HEURES	TEMPÉRATURE de sortie des gaz centigrades		TIRAGE avant le registre en millim. d'eau		HUMIDITÉ relative dans la chaufferie p. 100	TEMPÉRATURE dans la chaufferie centigrades	TEMPÉRATURE extérieure centigrades	PRESSION de la vapeur en atmosphères	HEURES	TEMPÉRATURE de sortie des gaz centigrades		TIRAGE avant le registre en millim. d'eau	
	gauche	droite	gauche	droite						gauche	droite	gauche	droite
8³⁰	»	150	7,7	8,0	24,0 / 23,5	42,0 / 40,2	— 2,5	»	8¹⁵	123	94	3,7	6,5
9⁰⁰	»	190	»	»	23,0 / 23,5	38,5 / 39,2	»	»	9¹⁵	122	109	»	»
9³⁰	»	190	8,8	9,1	24,0 / 24,5	40,0 / 40,3	— 3,5	»	9¹⁵	125	113	4,5	7,5
10⁰⁰	157	175	»	»	25,0 / 24,5	40,7 / 40,8	»	0,04	10¹⁵	121	110	»	»
10³⁰	163	184	9,0	9,4	24,0 / 24,0	40,9 / 40,7	— 3,2	0,035 / 0,03	10¹⁵	113	104	4,6	7,8
11⁰⁰	457	180	»	»	24,0 / 24,5	40,5 / 41,0	»	0,03 / 0,03	11¹⁵	105	98	»	»
11³⁰	115	155	7,5	8,2	25,0 / 24,0	41,5 / 40,3	— 2,5	0,03 / 0,04	11¹⁵	88	77	3,6	5,6
12⁰⁰	160	208	»	»	23,0 / 23,5	39,2 / 39,8	»	0,06 / 0,07	12¹⁵	110	90	»	»
12³⁰	154	190	9,4	9,8	24,0 / 23,5	40,5 / 41,0	— 2,5	0,06 / 0,06	12¹⁵	115	100	4,6	7,6
1⁰⁰	164	212	»	»	23,0 / 23,0	41,5 / 40,9	»	0,06 / 0,06	1¹⁵	120	91	»	»
1³⁰	160	208	9,2	9,8	23,0 / 23,0	40,3 / 40,5	— 2,5	0,06 / 0,04	1¹⁵	115	94	4,6	7,4
2⁰⁰	447	170	»	»	23,0 / 22,5	40,7 / 42,3	»	0,04 / 0,03	2¹⁵	106	90	»	»
2³⁰	240	280	9,4	10,0	22,0 / 22,0	44,0 / 43,2	— 1,5	0,03 / 0,05	2¹⁵	135	120	3,6	6,8
3⁰⁰	190	210	»	»	22,0 / 22,0	42,5 / 41,7	»	0,07 / 0,07	3¹⁵	128	116	»	»
3³⁰	131	160	9,4	10,0	22,0 / 22,0	41,0 / 40,7	— 2,5	0,05 / 0,04	3¹⁵	115	110	3,6	6,8
4⁰⁰	110	145	»	»	22,0 / 22,0	40,5 / 40,5	»	0,03 / 0,03	4¹⁵	108	104	. »	»
4³⁰	108	145	7,4	8,0	22,0	40,5		0,03					

TABLEAU XXVIII
Analyse des gaz de la combustion. — Chaudière Strebel
(Chauffage à vapeur à basse pression).

	CHAUDIÈRE I						CHAUDIÈRE II				
HEURES	NUMÉRO du ballon d'essai	CO^2 p. 100	O^2 p. 100	CO p. 100	Az^2 p. 100	HEURES	NUMÉRO du ballon d'essai	CO^2 p. 100	O^2 p. 100	CO p. 100	Az^2 p. 100
8³⁰	1	5,5	12,2	4,5	77,8	8¹⁵	2	4,75	14,3	2,2	78,75
9⁰⁰	3	5,4	14,3	2,0	78,3	9¹⁵	4	5,4	13,8	2,2	78,60
9³⁰	5	6,3	13,0	1,3	79,4	9¹⁵	6	5,76	14,4	1,1	78,74
10⁰⁰	7	5,5	14,6	1,1	78,8	10¹⁵	8	5,4	15,0	0,4	79,2
10³⁰	9	6,9	12,8	1,3	79,0	10⁴⁵	10	4,2	16,4	»	79,4
11⁰⁰	11	5,9	14,2	0,9	79,0	11¹⁵	12	4,0	16,5	»	79,5
11³⁰	13	7,2	10,5	4,55	77,75	11¹⁵	14	4,85	14,7	2,0	78,45
12⁰⁰	15	7,2	12,2	2,1	78,5	12¹⁵	16	5,0	14,8	1,4	78,8
12³⁰	17	Le ballon contenait de l'air.				12⁴⁵	18	5,7	14,7	0,7	78,9
1⁰⁰	19	6,4	13,4	0,8	79,4	1¹⁵	20	5,3	15,2	0,6	78,9
1³⁰	21	6,7	13,5	0,6	79,2	1¹⁵	22	4,7	15,5	0,6	79,2
2⁰⁰	23	5,0	15,3	0,5	79,2	2¹⁵	24	4,6	15,9	0,2	79,3
2³⁰	25	8,1	12,5	0,1	79,3	2⁴⁵	26	4,8	15,9	»	79,3
3⁰⁰	27	4,0	16,7	»	79,3	3¹⁵	28	4,5	16,2	»	79,3
3³⁰	29	4,0	16,7	»	79,3	3⁴⁵	30	3,3	17,4	»	79,3
4⁰⁰	31	2,9	17,9	»	79,2	4¹⁵	32	3,7	17,0	»	79,3

TABLEAU XXIX
Pertes. — Chaudière Strebel
(Chauffage à vapeur à basse pression).

	CHAUDIÈRE I			CHAUDIÈRE II	
HEURES	PERTES par combustion incomplète des gaz V' p. 100	PERTE par la cheminée V" p. 100	HEURES	PERTES par combustion incomplète des gaz V' p. 100	PERTE par la cheminée V" p. 100
8³⁰	31,0	7,8	8¹⁵	21,7	7,1
9⁰⁰	18,5	15,0	9¹⁵	19,8	7,3
9³⁰	11,7	14,4	9¹⁵	10,95	8,3
10⁰⁰	11,4	13,8	10¹⁵	4,72	9,4
10³⁰	10,87	11,7	10¹⁵	»	11,6
11⁰⁰	9,07	13,7	11¹⁵	»	10,8
11³⁰	26,5	5,6	11¹⁵	20,0	4,5
12⁰⁰	15,5	11,4	12¹⁵	14,98	8,1
12³⁰	Le ballon contenait de l'air.		12¹⁵	7,49	7,5
1⁰⁰	7,6	14,9	1¹⁵	7,0	8,0
1³⁰	5,63	12,7	1¹⁵	7,75	8,7
2⁰⁰	6,5	15,5	2¹⁵	2,85	8,4
2³⁰	0,84	19,4	2¹⁵	»	12,7
3⁰⁰	»	28,7	3¹⁵	»	12,8
3³⁰	»	18,9	3¹⁵	»	15,5
4⁰⁰	»	21,7	4¹⁵	»	12,8

XIX

CHAUDIÈRE STREBEL

(Chauffage à eau chaude à basse pression)

OBSERVATIONS SUR L'INSTALLATION ESSAYÉE

Trois chaudières série III à courant renversé (coke de gaz)

Cette installation se trouvait dans les meilleures mains et fonction-nait au point de vue pratique depuis plusieurs années d'une façon satisfaisante. On entendait bien de temps en temps quelques plaintes pour chauffage insuffisant, mais elles résultaient peut être des exi-gences injustifiées des locataires.

L'immeuble en question, chauffé au moyen de trois chaudières Strebel de 14 mètres carrés de surface de chauffe, se trouve dans le plus beau quartier de Berlin et contient huit appartements et dix boutiques. Je considérais donc comme très intéressant de soumettre cette installation à des essais, pour déterminer le rendement des chaudières dans des conditions de marche probablement favorables. Le propriétaire de l'immeuble, en commerçant avisé, saisissait toutes les occasions pour acheter bon marché le coke nécessaire au chauffage, mais il ne prenait que du coke tamisé de bonne qualité et faisait des essais d'une façon continue pour déterminer la qualité convenant le mieux. De cette façon il a trouvé, par exemple, qu'avec du coke de fonderie il dépensait beaucoup plus d'argent qu'avec du coke de gaz (171 francs contre 112 fr. 50) et, parmi les différents cokes de gaz, il préférait la provenance de Berlin à celle de Charlot-tenbourg, car le coke de Berlin produisait moins de mâchefer, mal-gré les résultats contraires de l'analyse (¹).

Comme les loyers étaient élevés, cet immeuble faisait partie de ceux en petit nombre jouissant d'un dégrèvement d'impôt de 8 0/0 pour couvrir les dépenses de chauffage.

(¹) D'après une analyse, la teneur en cendres du coke de Charlottenbourg était de 11 0/0 et celle du coke de Berlin de 13 0/0.

Le calcul s'établissait ainsi :

Dépenses d'installation......................	30.000 francs.
Dépenses d'exploitation......................	5.522ᶠ,50
Savoir :	
Intérêt à 5 0/0...............................	1.500 ,00
Coke...	3.335 ,00
Service......................................	312 ,50
Enlèvement du mâchefer.......................	62 ,50
Dépenses moyennes de réparation (par exemple, remplacement d'éléments de chaudières défectueux)..	312 ,50
TOTAL....................................	5.522ᶠ,50

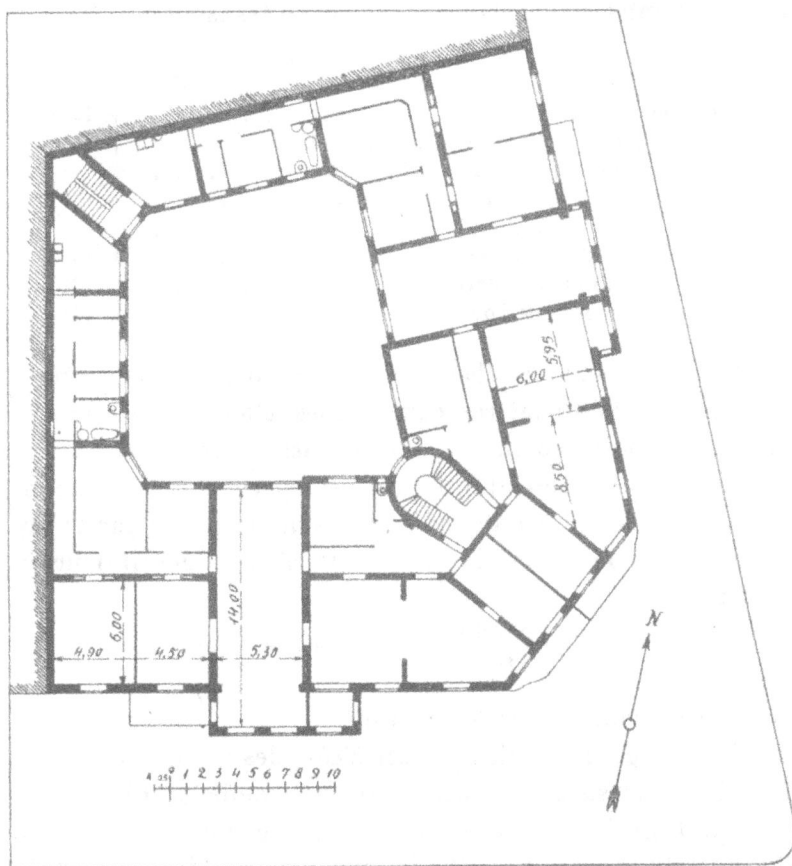

FIG. 61. — Chaudière Strebel. Chauffage à eau chaude à basse pression.
Plan de l'immeuble expérimenté.

Les loyers rapportaient 75.000 francs, de sorte que le dégrèvement de 8 0/0 (6.000 francs) couvrait largement les frais.

La figure 61 représente le plan de l'immeuble ; les calculs de transmission de la chaleur basés sur des températures extérieure de — 20° et intérieure de + 20° conduisaient à une quantité de chaleur nécessaire de 255.475 calories.

Dans mes calculs, j'ai pu, en partie, me baser sur des températures directement observées, grâce à quoi j'ai pu éviter des erreurs importantes.

Par exemple, j'ai relevé pour une température extérieure de — 20° une température de — 6° dans le grenier, quoique la tuyauterie de distribution s'y trouvât et que l'état du toit fût excellent. Les autres températures intervenant dans les calculs de transmission étaient les suivantes :

Vestibule.. + 12°
Cage de l'escalier chauffée du 1er au 4e étage........... + 15°
Escalier de service, en bas............................ 0°
    —   —   du 2e étage jusqu'en haut.......... + 5°
Cave.. 0°
Couloirs. Chambres de devant......................... + 15°
    —   Chambres de derrière .... + 12°
Cuisine, chambres de bonne........................... + 15°

Les trois chaudières Strebel installées avaient chacune une surface de chauffe de 14 mètres carrés ; elles étaient raccordées d'un seul côté au carneau, comme le montrent les figures 62 et 63, ce qui explique les hautes températures relevées parfois à la sortie de la chaudière. Si l'on admet de nouveau pour les pertes par la tuyauterie une valeur de 20 0/0, la surface de chauffe devait fournir au maximum :

$$\frac{1,2 \times 255475}{42} = 7.300 \text{ calories,}$$

ce qui est trop pour un service continu.

Comme les registres étaient placés à côté des chaudières, il n'était pas possible de mesurer le tirage entre les chaudières et les registres, de sorte que les valeurs trouvées pour le tirage ne dépendent pas de la combustion elle-même et, à côté de chaque valeur, il y a lieu de faire figurer les positions dans lesquelles se trouvaient les registres et les portes de cendrier.

RÉSULTATS D'ESSAIS

J'ai expérimenté les chaudières en partant de trois points de vue différents :

Chaudière I : *a*) Avec le registre complètement ouvert,
                 b) Avec le registre fermé (mais percé d'un trou de 50 millimètres),
Chaudière II : *c*) Avec le registre ouvert en partie (ouverture de 30 millim.)

Ce programme pour *a*) et *c*) ne put être complètement exécuté le 7 avril 1909, ce qui d'ailleurs n'est pas à regretter, car j'ai pu en

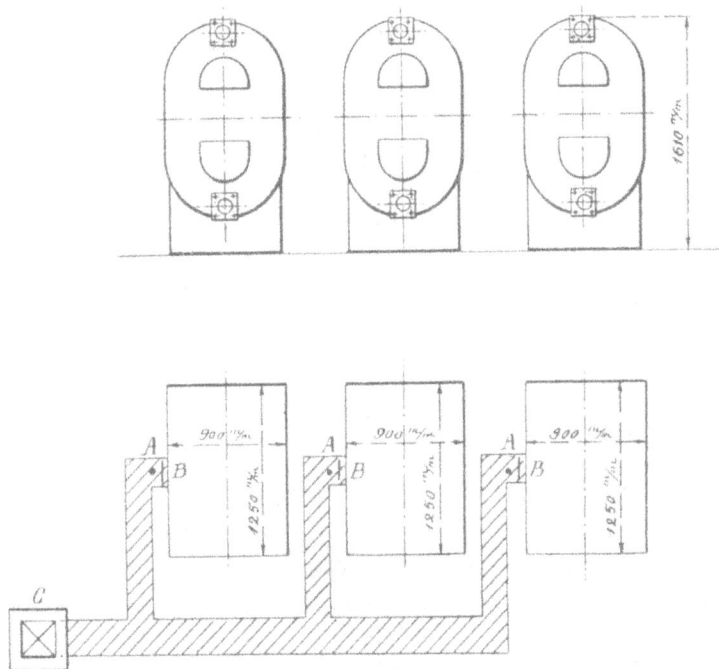

Fig. 62, 63. — Chaudière Strebel. Chauffage à eau chaude à basse pression.
Schéma de l'installation.

AAA. Points de prélèvement des gaz et de mesure de la température et du tirage.
BBB. Registres.
C. Cheminée.

Tirage moyen ⟨ Chaudière n° I (milieu) 7,82 millimètres de hauteur d'eau.
             ⟨ Chaudière n° II (droite) 8,38 millimètres de hauteur d'eau.

tirer de nouvelles conclusions. La chaudière II, à onze heures du matin, ne fournissait de l'eau dans le tuyau de départ qu'à 68°,2 (voir le relevé des observations tableau XXXI), température ne permettant

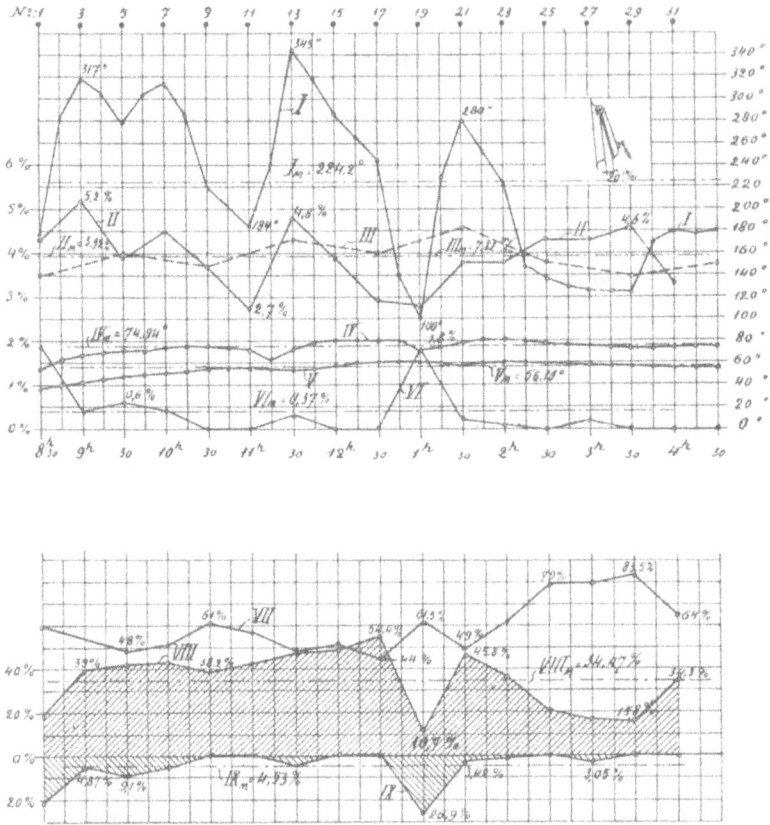

Fig. 64. — Chaudière Strebel n° 1. Chauffage à eau chaude.

I.   Variations de la température dans le carneau de sortie.
Iм. Moyenne de la température dans le carneau de sortie : = 224°,2.
II. Variations de la teneur de CO_2 en 0/0 du volume des gaz de la combustion.
IIм. Moyenne de la teneur de CO_2 en 0/0 du volume des gaz de la combustion = 3,92 0/0.
III. Variations du tirage en millimètres de hauteur d'eau.
IIIм. Moyenne du tirage en millimètres de hauteur d'eau = 7,82 m/m.
IV. Variations de la température dans le tuyau de départ.
IVм. Moyenne de la température dans le tuyau de départ = 74°,94.
V.   Variations de la température dans le tuyau de retour.
Vм.. Moyenne de la température dans le tuyau de retour = 56°,10.
VI. Variations de la teneur de CO en 0/0 du volume des gaz de la combustion.
VIм. Moyenne de la teneur de CO en 0/0 du volume des gaz de la combustion = 0,37 0/0.
VII. Variations du rendement.
VIII. Variations de la perte par la cheminée en 0/0 de la puissance calorifique.
VIIIм. Moyenne de la perte par la cheminée en 0/0 de la puissance calorifique = 34,47 0/0.
IX. Variations de la perte par combustion incomplète des gaz en 0/0 de la puissance calorifique.
IXм. Moyenne de la perte par combustion incomplète des gaz en 0/0 de la puissance calorifique = 4,530/0.

A 8ʰ30. Chaudière complètement garnie. Registre ouvert en grand.
  9ʰ30. Chargé 10 kilogrammes de coke.
  11ʰ05. Chargé 32 kilogrammes de coke. Porte du cendrier ouverte.
  12ʰ42. Chargé 84 kilogrammes de coke.
  1ʰ25. Porte du cendrier ouverte à 10 millimètres.
  3ʰ35. Porte du cendrier ouverte à 20 millimètres.
  4ʰ   Enlevé le mâchefer. Chargé 61 kilogrammes de coke.

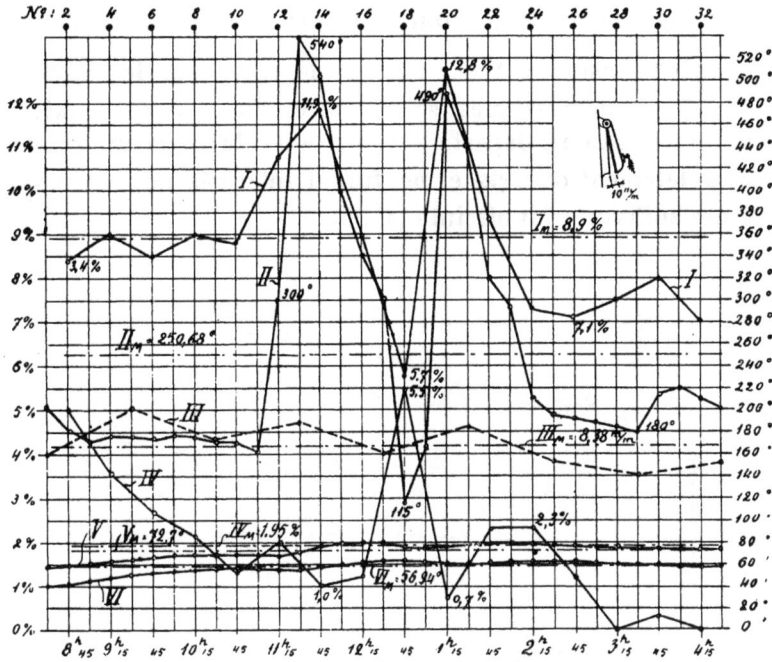

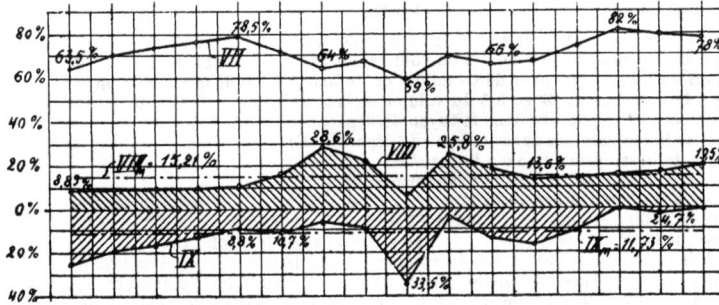

FIG. 65. — Chaudière Strebel n° II. Chauffage à eau chaude.

I. Variations de la teneur de CO² en 0/0 du volume des gaz de la combustion.
Iᴍ. Moyenne de la teneur de CO² en 0/0 du volume des gaz de la combustion = 8,9 0/0.
II. Variations de la température dans le carneau de sortie.
IIᴍ. Moyenne de la température dans le carneau de sortie = 250°,68.
III. Variations du tirage en millimètres de hauteur d'eau.
IIIᴍ. Moyenne du tirage en millimètres de hauteur d'eau = 8,38 m/m.
IV. Variations de la teneur de CO en 0/0 du volume des gaz de la combustion.
IVᴍ. Moyenne de la teneur de CO en 0/0 du volume des gaz de la combustion = 1,95 0/0.
V. Variations de la température dans le tuyau de départ.
Vᴍ. Moyenne de la température dans le tuyau de départ = 72°,7.
VI. Variations de la température dans la tuyau de retour.
VIᴍ. Moyenne de la température dans le tuyau de retour = 56°,94.
VII. Variations du rendement.
VIII. Variations de la perte par la cheminée en 0/0 de la puissance calorifique.
VIIIᴍ. Moyenne de la perte par la cheminée en 0/0 de la puissance calorifique = 15,21 0/0.
IX. Variations de la perte par combustion incomplète des gaz en 0/0 de la puissance calorifique.
IXᴍ. Moyenne de la perte par combustion incomplète des gaz en 0/0 de la puissance calorifique = 11,730/0.

A 8ʰ30. Chaudière complétement chargée. Registre ouvert à 30 millimètres.
   11ʰ05. Registre ouvert en grand.
   11ʰ07. Chargé 20 kilogrammes de coke. Porte du cendrier ouverte.
   11ʰ55. Porte du cendrier ouverte à 120 millimètres. Registre ouvert à 100 millimètres.
   12ʰ40. Chargé 65 kilogrammes de coke.
   1ʰ25. Porte du cendrier ouverte à 10 millimètres.
   3ʰ35. Porte du cendrier ouverte à 20 millimètres.
   4ʰ. Enlevé le mâchefer. Chargé 84 kilogrammes.

qu'un chauffage insuffisant des locaux, de sorte que les locataires envoyèrent leurs domestiques se plaindre. Pour faire monter la température de l'eau au départ, le registre et la porte du cendrier furent complètement ouverts et ne furent refermés que lorsqu'une température suffisante fut atteinte (1ʰ 55).

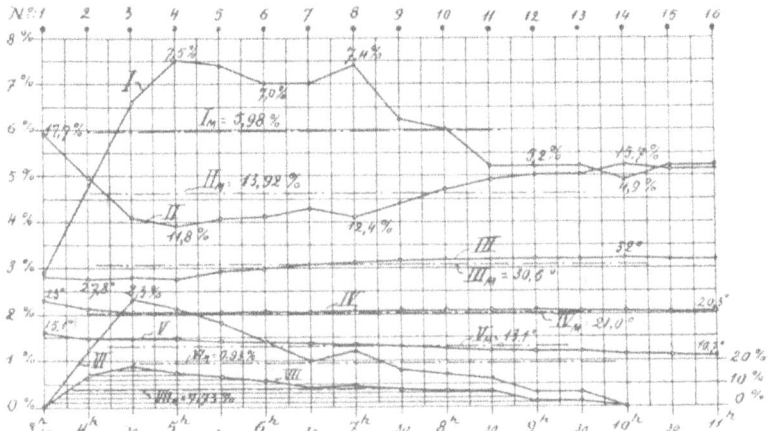

FIG. 66. — Chaudière Strebel nᵒ I. Chauffage à eau chaude. Chauffage de réserve nocturne.

I. Variations de la teneur de CO_2 en 0/0 du volume des gaz de la combustion.
Iₘ. Moyenne de la teneur de CO_2 en 0/0 du volume des gaz de la combustion = 5,98 0/0.
II. Variations du tiers de la teneur de O_2 en 0/0 du volume des gaz de la combustion.
IIₘ. Moyenne de la teneur de O_2 en 0/0 du volume de la combustion = 13,92 0/0.
III. Variations de la température dans le tuyau de départ.
IIIₘ. Moyenne de la température dans le tuyau de départ = 30°,6.
IV. Variations de la température dans la chaufferie.
IVₘ. Moyenne de la température dans la chaufferie = 21°.
V. Variations de la température du dehors.
Vₘ. Moyenne de la température du dehors = 13°,1.
VI. Variations de la teneur de CO en 0/0 du volume des gaz de la combustion.
VIₘ. Moyenne de la teneur de CO en 0/0 du volume des gaz de la combustion = 0,93 0/0.
VII. Variations de la perte par combustion incomplète de CO en 0/0 de la puissance calorifique.
VIIₘ. Moyenne de la perte par combustion incomplète de CO en 0/0 de la puissance calorifique = 7,73 0/0.

La représentation graphique de l'allure de la combustion permet de se rendre compte facilement des grandes variations de la marche pour un temps déterminé. Nous voyons en une heure environ (voir *fig*. 65, chaudière II) la température monter jusqu'à 540°, puis tomber à 115° ; de telles différences peuvent facilement donner lieu à des avaries de chaudières.

A 12ʰ 45, la proportion de CO (5,5 0/0) dans les gaz de la combustion est à peu près égale à celle de CO_2. Les pertes de chaleur (perte par la cheminée plus perte par CO) présentent des variations de

50 0/0 et davantage. Les conditions les plus favorables se sont présentées à 3ʰ 15 ; la perte par la cheminée était alors de 15,55 0/0, alors qu'à 12ʰ 45 les pertes totales représentaient 38,98 0/0 de la puissance calorifique du coke.

L'examen du graphique des pertes de chaleur permet de se rendre compte des variations réciproques de la perte par la cheminée et de la perte par CO. Dans la chaudière II, qui avait marché à faible tirage jusqu'au moment dont il a été question, la perte par la cheminée a atteint en moyenne 15,21 0/0 et la perte par combustion incomplète de CO 11,73 0/0 de la puissance calorifique du coke. Dans la chaudière I (*fig.* 64), qui marchait avec un tirage plus fort, ces nombres étaient respectivement de 34,47 0/0 et 4,53 0/0. La chaudière II, malgré la grande perte par CO, fonctionnait donc plus économiquement que la chaudière I ([1]).

Pour montrer le rendement maximum qu'il était possible de réaliser pratiquement, j'ai fait faire, le 7 avril 1909, un essai *ó* avec la chaudière II. Le registre était complètement fermé, ainsi que je l'ai déjà dit, mais était percé d'un trou de 50 millimètres de diamètre par lequel les gaz pouvaient s'échapper dans le carneau. Le volet manœuvré par le régulateur présentait une ouverture mesurée en bas de 25 millimètres, pour éviter l'extinction du feu. Cette marche constituait ce que l'on réalise fréquemment sous le nom de « chauffage de réserve » pendant la nuit.

Ainsi qu'on peut le voir sur le graphique de la figure 66, on constate la présence de CO pendant six heures et demie. Après le chargement de la grille, la proportion de CO croît régulièrement jusqu'à 2,3 0/0 en volume et de là décroît jusqu'à 0° suivant une ligne presque droite. La proportion de CO^2 varie de la même façon, ce qui est en contradiction avec les opinions actuelles. Les figures 64 et 65 montrent au contraire des variations en sens inverse. Je conclus donc de l'essai *b* que, dans le cas d'un feu aussi peu intense, il ne s'agit plus d'une véritable combustion du coke, mais plutôt d'une distillation. En réalité, une pareille marche ne peut pas donner grand'chose en fait d'économie. Le feu était juste suffisant pour main-

---

([1]) On peut facilement imaginer qu'en forçant davantage la chaudière I, en admettant que les conditions de tirage le permettent, la perte par CO soit diminuée, tandis que la chaleur perdue augmente, alors que, dans la marche à petite allure, les conditions sont renversées, c'est-à-dire que les pertes par combustion incomplète des gaz sont plus fortes que la perte par la cheminée.

tenir l'eau chaude à une température de 30°, alors que, sans ce
« chauffage de réserve », sa température au matin aurait peut-être
été de 20°. Cette petite différence de 10° est très facilement rattrapée
par le chauffage intensif, alors que la quantité de chaleur émise par
les radiateurs et la tuyauterie est insignifiante lorsque la température
de l'eau chaude ne dépasse pas cette limite.

Etant données les faibles températures de sortie des gaz, je ne
pouvais pas me servir du pyromètre à mercure que j'avais, car sa
graduation ne commence qu'à 100°; je ne pense donc pas avoir fait
d'erreur notable en prenant 30° comme différence moyenne entre la
température des gaz et celle de la chaufferie, cette différence étant
évaluée au moyen de petits thermomètres que je faisais descendre
plusieurs fois par le carneau jusqu'au registre et que je remontais
ensuite.

Les pertes de chaleur dans les trois essais s'établissent comme
suit :

	Essai *a* 0/0	Essai *b* 0/0	Essai *c* 0/0
Perte par la cheminée......	34,47	3,23	15,24
— par CO	4,53	9,21	11,73
Conduction, rayonnement et perte par les résidus.......	1,67	» (¹)	1,67
Totaux............	40,67	12,44	28,61
Rendement............	59,33	87,56	71,39
	Calories	Calories	Calories
Utilisation du coke.........	4.195	6.191	5.047

Les productions étaient les suivantes :

Essai *a* : $\dfrac{187 \times 4195}{14 \times 7,5} = 7.460$ calories;

Essai *b* : $\dfrac{47 \times 6191}{14 \times 7,67} = 2.710$ calories;

Essai *c* : $\dfrac{169 \times 5047}{[14 \times 7,5} = 8.100$ calories.

Pour représenter graphiquement les variations de la production
spécifique (en calories par mètre carré de surface de chauffe et par
heure) et des rendements correspondants (en pour 100 de la puis-

---

(¹) Dans cet essai, cette perte était sensiblement nulle, car la différence de température
entre l'air de la chaufferie et la surface supérieure de la chaudière était négligeable
ainsi que la quantité des résidus de la combustion.

sance calorifique du coke) pour différentes allures de marche, je pars des quantités de coke consommées par heure et par mètre carré de surface de chauffe données par le tableau suivant :

TABLEAU XXX

ESSAIS	Consommation de coke en kilo-grammes par mètre carré de surf. de chauffe et par heure	Production en calories par mètre carré de surface de chauffe et par heure	Rendement en 0/0 de la puissance calorifique du coke
Chaudière à vapeur à basse pression I.	1,103	5.700 (6.350)	73,31 (81.5)
— — — II.	1,030	5.950	81,86
Chaudière à eau chaude à basse pression a	1,781	7.460	59,33
Chaudière à eau chaude à basse pression b	0,4476	2.710	87,56
Chaudière à eau chaude à basse pression c	1,609	8.100	71,39

J'ai ajouté intentionnellement sur ce tableau les valeurs trouvées pour les chaudières à vapeur à basse pression, car je n'attribue à la nature du véhicule de la chaleur, eau chaude ou vapeur, aucune influence sur le rendement. Les pertes par combustion incomplète de CO, H^2 et dans certains cas de CH^4 en sont complètement indépendantes, les pertes par la cheminée dépendent avant tout de la proportion de CO^2 contenue dans les gaz de la combustion, proportion qui ne dépend pas du choix du système de chaudière. Tout au plus pourrait-on émettre l'opinion qu'en raison de la température moyenne de l'eau chaude qui est inférieure à celle de la vapeur, les pertes de chaleur doivent être moindres dans le premier cas ; mais cela n'a pas d'importance parce que la température des gaz de la combustion varie asymptotiquement lorsque la surface de chauffe augmente, de sorte que des différences pouvant atteindre 30° entre le véhicule de chaleur et les gaz chauds ne peuvent pas être sensibles. L'influence prépondérante est exercée par l'intensité du tirage, c'est-à-dire par le poids de coke brûlé par mètre carré de surface de chauffe et par heure, quantité que je porterai en abscisse sur la figure 67. Comme dans chaque élément de chaudière, la surface de chauffe est dans un rapport donné avec la surface de grille, la capacité de la trémie, etc..., je ne m'attacherai pas davantage à utiliser les deux sortes de chaudière pour l'établissement du graphique.

La figure 67 représente les variations du rendement et de la production pour des consommations de $0^{kg},4476$ à $1^{kg},781$ de coke par mètre carré de surface de chauffe et par heure. Le point correspon-

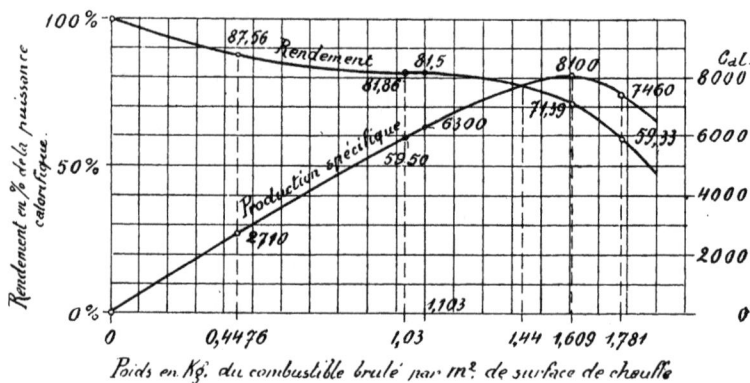

FIG. 67. — Rendement et production spécifique.
●. Vapeur à basse pression.
○. Eau chaude à basse pression.

dant au rendement théorique de 100 0/0 se trouve sur l'axe des y. On voit nettement que le rendement s'abaisse fortement lorsque la consommation dépasse 1,609. La production maxima est voisine de 8.100 calories, alors que l'on cite des chiffres beaucoup plus élevés. Au point où les deux courbes se coupent correspondent un rendement de 77,5 0/0 et une production de 7.750 calories. Donc, il existe, pour chaque installation de chauffage, comme pour les machines à vapeur, une allure optima pour laquelle le rendement et la production atteignent un maximum relatif. La pratique nous enseigne donc qu'il y a lieu de choisir les surfaces de chauffe de façon que ce maximum (consommation environ $1^{kg},44$ correspondant à une production de 7.750 calories) ne soit pas dépassé, même pendant le chauffage intensif. Le chauffeur qui s'efforce de fournir la quantité de chaleur nécessaire en manœuvrant les portes du cendrier et le registre de la cheminée, en ringardant et en retournant le feu, ne sait pas que de cette façon il réduit la production et le rendement. Il n'est donc pas étonnant que partout où les surfaces de chauffe prévues sont trop petites, on se plaigne de l'énormité de la consommation de coke.

La grande influence de la surface de chauffe de la chaudière sur la consommation de coke et sur l'effet calorifique même a été complètement méconnue jusqu'à présent grâce à des essais qui ne correspondaient pas à la pratique, de sorte que, dans l'intérêt général, il est nécessaire de remettre les choses au point.

Le graphique de la figure 67 nous montre, en outre, que les résultats obtenus avec la chaudière I (chauffage à vapeur à basse pression) ont été faussés par l'introduction d'air par le régulateur et doivent subir une correction. La proportion de CO^2 était plus grande que celle qui résultait de l'analyse des gaz. D'après la courbe, le rendement s'élevait à 81,5 0/0 et par suite la perte par la cheminée corrigée à 8,4 0/0. Comme on a brûlé 150 kilogrammes de coke pendant l'essai qui a duré huit heures, nous calculons la production spécifique par la formule :

$$\frac{150 \times 81,5 \times 7070}{8 \times 17} = 6350 \text{ calories,}$$

en concordance avec la deuxième courbe, ce qui prouve que le rendement et la production dépendent l'un de l'autre.

Les variations du rendement des chaudières I et II (chauffage à eau chaude à basse pression) sont représentées par leur courbe sur les figures 64 et 65 au-dessus des courbes représentant les pertes. L'importance de ces variations résulte des dimensions trop faibles des surfaces de chauffe, qui exigent un travail variable du chauffeur. Plus les chaudières sont grandes, plus l'allure du chauffage est régulière : on charge la trémie et on laisse le coke se consumer avec le registre aussi peu ouvert que possible : moins on a besoin de charger souvent, plus la combustion est bonne et plus le rendement est élevé.

Dans l'installation dont nous nous occupons, la consommation de coke a été de 1902 à 1907 de :

15.703 hectolitres pesant 45 kilogrammes, soit 706.635 kilogrammes en tout, et 117.772 kilogrammes par an ayant coûté en moyenne 3.156 fr. 25.

Pour une durée moyenne de 220 jours de chauffage et une température extérieure de + 4°,2 (le propriétaire avait été forcé par décision judiciaire de chauffer lorsque la température diurne atteignait 12°), le rendement moyen des chaudières pourrait s'établir de la façon suivante :

Quantité de chaleur nécessaire pour une différence de
température de 40°, soit : 1,2 × 255.475............   306.570 calories
Quantité de chaleur nécessaire pour une différence de
température de 15°.8..............................   121.095 calories
Soit pour 220 jours de 24 heures : 121095 × 220 × 24 =   638.382.100 calories,
soit 640.000.000 calories.

Le poids de coke brûlé de 117.772 kilogrammes a produit une quantité de chaleur de $\dfrac{117.772 \times 7.070 \times x}{100}$ calories, x étant le rendement ; on doit donc avoir :

$$640.000.000 = \frac{117772 \times 7070 \times x}{100} \text{ calories,}$$

d'où:

$$x = 54,5 \text{ 0/0.}$$

Le diagramme de la figure 67 nous montre que ce bas rendement résulte de l'allure inutilement forcée des chaudières à cause de leur surface de chauffe trop petite. La production spécifique correspondant au rendement de 54,5 0/0 est de 7.250 calories; cette production aurait pu être réalisée avec une consommation beaucoup moindre, soit avec un rendement de 78 0/0. Pour le premier rendement, nous trouvons une consommation, d'après le diagramme, de 1^{kg},85 environ de coke, tandis que, pour le deuxième, cette consommation s'abaisse à 1^{kg},325 par mètre carré de surface de chauffe et par heure. Admettons, par exemple, une durée de chauffage de seize heures par jour, nous aurons dans les deux cas :

1°
$$\frac{117772}{16 \times 220 \times H} = 1,85,$$

2°
$$\frac{117772}{16 \times 220 \times H'} = 1,325$$

(H et H' étant les surfaces de chauffe correspondantes).

TABLEAU XXXI

Relevé des observations. — Chaudière Strebel (chauffage à eau chaude).

HEURES	CHAUDIÈRE I				CHAUDIÈRE II				CHAUDIÈRES I ET II		
	TEMPÉRATURE de SORTIE DES GAZ	TIRAGE avant LE REGISTRE	TEMPÉRATURE sur le TUYAU DE DÉPART	TEMPÉRATURE sur le TUYAU DE RETOUR	TEMPÉRATURE de SORTIE DES GAZ	TIRAGE avant LE REGISTRE	TEMPÉRATURE sur le TUYAU DE DÉPART	TEMPÉRATURE sur le TUYAU DE RETOUR	HUMIDITÉ RELATIVE DE L'AIR dans la chaufferie	TEMPÉRATURE dans la CHAUFFERIE	TEMPÉRATURE EXTÉRIEURE
	Centigr.	m. d'eau	Centigr.	Centigr.	Centigr.	m. d'eau	Centigr.	Centigr.	Centigr.	Centigr.	Centigr.
8³⁰	178	7	(¹) 54,5	(¹) 37	203	8	(¹) 57,5	(¹) 40	28	21,6	—4
8¹⁵	282		62,5	40	183		59,5	42	27	21,5	
9⁰⁰	317		67	43	170		61	45	26	21,5	
9¹⁵	304		69,5	46	176		62,7	48	25,5	21,7	
9³⁰	277	8	70,5	48	175	10	64,5	50	25	22	—2,5
9⁴⁵	303		71	50	173		66	52	24,5	25,5	
10⁰⁰	314		73,8	51,5	177		67,5	53	24	29	
10¹⁵	285		75	53	175		68	54,7	24	28,8	
10³⁰	220	7,4	74	54	171	8,6	68,5	56	24	28,6	—1,5
10¹⁵	202		72,3	54,5	170		68,7	55	24	28,8	
11⁰⁰	184		71	54,5	162		68,2	54,6	24	29	
11¹⁵	240		62,5	53,8	300		67,6	54	24	29	
11³⁰	345	8,6	72	53	540	9,4	71	54	24	29	0
11⁴⁵	318		78	54,5	510		76,5	56	24	30,5	
12⁰⁰	285		80	57	400		79	59	24	32	
12¹⁵	266		80,5	59,5	342		79	61	24	31,7	
12³⁰	244	8	80,5	61	305	8	79	62,8	24	31,5	+1,5
12¹⁵	140		80	61	115		75	63	24	31,4	
1⁰⁰	100		72,5	61	168		73,5	62	25	31,3	
1¹⁵	227		74	59	490		75	60	25	31,6	
1³⁰	280	9,2	78,5	58	440	9,2	77	59,5	25	32	+2,2
1⁴⁵	252		80	59	320		78	60	25	32,3	
2⁰⁰	222		80,5	60	295		78,5	61	25	32,7	
2¹⁵	148		79	60	210		77,7	61,5	24,5	32,6	
2³⁰	138	7,6	77	60	195	7,6	76,6	61,5	24	32,5	+2,4
2¹⁵	130		76,5	59,5	192		76	61	23,5	29,3	
3⁰⁰	127		75,5	59	188		75,7	60	23	26,2	
3¹⁵	125		75	58	185		75	59,5	23,5	25,8	
3³⁰	126	7	74	57,5	180	7	74,5	59	24	25,5	+2,9
3⁴⁵	170		74	56,7	215		74	58	24	25,2	
4⁰⁰	180		75	56	220		74,5	57,5	24	25	
4¹⁵	178		75,4	56	210		74	57,5	24,5	24,5	
4³⁰	180	7,6	75,3	56	202	7,6	73,8	58	25	24	+2,9

(¹) La température réelle est d'environ 5° supérieure, car les thermomètres étaient placés à l'extérieur sur les tuyaux dans un bain de mercure.

TABLEAU XXXII

Analyses des gaz de la combustion. — Chaudière Strebel

(Chauffage à eau chaude)

HEURES	CHAUDIÈRE I					CHAUDIÈRE II				
	NUMÉRO du ballon	CO_2	O_2	CO	Az_2	NUMÉRO du ballon	CO_2	O_2	CO	Az_2
		0/0	0/0	0/0	0/0		0/0	0/0	0/0	0/0
8³⁰	1	4,3	15,1	1,9	78,7	2	8,4	9,5	5,0	77,1
9⁰⁰	3	5,2	15,2	0,4	79,2	4	9,0	9,3	3,6	78,1
9³⁰	5	3,9	16,5	0,6	79,0	6	8,5	10,6	2,7	78,2
10⁰⁰	7	4,5	15,8	0,4	79,3	8	9,0	10,2	2,1	78,7
10³⁰	9	3,7	17,2	»	79,1	10	8,8	10,9	1,3	79,0
11⁰⁰	11	2,7	18,0	»	79,3	12	10,8	8,2	2,0	79,0
11³⁰	13	4,8	15,5	0,3	79,4	14	11,9	7,9	1,0	79,2
12⁰⁰	15	3,9	16,5	»	79,6	16	9,0	10,5	1,2	79,3
12³⁰	17	2,9	17,8	»	79,3	18	5,7	11,4	5,5	77,5
1⁰⁰	19	2,8	17,0	1,8	78,4	20	12,8	7,0	0,7	79,5
1³⁰	21	3,8	16,6	0,2	79,4	22	9,4	9,6	2,3	78,7
2⁰⁰	23	3,8	16,6	0,1	79,5	24	7,3	11,8	2,3	78,6
2³⁰	25	4,3	16,2	»	79,5	26	7,1	12,4	1,2	79,3
3⁰⁰	27	4,3	15,9	0,2	79,6	28	7,5	12,9	»	79,6
3³⁰	29	4,6	16,0	»	79,4	30	8,0	12,2	0,3	79,5
4⁰⁰	31	3,3	17,5	»	79,2	32	7,0	13,4	»	79,6

TABLEAU XXXIII

Pertes. — Chaudière Strebel (Chauffage à eau chaude)

HEURES	CHAUDIÈRE I		CHAUDIÈRE II	
	PERTE par combustion incomplète des gaz V'	PERTE par la cheminée V''	PERTE par combustion incomplète des gaz V'	PERTE par la cheminée V''
	0/0	0/0	0/0	0/0
8³⁰	21,0	18,4	25,7	8,83
9⁰⁰	4,87	39,2	19,55	8,95
9³⁰	9,1	42,0	16,5	9,21
10⁰⁰	5,58	43,0	12,96	9,64
10³⁰	»	38,2	8,8	10,21
11⁰⁰	»	42,0	10,7	15,9
11³⁰	4,0	46,4	5,3	28,6
12⁰⁰	»	48,1	8,05	22,6
12³⁰	»	54,4	33,6	5,38
1⁰⁰	26,9	10,7	3,4	25,8
1³⁰	3,42	45,8	15,45	18,4
2⁰⁰	1,75	35,8	16,4	13,6
2³⁰	»	20,2	9,9	14,4
3⁰⁰	3,05	16,2	»	15,55
3³⁰	»	15,8	2,47	16,8
4⁰⁰	»	34,3	»	19,5

TABLEAU XXXIV

Relevé des observations. — Chaudière Strebel
(Chauffage à eau chaude). — Chauffage de réserve.

HEURES	TIRAGE avant LE REGISTRE en millimètres d'eau	HUMIDITÉ RELATIVE DE L'AIR dans la chaufferie p. 100	TEMPÉRATURE dans la CHAUFFERIE centigrades	TEMPÉRATURE EXTÉRIEURE centigrades	TEMPÉRATURE sur le TUYAU DE DÉPART centigrades
3³⁰	0,5	55	23	15,1	28,2 (¹)
4⁰⁰	0,5	54	21,2	14,8	27,8
4³⁰	0,5	56	20,5	14,8	28,1
5⁰⁰	0,5	58	20,5	14,8	27,8
5³⁰	0,5	59	20,5	14,4	29,3
6⁰⁰	0,5	60	20,7	14,1	30
6³⁰	0,5	60	20,5	13,9	30,9
7⁰⁰	0,5	60	20,9	13,6	31,2
7³⁰	0,5	60	20,7	13,1	31,6
8⁰⁰	0,5	60	20,9	12,8	31,7
8³⁰	0,5	61	20,7	12,3	31,9
9⁰⁰	0,5	59	20,7	12,1	31,9
9³⁰	0,5	58	20,6	12	31,9
10⁰⁰	0,5	59	20,6	11,3	32
10³⁰	0,5	59	20,4	11,1	31,8
11⁰⁰	0,5	59	20,3	10,7	31,5

(¹) La température réelle est d'environ 5° supérieure, car les thermomètres étaient placés à l'extérieur sur les tuyaux dans un bain de mercure.

TABLEAU XXXV

Analyse des gaz de la combustion. — Chaudière Strebel
(Chauffage à eau chaude). — Chauffage de réserve.

HEURES	NUMÉRO du BALLON	CO2 p. 100	O2 p. 100	CO p. 100	Az² p. 100	PERTE PAR COMBUSTION INCOMPLÈTE V' p. 100
3³⁰	1	2,9	0	17,7	79,4	0
4⁰⁰	2	4,8	1,2	14,9	79,1	13,7
4³⁰	3	6,6	2,3	12,3	78,8	17,7
5⁰⁰	4	7,5	2,1	11,8	78,6	15,0
5³⁰	5	7,4	1,8	12,2	78,6	13,4
6⁰⁰	6	7,0	1,4	12,4	79,2	11,4
6³⁰	7	7,0	1,0	12,9	79,1	8,55
7⁰⁰	8	7,4	1,2	12,4	79,0	9,55
7³⁰	9	6,2	0,8	13,6	79,4	7,75
8⁰⁰	10	6,0	0,7	14,1	79,2	7,15
8³⁰	11	5,2	0,6	14,8	79,4	7,05
9⁰⁰	12	5,2	0,3	15,1	79,4	2,355
9³⁰	13	5,2	0,3	15,1	79,4	2,355
10⁰⁰	14	4,9	0	15,7	79,4	0
10³⁰	15	5,2	0	15,4	79,4	0
11⁰⁰	16	5,2	0	15,4	79,4	0

Nous en tirons H = 18, H' = 25 mètres carrés, c'est-à-dire qu'il n'y a eu en service que 18 mètres carrés de surface de chauffe pour compenser les pertes de chaleur. La production nécessaire n'a pu être atteinte qu'avec un fort tirage, sans quoi l'on n'aurait pu brûler 1^{k},85 de coke par heure et par mètre carré. Avec 7 mètres carrés de plus de surface de chauffe et un tirage moins fort, il aurait été possible de réaliser la même production, mais la consommation de coke eût été extraordinairement moindre (économie de 23,5 0/0).

XX

CHAUDIÈRE STREBEL

(Distribution d'eau chaude)

OBSERVATIONS SUR L'INSTALLATION ESSAYÉE

Une chaudière Strebel, série II de 5 mètres carrés de surface de chauffe.

Les figures 68 à 70 représentent le schéma de l'installation montrant la façon dont la chaudière est raccordée au réchauffeur.

Le concierge ne marchait qu'avec le registre fermé dans lequel on avait percé un trou de 40 millimètres de diamètre. Le régulateur de combustion était fermé et la chaudière marchait nuit et jour.

Comme il n'était pas possible de mesurer les dimensions du serpentin de chauffage, je n'ai pas pu établir pour cette installation la quantité de chaleur transmise par mètre carré de surface de serpentin, mais j'ai relevé toutes les températures intéressantes (voir tableau XXXVI).

RÉSULTATS D'ESSAI

La chaudière a été décrassée à sept heures et demie et complètement garnie. Les observations ont commencé à huit heures. Les chargements de combustible ont été faits à :

10^{h} 20.....................	10 kilogrammes de coke
12 30.....................	20 —
3 15.....................	15 —
5 00.....................	15 —
TOTAL...........	60 kilogrammes de coke en 9^{h} 5

Donc on a consommé par mètre carré de surface de chauffe et par heure :

$$\frac{60}{9,5 \times 5} = 1^{kg},26$$

Le tableau XXXVII des analyses des gaz nous montre que la proportion d'H et de CO non brûlés est très considérable. J'attribue à l'étroitesse de la trémie de la chaudière essayée cette forte proportion qui n'avait pas été constatée, même pendant le chauffage de réserve dans des chaudières plus grandes et plus larges. La petite grille de la chaudière d'essai ne donne pas une assise suffisante au coke incandescent lorsque le tirage est aussi faible. Lorsqu'on regarnit la trémie de coke frais, le feu est en partie étouffé et la température dans la chambre de combustion s'abaisse fortement. Le graphique de la figure 71 montre l'allure des courbes pour H^2 et CO. Au maximum de CO correspond un minimum de H^2 et inversement la proportion de H^2 augmente lorsque celle de CO diminue. En tout cas, cet essai nous montre bien clairement quelles erreurs l'on peut commettre lorsqu'on néglige les pertes par combustion incomplète des gaz [1]. La perte par la cheminée se montait à 5,46 0/0 et la perte par combustion incomplète des gaz à 18,59 0/0 de la puissance calorifique du coke. En comptant pour la perte par rayonnement et pour la perte par réactions endothermiques [2], en tout 3,79 0/0, le rendement s'établit de la façon suivante :

$$100 - (5,46 + 18,59 + 3,79) = 72,16 \ 0 \ 0,$$

c'est-à-dire que 1 kilogramme de coke n'a produit que 5.101 calories utiles.

La production spécifique de la chaudière par mètre carré de surface de chauffe et par heure a atteint :

$$1,26 \times 5101 = 7.573 \text{ calories.}$$

On voit de nouveau par là combien le tirage doit être extraordinairement faible pour réaliser une production et un rendement aussi convenables que possible.

Dans des conditions de tirage à peu près les mêmes, la chaudière Strebel large marche plus économiquement que la chaudière étroite, mais celle-ci a une production sensiblement plus forte. Je ne pense

---

[1] J'ai déjà renvoyé à ce sujet à mon rapport sur l'aide-mémoire du professeur Gramberg (*Dinglers Polytechnisches Journal*, 1909).

[2] Voir chap. VIII, p. 52 et 56 (pertes *d*).

pas qu'il soit impossible d'établir un type de chaudière intermédiaire

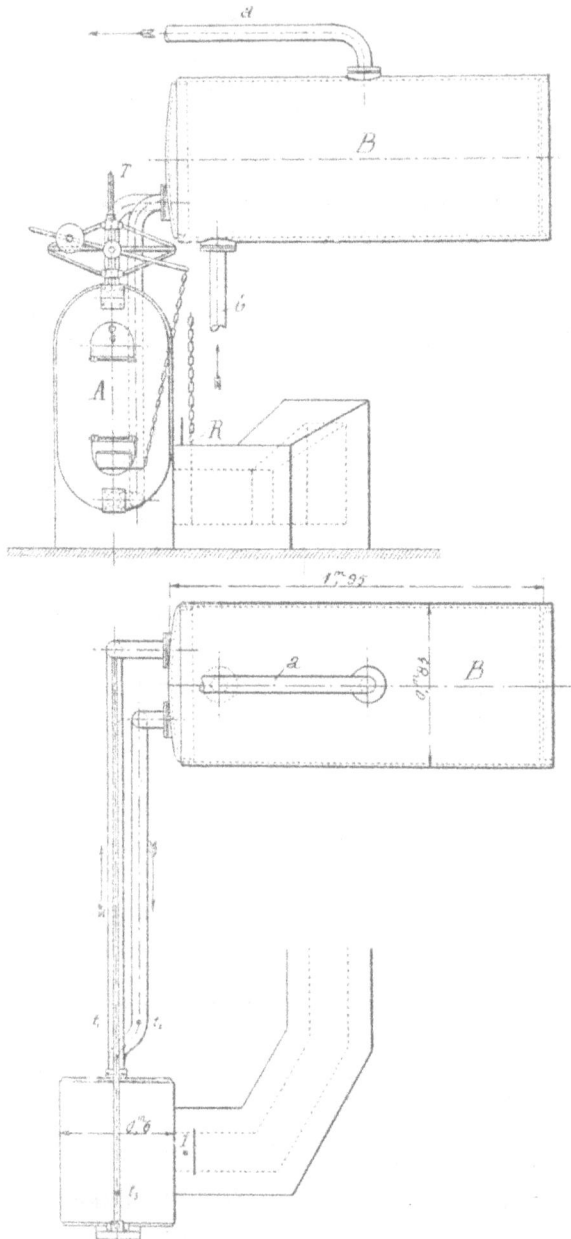

dans lequel le rendement et la production soient également favorables.

La marche à faible tirage présente, surtout avec les chaudières

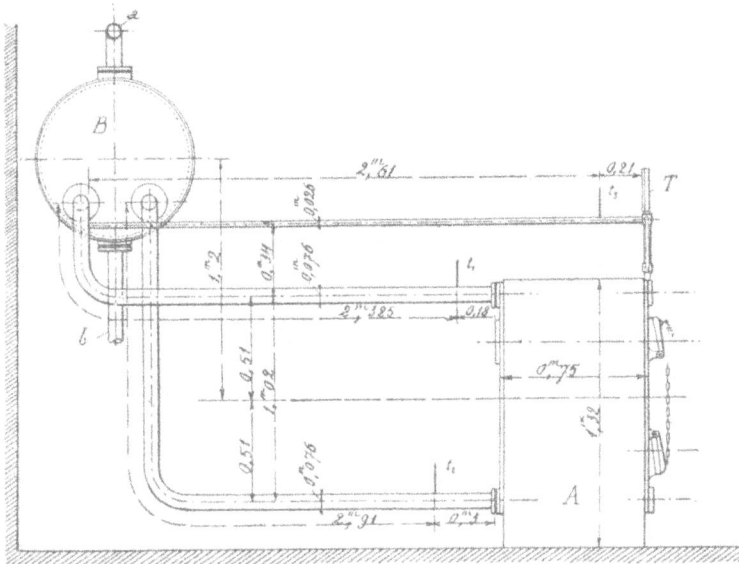

FIG. 68 à 70. — Installation de distribution d'eau chaude.

A. Chaudière de Strebel de 5 mètres carrés de surface de chauffe.
B. Réchauffeur d'eau.
R. Registre.
a. Tuyau de départ de l'eau chaude.
b. Tuyau d'eau froide.
T. Thermomètre existant, température moyenne 80°,13.
t_1.
t_2. Thermomètres d'expérience, température moyenne { 80° 13.
t_3.   { 94° 17.
                                                        { 82° 45.
I. Point de prélèvement et de mesure de la température de sortie des gaz de la combustion.

étroites le danger suivant : les gaz non brûlés se répandent dans la cave et de là dans les locaux d'habitation si l'on n'a pas soin de prévoir une bonne aération de la cave (si possible une ventilation). Pour permettre la comparaison, je reproduis ci-dessous les résultats des essais.

	CONSOMMATION DE COKE par mètre carré de surface de grille et par heure	PERTE par la CHEMINÉE	PERTE PAR COMBUSTION incomplète des gaz	PRODUCTION SPÉCIFIQUE par mètre carré de surface de chauffe et par heure
Chaudière Strebel large (voir p. 163)..........	kilogr. 0,4476	p. 100 3,23	p. 100 9,12	calories 2.710
Chaudière Strebel étroite	1,26	5,46	18,59	7.573

TABLEAU XXXVI

Relevé des Observations. — Chaudière Strebel

(distribution d'eau chaude)

HEURES	TEMPÉRATURE de SORTIE DES GAZ centigrades	TEMPÉRATURE dans le TUYAU DE DÉPART centigrades	TEMPÉRATURE dans le TUYAU DE RETOUR centigrades	HUMIDITÉ RELATIVE DE L'AIR dans la chaufferie p. 100	TEMPÉRATURE dans LA CHAUFFERIE degrés C.
8.00	87	66,5	49,5	68	21
8.15	140	78	58	70	21
8.30	122	82	75	70	21
8.45	140	95	83,5	70	21
9.00	145	95	85	70	21
9.15	143	95	86	69	20,5
9.30	160	95,8	88,6	68	20,8
9.45	137	95,8	90	67	21,2
10.00	123	94	87,8	67	21,2
10.15	138	94,2	87,9	66	21,2
10.30	127	94,8	88,5	66	21,2
10.45	147	96	89,6	67	21,2
11.00	137	96	89,6	67	21,2
11.15	135	96,5	90,5	67	21,3
11.30	126	98,7	94,3	67	21,4
11.45	121	99	94,6	67	21,8
12.00	105	96	90,5	68	21,8
12.15	108	95	88,6	68	21,8
12.30	118	96	90	68	21,7
12.45	92	93,5	92,5	68	21,8
1.00	97	94	81	68	21,6
1.15	110	95	81,5	68	22
1.30	110	95	82	68	22
1.45	110	95,5	84,5	69	22,1
2.00	110	96	85	69	22,1
2.15	112	95,5	84	69	22
2.30	100	95	82,3	69	22
2.45	98	94,5	81,5	69	21,9
3.00	94	94,3	79	70	21,8
3.15	84	93,8	77,5	70	21,8
3.30	113	90,5	73,5	70	22
3.45	160	96	80	70	21,6
4.00	140	99,5	90	70	21,6
4.15	94	96,5	89	70	22
4.30	80	94	81	70	22
4.45	120	91	76,5	70	22
5.00	160	95	81	70	22

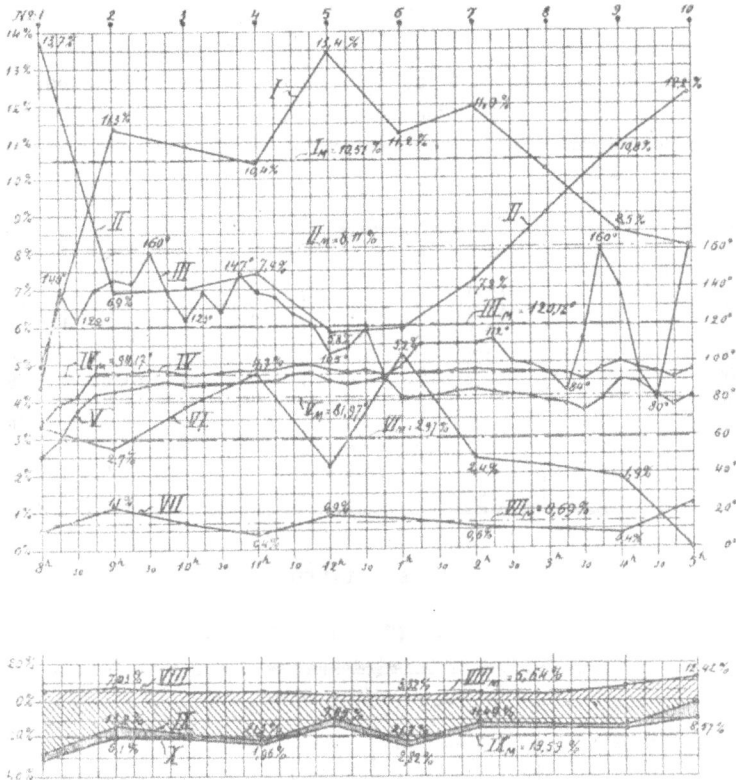

FIG. 71. — Chaudière Strebel. Distribution d'eau chaude.

I. Variations de la teneur de CO^2 en 0/0 du volume des gaz de la combustion.
I_M. Moyenne de la teneur de CO^2 en 0/0 du volume des gaz de la combustion = 10,51 0/0.
II. Variations de la teneur de O^2 en 0/0 du volume des gaz de la combustion.
II_M. Moyenne de la teneur de O^2 en 0/0 du volume des gaz de la combustion = 8,11 0/0.
III. Variations de la température dans le carneau de sortie.
III_M. Moyenne de la température dans le carneau de sortie = 120°,12.
IV. Variations de la température dans le tuyau de départ.
IV_M. Moyenne de la température dans le tuyau de départ = 94°,17.
V. Variations de la température dans le tuyau de retour.
V_M. Moyenne de la température dans le tuyau de retour = 81°,97.
VI. Variations de la teneur de CO en 0/0 du volume des gaz de la combustion.
VI_M. Moyenne de la teneur de CO en 0/0 du volume des gaz de la combustion = 2,97 0/0.
VII. Variations de la teneur d'H^2 en 0/0 du volume des gaz de la combustion.
VII_M. Moyenne de la teneur d'H^2 en 0/0 du volume des gaz de la combustion = 0,69 0/0.
VIII. Variations de la perte par la cheminée en 0/0 de la puissance calorifique.
VIII_M. Moyenne de la perte par la cheminée en 0/0 de la puissance calorifique = 5,64 0/0.
IX. Variations de la perte par combustion incomplète de CO en 0/0 de la puissance calorifique.
X. Variations de la perte par combustion incomplète de H^2 en 0/0 de la puissance calorifique.
IX_M. Moyenne de la perte totale par combustion incomplète des gaz en 0/0 de la puissance calorifique = 18,59 0/0.

A 8^h. Chaudière complètement garnie.
10^{h}20. Chargé 10 kilogrammes de coke.
12^{h}30. Chargé 20 kilogrammes de coke.
3^{h}15. Chargé 15 kilogrammes de coke.
5^h. Enlevé le mâchefer, chargé 15 kilogrammes de coke.

TABLEAU XXXVII

Analyses des gaz de la combustion. — Chaudière Strebel
(distribution d'eau chaude)

HEURES	NUMÉRO DU BALLON	CO_2 p. 100	O_2 p. 100	CO p. 100	H_2 p. 100	Az_2 p. 100
8^{00}	1	4,9	13,7	3,3	0,5	77,6
9^{00}	2	11,3	6,9	2,7	1,1	78,0
10^{00}	3	10,9	7,0	3,8	0,7	77,6
11^{00}	4	10,4	7,4	4,7	0,7	77,1
12^{00}	5	13,4	5,8	2,2	0,9	77,7
1^{00}	6	11,2	5,9	5,2	0,8	76.9
2^{00}	7	11,9	7,2	2,4	0,6	77,9
3^{00}	8	10,2	9,0	2,2	0,5	78,1
4^{00}	9	8.5	10,8	1,9	0,4	78,4
5^{00}	10	8,1	12,2	»	1,2	78,5

TABLEAU XXXVIII

Pertes. — Chaudière Strebel

HEURES	PERTE PAR COMBUSTION INCOMPLÈTE DES GAZ		PERTES par la CHEMINÉE
	d v' 0/0	h v' 0/0	v'' 0/0
8^{00}	27,54	3,53	5,80
9^{00}	13,20	6,10	7,03
10^{00}	17,69	2,75	5,02
11^{00}	21,30	1,96	5,57
12^{00}	9,65	3,34	3,85
1^{00}	21,70	2,82	3,32
2^{00}	11,49	2,43	4,50
3^{00}	12,14	2,33	4,20
4^{00}	12,50	2,22	8,27
5^{00}	»	8,57	12,42

XXI

PETITE CHAUDIÈRE STREBEL

(Distribution d'eau chaude)

OBSERVATIONS FAITES SUR CE SYSTÈME DE CHAUDIÈRE

Ces chaudières d'ailleurs commodes et bien construites, présentent l'inconvénient d'avoir une trémie de trop faible capacité qui par suite se refroidit fortement. Elles produisent pendant leur marche d'une façon continue de l'oxyde de carbone et de l'hydrogène, de sorte que la perte de chaleur par combustion des gaz est très élevée (12 à 13 0/0 de la puissance calorifique du coke). En outre, comme le coke, lorsque la chaudière vient d'être garnie, s'amoncelle tout contre l'orifice d'évacuation vers la cheminée, il en résulte une forte perte par la cheminée, si l'on ne fait pas marcher continuellement la chaudière avec le registre aussi peu ouvert que possible. On peut remarquer souvent que la flamme passe directement dans la cheminée, lorsque à cause de la petite surface de chauffe, on force l'allure.

Si l'on alimente directement la chaudière avec l'eau à réchauffer (installation sans serpentin) elle ne dure pas plus de un à deux ans, car les boues et les incrustations s'accumulent entre ses parois et il en résulte un arrêt de la transmission de la chaleur et la formation de criques dans le métal.

Il faut donc éviter une pareille disposition, surtout lorsque l'eau est de mauvaise qualité. Mais il existe encore d'autres causes qui réduisent la durée des chaudières.

D'après l'opinion des praticiens, il ne se forme pas d'incrustations dans les chaudières en fonte à cause de la vitesse de la circulation ; le tartre se dépose en partie dans le réchauffeur et en partie dans la conduite de circulation et d'amenée dont il réduit la section, de sorte qu'il se forme de la vapeur dans la chaudière. L'eau est alors chassée par le tuyau de retour, la chaudière rougit et fait explosion, lorsque l'eau vient en contact avec les parois portées au rouge. Il existe de même des experts qui sont persuadés de ce fait et considèrent que la cause des explosions ne réside que dans les incrustations. Cela est absolument inexact. Les chaudières de chauffage à eau chaude dans lesquelles la formation d'incrustations est impossible peuvent faire explosion au bout d'un service de plusieurs années ainsi que le montre l'expérience. S'il ne s'agit pas de défauts de construction, la cause doit en être recherchée ailleurs. A ce sujet je partage l'opinion de la maison Janeck et Vetter, qui attribue ces avaries de chaudière à la fragilité croissante du métal résultant des successions continuelles de dilatation et de contraction qu'il a à subir (¹). Dans les installations de distribution d'eau chaude, cet inconvénient a une importance double, car les chaudières marchent été et hiver. C'est pourquoi on n'accepte généralement pour les distributions d'eau chaude qu'un délai de garantie d'un an. La manière dont l'eau est amenée a une grande importance. On peut construire sans danger une distribution d'eau chaude sans serpentin, si l'on a soin de ne pas faire arriver l'eau froide directement dans la chaudière, mais de l'envoyer dans le réchauffeur ou le réservoir (à environ un tiers de sa hauteur), de sorte qu'elle puisse se mélanger avant d'arriver dans le tuyau de retour de la chaudière et dans la chaudière.

OBSERVATIONS SUR L'INSTALLATION ESSAYÉE

Chaudière de 1m²,5 de surface de chauffe

La figure 72 représente la façon dont la chaudière est raccordée avec le réchauffeur. Comme cette disposition est appliquée généralement dans toutes les installations bien construites, j'ai fait deux séries d'essais pour contrôler les résultats des uns par les autres.

Premier essai. — Les résultats sont représentés graphiquement figure 73 et énumérés sur les tableaux XXXIX et XLI.

(¹) Nous nous rallierons volontiers à cette explication, car nous avons constaté personnellement des ruptures de chaudières qui n'avaient aucune incrustation intérieure. Ces chaudières fonctionnaient toujours avec la même eau, qui transmettait sa chaleur à l'eau de service d'eau chaude par l'intermédiaire d'un serpentin ou d'un faisceau tubulaire fonctionnant comme un bain-marie. L'eau du service d'eau chaude ne pénétrait donc jamais dans les chaudières et la surface intérieure était absolument lisse, sans boues ni incrustations calcaires.

G. Debesson.

On constate par l'analyse que, pendant le chargement du coke de gaz, il se produit déjà du CO et de l'H dans la trémie. Le dégagement de gaz non brûlés a lieu pendant toute la durée de l'essai. Là perte de chaleur qui en résulte varie de la façon suivante :

Pour CO, de 2,10 à 16,70 0/0 (voir *d* du tableau XLI) ;

Pour H^2, de 1,71 à 5,51 0/0 (voir *h* du tableau XLI).

Fɪɢ. 72. — Distribution d'eau chaude. Petite chaudière Strebel de $1^{m2},5$ de surface de chauffe.

A. Chaudière.
B. Réchauffeur. Contenance 1.500 litres.
S. Serpentin d'eau. Longueur 20 mètres.
a. Tuyau d'eau chaude.
b. Tuyau d'eau froide.

t^1
t^2 } Thermomètres d'expérience, température moyenne ; $\begin{cases} t_1 = 70°9 \\ t_2 = 69°0 \\ t_3 = 54°54 \end{cases}$
t^3

Pour les deux gaz réunis, cette perte atteint en moyenne 12,27 0/0 de la puissance calorifique du coke.

La perte par la cheminée atteint son maximum au commencement de la combustion de la couche de combustible. Nous voyons en effet la température de sortie des gaz croître peu à peu de huit heures et demie à onze heures et demie jusqu'à 314° ; pendant le chargement, la zone de combustion se refroidit jusqu'à 180° environ (12ʰ30) pour croître ensuite jusqu'à 364° et davantage. La perte par la cheminée varie de 10,06 jusqu'à 21 0/0 de la puissance calorifique du coke et atteint en moyenne 14,76 0/0, c'est-à-dire que la quantité de cha-

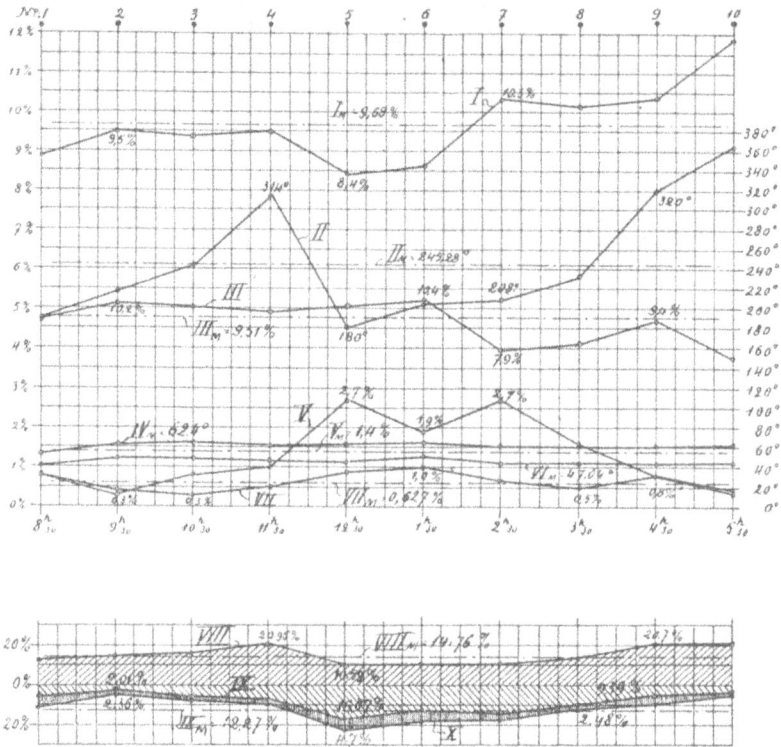

FIG. 73. — Petite chaudière de Strebel. Distribution d'eau chaude.

   I. Variations de la teneur de CO_2 en 0/0 du volume des gaz de la combustion.
   I_M. Moyenne de la teneur de CO_2 en 0/0 du volume des gaz de la combustion $= 9,68$ 0/0.
  II. Variations de la température dans le carneau de sortie.
  II_M. Moyenne de la température dans le carneau de sortie $= 245°,28$.
 III. Variations de la demi-teneur de O_2 en 0/0 du volume des gaz de la combustion.
 III_M. Moyenne de la teneur de O_2 en 0/0 du volume des gaz de la combustion $= 9,51$ 0/0.
 IV. Variations de la température dans le tuyau de départ t_2.
 IV_M. Moyenne de la température dans le tuyau de départ $t_2 = 62°,4$.
  V. Variations de la teneur de CO en 0/0 du volume des gaz de la combustion.
 V_M. Moyenne de la teneur de CO en 0/0 du volume des gaz de la combustion $= 1,4$ 0/0.
 VI. Variations de la température dans le tuyau de retour t_3.
 VI_M. Moyenne de la température dans le tuyau de retour $t_3 = 47°,04$.
 VII. Variations de la teneur de H_2 en 0/0 du volume des gaz de la combustion.
 VII_M. Moyenne de la teneur de H_2 en 0/0 du volume des gaz de la combustion $= 0,62$ 0/0.
VIII. Variations de la perte par la cheminée en 0/0 de la puissance calorifique.
VIII_M. Moyenne de la perte par la cheminée en 0/0 de la puissance calorifique $= 14,76$ 0/0.
 IX. Variations de la perte par combustion incomplète de CO en 0/0 de la puissance calorifique.
  X. Variations de la perte par combustion incomplète de H_2 en 0/0 de la puissance calorifique.
 IX_M. Moyenne de la perte totale par combustion incomplète des gaz en 0/0 de la puissance calorifique
    $= 12,27$ 0/0.

      A 8h. Chaudière complètement garnie.
      12h15. Chargé 15 kilogrammes de coke.
      5h30. Enlevé le mâchefer. Chargé 14kg,5.

leur entraînée par les gaz de la combustion diffère relativement peu de celle qui est perdue par combustion incomplète.

Un coup d'œil sur le graphique des pertes nous permet de constater que, dans une chaudière en marche normale, la somme des pertes par la cheminée et des pertes par combustion incomplète est constante.

Deuxième essai (*vérification*) (*fig.* 74, tableaux XL et XLI). — Il n'y a pas grand'chose à dire sur cet essai, dont les résultats sont absolument comparables à ceux du premier. Il semble toutefois y avoir contradiction à propos de l'allure des courbes de CO et H² à dix heures et demie. Mais cette différence est due seulement à une descente brusque du coke dans la trémie ; au maximum de CO² correspond un maximum de CO, à cause d'un manque d'air passager ; on voit en ce point que la proportion d'O diminue un peu.

En réunissant, à titre de comparaison, les principaux résultats des essais, on obtient les nombres moyens suivants :

	VOLUMES 0 0			TEMPÉRATURE de SORTIE DES GAZ	EN 0,0 DE LA PUISSANCE CALORIFIQUE DU COKE	
	CO	H²	CO²	centigrades	perte par la cheminée	perte par combustion incomplète
1ᵉʳ Essai............	1,4	0,627	9,68	245,28	14,76	12,27
2ᵉ Essai (vérification).	1,05	0,780	7,81	295,68	22,65	13,26

Ce tableau montre qu'un tirage plus fort semble avoir une influence favorable sur la proportion de CO (1,05 au lieu de 1,4 0/0), mais il ne faut pas oublier que la perte de chaleur par combustion incomplète augmente lorsque le rapport $\dfrac{CO^2}{CO}$ diminue. Ces rapports ont les valeurs suivantes :

Premier essai............................ $\dfrac{9,68}{1,4} = 6,9$;

Deuxième essai............................ $\dfrac{7,81}{1,05} = 7,43$.

En outre, dans l'essai de vérification, la proportion d'H était un peu

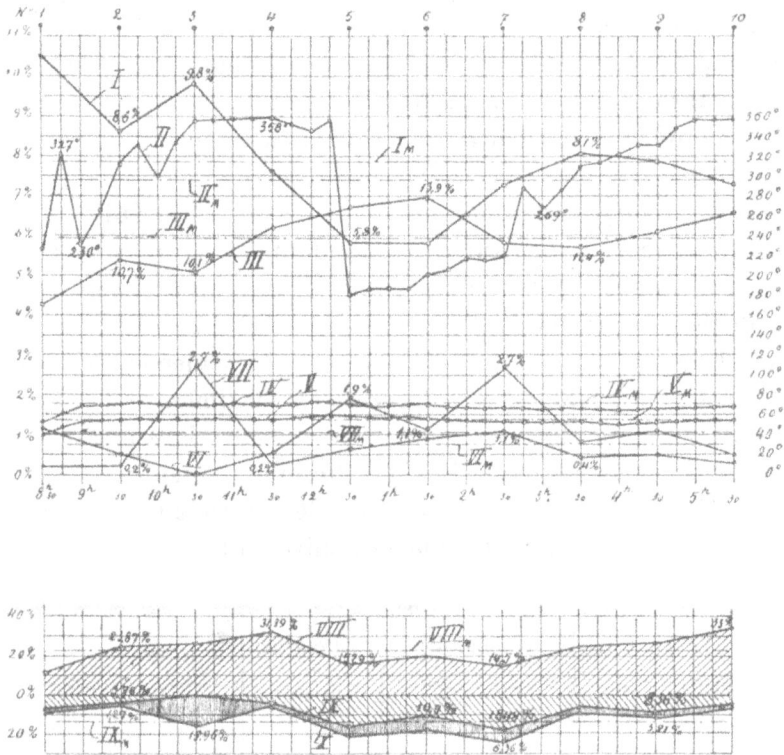

FIG. 74. — Petite chaudière de Strebel. Distribution d'eau chaude.

I.   Variations de la teneur de CO^2 en 0/0 du volume des gaz de la combustion.
Iм. Moyenne de la teneur de CO^2 en 0/0 du volume des gaz de la combustion = 7,81 0/0.
II. Variations de la température dans le carneau de sortie.
IIм. Moyenne de la température dans le carneau de sortie = 295°,68.
III. Variations de la demi-teneur de O^2 en 0/0 du volume des gaz de la combustion.
IIIм. Moyenne de la teneur de O^2 en 0/0 du volume des gaz de la combustion = 11,97 0/0.
IV. Variations de la température dans le tuyau de départ t_2.
IVм. Moyenne de la température dans le tuyau de départ t_2 = 69°.
V.   Variation de la température dans le tuyau de retour t_3.
Vм. Moyenne de la température dans le tuyau de retour t_3 = 54°,54.
VI. Variations de la teneur de CO en 0/0 du volume des gaz de la combustion.
VIм. Moyenne de la teneur de CO en 0/0 du volume des gaz de la combustion = 1,05 0/0.
VII. Variations de la teneur de H^2 en 0/0 du volume des gaz de la combustion.
VIIм. Moyenne de la teneur de H^2 en 0/0 du volume des gaz de la combustion = 0,78 0/0.
VIII. Variations de la perte par la cheminée en 0/0 de la puissance calorifique.
VIIIм. Moyenne de la perte par la cheminée en 0/0 de la puissance calorifique = 22,65 0/0.
IX. Variations de la perte par combustion incomplète de CO en 0/0 de la puissance calorifique.
X.   Variations de la perte par combustion incomplète d'H^2 en 0/0 de la puissance calorifique.
IXм. Moyenne de la perte totale par combustion incomplète des gaz en 0/0 de la puissance calorifique = 13,26 0/0.

A 8ʰ. Chaudière complètement garnie.
12ʰ15. Chargé 20 kilogrammes de coke.
5ʰ30. Enlevé le mâchefer. Chargé 17 kilogrammes de coke.

plus forte. Les chaudières de ce genre doivent donc marcher avec un tirage faible pour que leur rendement soit aussi bon que possible.

Les pertes totales ont été de :

Premier essai : 27,03 0 0 de la puissance calorifique du coke
Deuxième essai : 35,91 0,0 — —

TABLEAU XXXIX

Relevé des observations. — Petite chaudière Strebel, 1ᵉʳ essai.

HEURES	TEMPÉRATURE de SORTIE DES GAZ centigrades	TEMPÉRATURE danl le TUYAU DE DÉPART centigrades	TEMPÉRATURE dans le TUYAU DE RETOUR centigrades	HUMIDITÉ RELATIVE DE L'AIR dans la chaufferie p. 100	TEMPÉRATURE dans la CHAUFFERIE centigrades
8³⁰	190	53	41,5	»	18,1
9³⁰	217	63	49	»	19
10³⁰	243	65	49	»	19,5
11³⁰	314	63	47	»	19,8
12³⁰	180	64,5	46,3	»	19,8
1³⁰	204	65	51	»	19,8
2³⁰	208	61,4	45	73	19,8
3³ᶜ	232	62,5	45,5	75	20
4³⁰	320	62	45	74	20
5³⁰	364	63,4	46	73	20,7

TABLEAU XL

Relevé des observations. — Petite chaudière Strebel, 2ᵉ essai (vérification).

HEURES	TEMPÉRATURE de SORTIE DES GAZ centigrades	TEMPÉRATURE dans le TUYAU DE DÉPART centigrades	TEMPÉRATURE dans le TUYAU DE RETOUR centigrades	HUMIDITÉ RELATIVE DE L'AIR dans la chaufferie p. 100	TEMPÉRATURE dans la CHAUFFERIE centigrades
8³⁰	221	52	40,8	77	18,5
8⁴⁵	327	62,5	46	76	19,5
9⁰⁰	230	69	53	75	19,5
9¹⁵	263	70	54	75	19,6
9³⁰	311	71	55	73	19,8
9⁴⁵	329	72	56	72	20
10⁰⁰	296	71	53,5	71	20
10¹⁵	335	70	55	70	20
10³⁰	354	71	55,3	70	20,1
10⁴⁵	356	70,5	55,3	69	20,2
11⁰⁰	357	71,5	56	68	20,2
11¹⁵	356	70	54,6	68	20
11³⁰	358	69,6	54,8	68	20,5
11⁴⁵	350	71	56,5	68	20,5
12⁰⁰	343	73	59	68	20,6
12¹⁵	354	74	60	68	20,6
12³⁰	180	71	59	68	20
12⁴⁵	185	68	57,3	69	20
1⁰⁰	185	69,2	57,6	68	20
1¹⁵	185	71	58,7	68	20
1³⁰	200	71	57	68	20
1⁴⁵	205	69,2	55,5	68	20
2⁰⁰	216	68	54	68	20
2¹⁵	214	67	53	68	20
2³⁰	218	67	53	68	20
2⁴⁵	289	67,2	53	68	20
3⁰⁰	269	66,6	52,8	68	20,1
3¹⁵	289	67,2	53,4	68	20,3
3³⁰	312	67	53	68	20,2
3⁴⁵	313	65,5	51,4	68	20,6
4⁰⁰	323	64,8	50,8	68	20,6
4¹⁵	331	66	52	68	20,6
4³⁰	351	67,3	52,3	68	20,6
4⁴⁵	351	67,5	53,8	68	20,6
5⁰⁰	358	68	54,5	69	20,8
5¹⁵	357	69	55	69	20,9
5³⁰	358	69	55,5	70	21

TABLEAU XLI
Analyse des gaz de la combustion

HEURES	NUMÉROS du BALLON	CO^2 p. 100	O^2 p. 100	CO p. 100	H^2 p. 100	Az^2 p. 100	PERTES PAR COMBUSTION INCOMPLÈTE des gaz V' p. 100		PERTES par LA CHEMINÉE V'' p. 100
							d	h	
					PREMIER ESSAI				
8^{30}	1	8,9	9,4	0,8	0,8	80,1	5,65	4,78	13,01
9^{30}	2	9,5	10,2	0,3	0,4	79,6	2,10	2,56	14,89
10^{30}	3	9,4	10,1	0,8	0,3	79,4	5,38	1,71	16,24
11^{30}	4	9,5	9,8	1,0	0,5	79,2	6,52	2,75	20,95
12^{30}	5	8,4	10,1	2,7	0,9	77,9	16,70	4,70	10,59
1^{30}	6	8,6	10,4	1,9	1,0	78,1	12,39	5,51	10,06
2^{30}	7	10,3	7,9	2,7	0,7	78,4	14,22	3,12	10,64
3^{30}	8	10,1	8,2	1,6	0,5	79,6	9,39	2,48	13,41
4^{30}	9	10,3	9,4	0,8	0,8	78,7	4,95	4,18	20,27
5^{30}	10	11,8	7,5	0,4	0,4	79,8	2,78	1,88	21,00
					DEUXIÈME ESSAI				
8^{30}	1	10,5	8,5	1,1	0,2	79,7	6,51	1	11,47
9^{30}	2	8,6	10,7	0,5	0,2	80	3,76	1,27	23,87
10^{30}	3	9,8	10,1	»	2,7	77,4	»	15,96	25,66
11^{30}	4	7,6	12,3	0,5	0,2	79,4	4,23	1,43	31,99
12^{30}	5	5,8	13,4	1,9	0,6	78,3	16,92	4,51	15,23
1^{30}	6	5,8	13,9	1,1	0,9	78,3	10,90	7,54	19,13
2^{30}	7	7,3	11,6	2,7	1,1	77,3	18,48	6,36	14,57
3^{30}	8	8,1	11,4	0,8	0,4	79,3	6,15	2,60	24,45
4^{30}	9	7,9	12,2	1,1	0,5	78,3	8,36	3,21	25,82
5^{30}	10	7,3	13,1	0,5	0,3	78,8	4,40	2,23	31,00

Si l'on considère la chaudière comme un radiateur avec $k = 7$, elle émettra pour les températures moyennes de l'eau chaude et pour une surface extérieure de $2^{m^2},45$ une quantité de chaleur de :

$1°$
$$7 \left(\frac{62,4 + 47,04}{2} - 19,65 \right) 2,45 = 600 \text{ calories ;}$$

$2°$
$$7 \left(\frac{69 + 54,54}{2} - 20,2 \right) 2,45 = 713 \text{ calories.}$$

Ce qui donne, pour des consommations horaires de coke de $\dfrac{30,5}{9}$ kilogrammes et $\dfrac{37}{9}$ kilogrammes,

$1°$
$$\frac{600 \times 100 \times 9}{30,5 \times 7070} = 2,5 \, 0/0 \; ;$$

$2°$
$$\frac{713 \times 100 \times 9}{37 \times 7070} = 2,45 \, 0/0.$$

Les rendements se calculent d'après ces résultats à 1 0/0 près et sont :

1°   69,47 0/0 :   2°   60,64 0 0

La production spécifique de la chaudière par mètre carré de surface de chauffe et par heure a atteint :

1°   11.150 calories;   2°   11.750 calories.

Pour une température moyenne de l'eau chaude dans le serpentin de 67°,3, la quantité de chaleur transmise par mètre carré de surface extérieure de serpentin (en fer) était de 4.325 calories, alors que, dans la pratique, on admet des nombres beaucoup plus élevés. Il en résulte que le coefficient de transmission de la chaleur est en moyenne de $k = 140$.

XXII

CHAUDIÈRE RAPID[1] : USINES MÉTALLURGIQUES DU BAS-RHIN, A DULKEN

(Chauffage à vapeur à basse pression)

DESCRIPTION

Le mode de construction de la chaudière Rapid ressort des figures 75 et 76. Au-dessus d'un socle en fonte avec porte de cendrier et raccords pour l'évacuation des gaz de la combustion, se trouve une série d'éléments verticaux en forme d'anneaux ou de disques juxtaposés et constituant la chaudière. La grille refroidie par l'eau s'étend depuis l'élément antérieur jusqu'au premier élément en forme de disque et n'a qu'une longueur de 1m,70, même dans les plus grandes chaudières de 50 mètres carrés. La combustion ne se fait pas dans la

[1] Ce type de chaudières est à peu près inconnu en France.

G. Debesson.

trémie, mais de bas en haut à travers des canaux latéraux, qui ont en

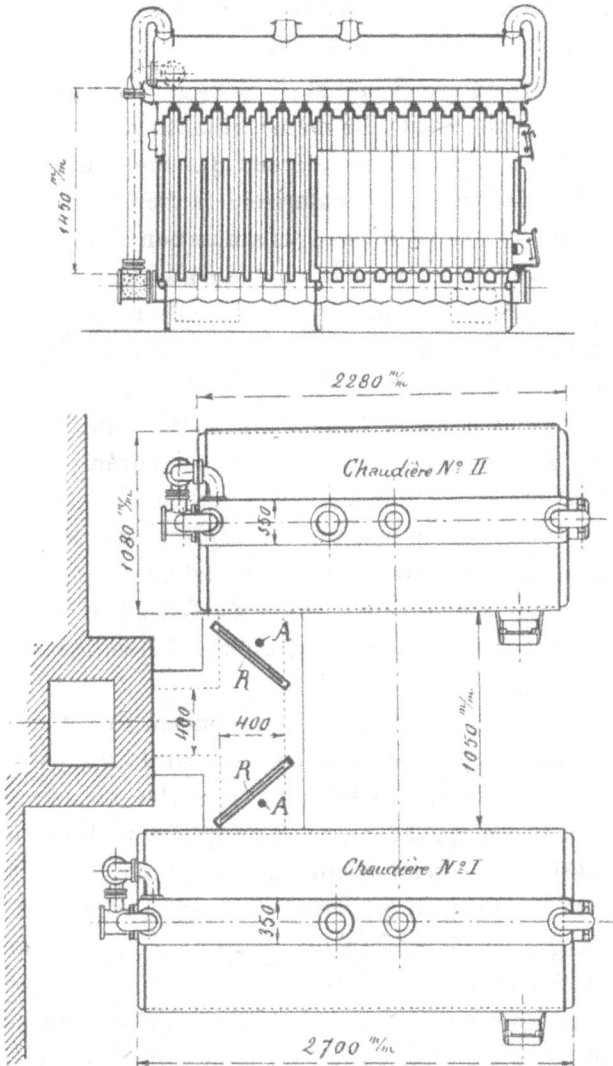

FIG. 75 et 76. — Chaudière Rapid de Dulken. Chauffage à vapeur à basse pression.
AA. Points de prélèvement des gaz et des mesures de température et du tirage.
RR. Registres.

Chaudière n° 1 { Surface de chauffe.......... 33ᵐ2,23
{ Tirage moyen............... 8ᵐᵐ,1 de hauteur d'eau.
Chaudière n° 2 { Surface de chauffe.......... 42ᵐ2,43
{ Tirage moyen............... 15ᵐ,84 de hauteur d'eau.

même temps pour rôle d'allumer les gaz résultant de la combustion incomplète (principalement CO).

OBSERVATIONS FAITES SUR CE SYSTÈME DE CHAUDIÈRE

Le refroidissement par l'eau et la longueur limitée de la grille rendent le service plus facile. De même, il faut noter l'avantage résultant de l'adjonction des canaux latéraux qui empêchent la propagation du feu dans la trémie et régularisent la marche de la chaudière. Mais ces canaux ne réalisent pas l'inflammation des gaz CO et éventuellement H^2 non brûlés ; pour la rendre possible, il faut veiller à ce que la température au-dessus de la couche de combustible soit très élevée, car l'afflux d'air seul ne suffit pas à effectuer la combinaison chimique désirée, c'est-à-dire la transformation ultérieure du CO en CO^2. Il y a donc lieu de recommander aussi, dans ce système de chaudière, de ne pas remplir complètement la trémie de coke, mais de ramener en arrière la masse incandescente (vers le chauffeur) et de charger le coke frais en avant sur l'emplacement devenu libre.

A l'avantage que présentent les canaux latéraux s'oppose un inconvénient en ce qui concerne le réglage du feu : l'air comburant qui passe par les canaux latéraux afflue en excès et il en résulte une faible utilisation du combustible.

Mais ce système de chaudière présente encore un autre défaut : les gaz de la combustion ne sont pas forcés de suivre un parcours déterminé. Pour réaliser la surface de chauffe calculée, on juxtapose autant d'éléments en disque qu'il faut, de sorte que, dans les grandes chaudières, on obtient une section qui est trop grande pour être remplie par les gaz de la combustion. Il en résulte que, comme le montre la figure 75, les gaz de la combustion ne remplissent qu'une partie de l'espace limité par les éléments en disque et ne viennent pas en contact avec le reste de la surface de chauffe. La perte résultant d'une température de sortie trop élevée est donc considérable. La production spécifique de la chaudière diminue lorsque la surface de chauffe augmente.

Je pense qu'on ne peut pas se baser, même dans des circonstances favorables, c'est-à-dire dans le cas d'une allure de marche moyenne, sur une production spécifique moyenne de plus de 6.500 calories, et, moins encore, dans les grandes chaudières (pour plus de détails, voir les résultats des essais).

OBSERVATIONS SUR L'INSTALLATION ESSAYÉE

Dans cette installation, que j'ai soumise à des essais prolongés à cause de la production insuffisante de la chaudière et de la forte consommation de combustible, la plus grande chaudière était, probablement à cause du manque de place, raccordée d'une façon si peu heureuse avec le carneau de sortie, que les gaz chauds ne pouvaient pas du tout venir en contact avec le dernier tiers de la surface de chauffe. La faible utilisation du combustible se reconnait de l'extérieur, car les flammes sont visibles dans le carneau, et je n'ai pu mesurer les températures de sortie des gaz au moyen du pyromètre à mercure gradué jusqu'à 550°; j'ai dû employer des éléments thermo-électriques, car les pyromètres étaient avariés par des températures atteignant 600°.

Comme l'installation en question avait à fournir 542.000 calories, la surface de chauffe de $75^{m2}.66$ était insuffisante lorsque la température extérieure était basse ; le chauffeur se plaignait de ne pouvoir maintenir une pression de 0,1 atmosphère lorsque la température extérieure ne s'abaissait pas au-dessous de — 5°. L'essai de l'installation a vérifié cette assertion.

RÉSULTATS D'ESSAI

Pour mettre en évidence l'effet du tirage sur l'utilisation du combustible, j'ai fait marcher la chaudière I ($42^{m2},43$ de surface de chauffe) avec le tirage le plus fort possible (en moyenne $15^{mm},84$), ce que le chauffeur avait d'ailleurs l'habitude de faire, tandis que la chaudière II ($33^{m2},23$) marchait avec un tirage à peu près moitié moindre ($8^{mm},1$ en moyenne).

Ainsi que le montrent les graphiques des figures 77 et 78, la différence des tirages se reconnaissait à la différence des températures de sortie des gaz qui variaient :

Chaudière I...........................	de 360° à 476° [1]
— II...........................	de 155° à 380°

[1] Les éléments thermo-électriques étaient placés dans le carneau de façon à n'être pas atteints par les flammes qu'on y voyait apparaître de temps en temps.

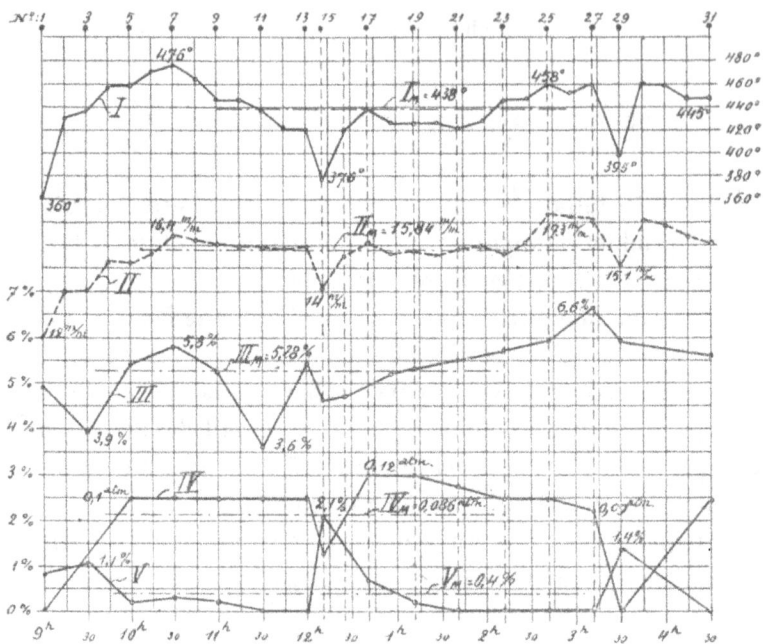

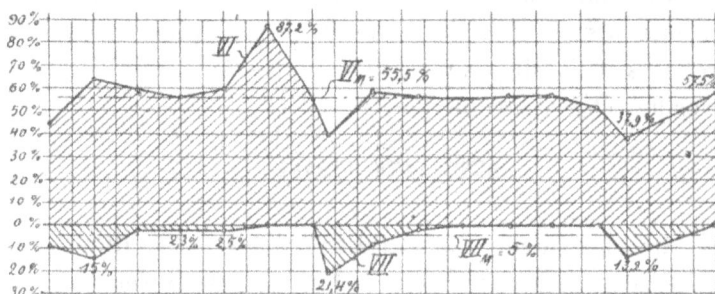

FIG. 77. — Chaudière Rapid n° I. Chauffage à vapeur à basse pression.

I. Variation de la température dans le carneau de sortie.
I$_M$. Moyenne de la température dans le carneau de sortie = 438°.
II. Variations du tirage dans le carneau de sortie en millimètres de hauteur d'eau.
II$_M$. Moyenne du tirage dans le carneau de sortie en millimètres de hauteur d'eau = 15,84 m/m.
III. Variations de la teneur de CO_2 en 0/0 du volume des gaz de la combustion.
III$_M$. Moyenne de la teneur de CO_2 en 0/0 du volume des gaz de la combustion = 5,28 0/0
IV. Variations de la pression de la vapeur en atmosphères.
IV$_M$. Moyenne de la pression de vapeur en atmosphères = 0,086 atm.
V. Variations de la teneur de CO_2 en 0/0 du volume des gaz de la combustion.
V$_M$. Moyenne de la teneur de CO_2 en 0/0 du volume des gaz de la combustion = 0,40/0.
VI. Variations de la perte par la cheminée en 0/0 de la puissance calorifique.
VI$_M$. Moyenne de la perte par la cheminée en 0/0 de la puissance calorifique = 55,5 0/0.
VII. Variations de la perte par combustion incomplète dés gaz en 0/0 de la puissance calorifique.
VII$_M$. Moyenne de la perte par combustion incomplète des gaz en 0/0 de la puissance calorifique = 5 0/0.

A 8ʰ58. Chaudière complètement garnie. Registre ouvert en grand.
12ʰ14. Chargé 144 kilogrammes de coke
3ʰ10. Chargé 108 kilogrammes.
5ʰ05. Enlevé le mâchefer. Chargé 216 kilogrammes de coke.

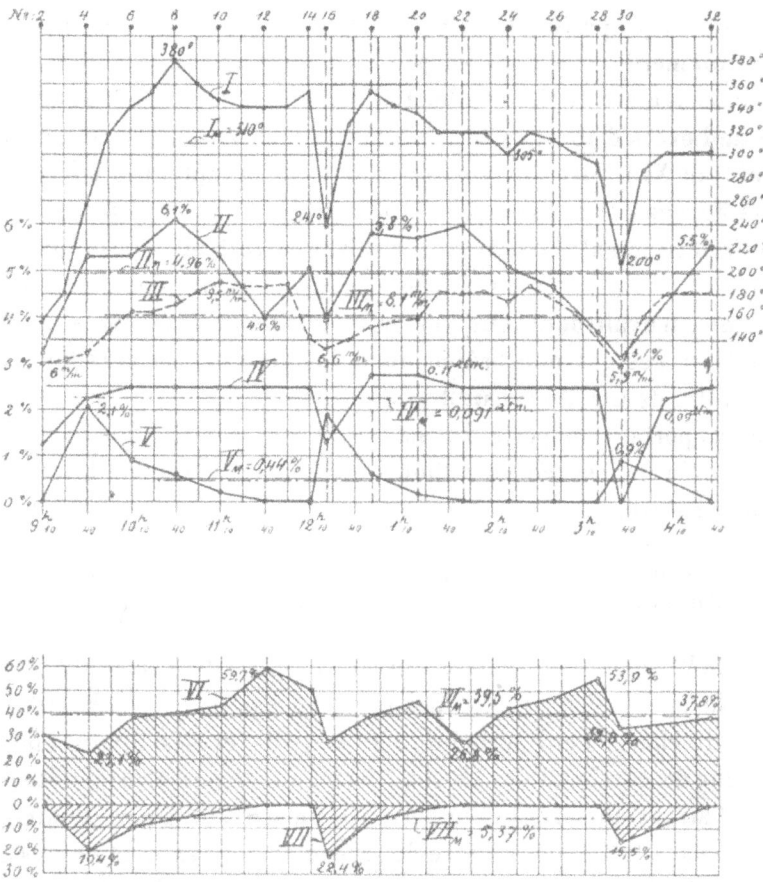

FIG. 78. — Chaudière Rapid nº II. Chauffage à vapeur à basse pression.

I. Variations de la température dans le carneau de sortie.
Iᴍ. Moyenne de la température dans le carneau de sortie = 310°.
II. Variations de la teneur de CO^2 en 0/0 du volume des gaz de la combustion.
IIᴍ. Moyenne de la teneur de CO^2 en 0/0 du volume des gaz de la combustion = 4,96 0/0.
III. Variations du tirage dans le carneau de sortie en millimètres de hauteur d'eau.
IIIᴍ. Moyenne du tirage dans le carneau de sortie en millimètres de hauteur d'eau = 8,1 m. m.
IV. Variations de la pression de la vapeur en atmosphères.
IVᴍ. Moyenne de la pression de la vapeur en atmosphères = 0,091 atm.
V. Variations de la teneur de CO en 0/0 du volume des gaz de la combustion.
Vᴍ. Moyenne de la teneur de CO en 0/0 du volume des gaz de la combustion = 0,44 0/0.
VI. Variations de la perte par la cheminée en 0/0 de la puissance calorifique.
VIᴍ. Moyenne de la perte par la cheminée en 0/0 de la puissance calorifique = 39,5 0/0.
VII. Variations de la perte par combustion incomplète des gaz en 0/0 de la puissance calorifique.
VIIᴍ. Moyenne de la perte par combustion incomplète des gaz en 0/0 de la puissance calorifique = 5,37 0/0

    A 9ʰ10.   Chaudière complètement garnie. Registre ouvert au quart.
       12ʰ10 — 12ʰ15. Chargé 108 kilogrammes de coke.
       3ʰ20 — 3ʰ25. Chargé 108 kilogrammes de coke.
       5ʰ20 — 5ʰ30. Enlevé le mâchefer. Chargé 180 kilogrammes de coke.

Pour plus de détails, voir le relevé des observations.

Comme la proportion de CO^2 croit généralement lorsque la température augmente, elle était un peu plus forte dans la chaudière I que dans la chaudière II. La combustion se faisait dans les deux cas avec un grand excès d'air et de temps à autre l'apparition de CO. L'examen du tableau XLIII des analyses des gaz et des graphiques montre que CO se dégageait toujours après le chargement de coke frais, par suite du refroidissement de la trémie et disparaissait ensuite progressivement. L'introduction d'air par les canaux latéraux, quoique plus que suffisante, n'avait donc que peu ou pas du tout d'influence sur l'inflammation des gaz non brûlés. Dans les deux cas, la plus forte proportion 0/0 de CO atteignait 2,1 0/0.

En rapportant la perte de chaleur V' par combustion incomplète de CO à la puissance calorifique du coke, on trouve les valeurs maxima suivantes :

Chaudière I... 21,4 0/0
Chandière II.. 22,5 0/0

alors que V', réparti sur toute la durée de l'essai, atteignait 5 et 5,37 0/0.

Les variations dans la composition des gaz de la combustion résultent du chargement périodique de la grille et des divers états de la couche de combustible. Le coke forme des trous d'où résultent un excès d'air et une basse température de sortie des gaz et, lorsqu'il descend dans la trémie, l'allure de la combustion se modifie aussitôt.

Par suite de la haute température de sortie et de la faible proportion de CO^2 des gaz de la combustion, la perte par la cheminée V'' était très grande et atteignait en moyenne :

Chaudière I : 55,5 0/0 de la puissance calorifique du coke
   —   II : 39,5 0/0   —   —

Les variations des pertes V' et V'' sont clairement indiquées par les tableaux spéciaux et les graphiques.

La perte par conduction et rayonnement était très faible, à cause du bon isolement des chaudières.

La perte de chaleur de la chaudière I a été évaluée à 2.230 calories par heure. Étant donné qu'en 8ʰ 7 minutes on a brûlé 468 kilogrammes de coke ayant une puissance calorifique moyenne de 7.070 calories, la quantité de chaleur produite sur la grille par heure se montait à :

$$57,66 \times 7070 = 407.656 \text{ calories,}$$

de sorte que la perte par conduction et rayonnement n'atteignait que :

$$\frac{2230 \times 100}{407656} = 0,55 \ 0/0.$$

Dans la chaudière II, cette perte était de 0,56 0/0.

Nous obtenons donc pour l'utilisation du coke, après avoir déduit les pertes :

Chaudière I. — 37,95 0/0.................... = 2.683 calories
   —   II. — 53,57 0/0.................... = 5.787   —

Répartition de la chaleur.

Surface de chauffe en mètres carrés ..... Tirage en millimètres d'eau............	CHAUDIÈRE I 42,43 15,84		CHAUDIÈRE II 33,23 8,1	
	Calories	En p. 100 de la puissance calorifique	Calories	En p. 100 de la puissance calorifique
Utilisation du combustible...	2.683	37,95	3.787	53,57
Perte par CO..............	354	5,00	380	5,37
— par la cheminée.......	3.924	55,00	2.783	39,50
Pertes par conduction et rayonnement + 1 0/0 (¹)...	109	1,55	110	1,56

(¹) 1 0/0 s'applique à la perte provenant du coke non brûlé qui, lorsqu'on charge la grille, tombe dans le carneau par-dessus le premier élément en disque.

En retranchant la durée du décrassage, le poids total de coke consommé était le suivant :

Chaudière I, surface de grille : 1m²,2716 : 468 kilogr. et par heure 57kg,66
Chaudière II,   —   : 1m²,04 : 366   —   46kg,00

ce qui donne des consommations par mètre carré de 45kg,4 et 47kg,1, à peu près égales, fait remarquable, étant données les différences de tirage. La raison en est justement dans les canaux latéraux, qui tendent à égaliser le tirage dans la trémie de la chaudière. Comme dans la chaudière II, le poids de coke brûlé était moindre que dans la chaudière I, la proportion de CO^2 dans les gaz de la combustion devait être moindre dans la chaudière II.

La production des chaudières résulte de la quantité de chaleur utilisée et de la consommation horaire de coke :

$$\text{Chaudière I} \ldots\ldots\ldots\ldots\ldots\ldots\ldots \quad \frac{2683 \times 57,66}{42,43} = 3.660 \text{ calories}$$

$$\text{Chaudière II} \ldots\ldots\ldots\ldots\ldots\ldots \quad \frac{3787 \times 49,00}{33,23} = 5.580 \quad -$$

La production, qui, d'après les prospectus, ne devait pas être inférieure à 8.000 calories, reste cependant beaucoup moindre, sans qu'il en résulte une économie.

Les deux chaudières n'auraient pu fournir, dans les circonstances les plus favorables (c'est-à-dire si nous prenons la moyenne des productions réalisées), que :

$$75,66 \frac{3660 + 5589}{2} = 350.000 \text{ calories,}$$

soit seulement 65 0/0 de la production nécessaire.

Malgré la faible consommation de coke, la production de la chaudière II a été plus grande que celle de la chaudière I ; cela nous apprend qu'un tirage trop fort a une influence fâcheuse. Il est donc de la plus grande importance au point de vue de la production et de l'économie de déterminer par l'expérience quel est le tirage convenant le mieux à chaque type de chaudière.

TABLEAU XLII

Relevé des observations. — Chaudière Rapid.

HEURES	CHAUDIÈRE I TEMPÉRATURE de sortie des gaz (centigr.)	TIRAGE avant le registre (mm. d'eau)	CHAUDIÈRES I et II HUMIDITÉ relative de l'air dans la chaufferie (p. 100)	TEMPÉRATURE dans la chaufferie (centigr.)	PRESSION de la vapeur (atmosph.)	TEMPÉRATURE extérieure (centigr.)	TEMPÉRATURE de l'enveloppe des chaudières (centigr.)	HEURES	CHAUDIÈRE II TEMPÉRATURE de sortie des gaz (centigr.)	TIRAGE avant le registre (mm. d'eau)
9^{00}	360	12,0	27	»	0,0	1,0	28	9^{00}	»	»
9^{15}	431	14,0	»	22	»	»	»	9^{10}	155	6,0
9^{30}	437	14,0	35	»	0,05	1,3	28	9^{25}	200	6,1
9^{45}	458	15,3	»	»	»	»	»	9^{40}	255	6,4
10^{00}	458	15,2	31	22	0,1	1,3	31	9^{55}	319	7,3
10^{15}	470	15,6	»	»	»	»	»	10^{10}	341	8,2
10^{30}	476	16,4	30	»	0,1	2,0	32	10^{25}	354	8,2
10^{45}	464	16,2	»	22	»	»	»	10^{40}	380	8,5
11^{00}	445	16,0	30	»	0,1	1,8	32	10^{55}	360	9,1
11^{15}	445	15,9	»	»	»	»	»	11^{10}	347	9,5
11^{30}	437	15,9	30	22,5	0,1	1,8	32	11^{25}	341	9,3
11^{45}	420	15,8	»	»	»	»	»	11^{40}	341	9,3
12^{00}	420	15,9	29	»	0,1	2,2	31	11^{55}	341	9,4
12^{10}	376	14,1	31	22,5	0,05	»	31	12^{10}	354	7,0
12^{25}	420	15,6	»	»	»	»	»	12^{20}	241	6,6
12^{40}	437	16,0	31	21	0,12	2,4	31	12^{35}	325	7,0
12^{55}	425	15,6	»	»	»	»	»	12^{50}	354	7,6
1^{10}	425	15,7	30	»	0,12	2,4	31	1^{05}	341	7,8
1^{25}	425	15,5	»	»	»	»	»	1^{20}	336	7,9
1^{40}	420	15,8	27	21	0,11	2,3	31	1^{35}	319	9,1
1^{55}	425	15,9	»	»	»	»	»	1^{50}	319	9,0
2^{10}	445	15,6	27	20	0,1	2,3	30	2^{05}	319	9,1
2^{25}	445	16,0	»	»	»	»	»	2^{20}	305	8,7
2^{40}	458	17,3	26,5	»	9,1	3,2	31	2^{35}	319	9,3
2^{55}	451	17,2	»	»	»	»	31	2^{50}	312	8,8
3^{10}	453	17,1	34	»	0,09	3,2	»	3^{05}	305	8,2
3^{30}	395	15,1	33	24	0,0	»	30	3^{20}	292	7,2
4^{15}	458	17,0	»	»	»	»	»	3^{35}	200	5,9
4^{40}	458	16,8	32	»	0,05	3,3	31	3^{50}	286	8,0
4^{15}	445	16,3	»	»	»	»	»	4^{05}	305	9,0
4^{30}	445	16,0	29	»	0,1	3,3	31	4^{20}	305	9,1
4^{45}	437	16,0	»	21	»	»	»	4^{35}	305	9,0
5^{10}	437	16,3	»	»	0,1	3,3	31	4^{55}	305	9,0
								5^{00}	305	9,0

TABLEAU XLIII

Analyse des gaz de la combustion. — Chaudière Rapid

	CHAUDIÈRE I						CHAUDIÈRE II				
HEURES	NUMÉROS du ballon	CO_2 p. 100	O_2 p. 100	CO p. 100	Az_2 p. 100	HEURES	NUMÉROS du ballon	CO_2 p. 100	O_2 p. 100	CO p. 100	Az_2 p. 100
9⁰⁰	1	4,9	15,4	0,8	78,9	9¹⁰	2	3,2	17,4	»	79,4
9³⁰	3	3,9	16,2	1,1	78,8	9⁴⁰	4	5,3	14,1	2,1	78,5
10⁰⁰	5	5,4	14,8	0,2	79,6	10¹⁰	6	5,3	14,3	0,9	79,5
10³⁰	7	5,8	14,6	0,3	79,3	10⁴⁰	8	6,1	14,1	0,6	79,2
11⁰⁰	9	5,2	15,2	0,2	79,4	11¹⁰	10	5,3	15,0	0,2	79,5
11³⁰	11	3,6	17,0	»	79,4	11⁴⁰	12	4,0	16,8	»	79,2
12⁰⁰	13	5,4	15,1	»	79,5	12¹⁰	14	5,0	15,7	»	79,3
12¹⁰	15	4,6	14,2	2,1	79,1	12²⁰	16	3,9	15,1	1,9	79,1
12⁴⁰	17	4,8	15,5	0,7	79,0	12⁵⁰	18	5,8	14,0	0,6	79,6
1¹⁰	19	5,2	15,2	0,2	79,4	1²⁰	20	5,7	14,8	0,2	79,3
1⁴⁰	21	5,5	15,0	»	79,5	1⁵⁰	22	6,0	14,4	»	79,6
2¹⁰	23	5,7	14,7	»	79,6	2²⁰	24	5,1	15,6	»	79,3
2⁴⁰	25	5,9	14,6	»	79,5	2⁵⁰	26	4,7	15,9	»	79,4
3¹⁰	27	6,6	14,0	»	79,4	3²⁰	28	3,7	16,9	»	79,4
3³⁰	29	5,9	13,0	1,4	78,8	3³⁵	30	3,1	16,7	0,9	79,3
4³⁰	31	5,6	15,0	»	79,4	4³⁵	32	5,5	15,9	»	79,5

TABLEAU XLIV

Pertes. — Chaudière Rapid

	CHAUDIÈRE I			CHAUDIÈRE II	
HEURES	PERTE par combustion incomplète V' p. 100	PERTE par la cheminée V" p. 100	HEURES	PERTE par combustion incomplète V' p. 100	PERTE par la cheminée V" p. 100
9⁰⁰	9,6	44,2	9¹⁰	»	30,2
9³⁰	15,0	63,4	9⁴⁰	19,4	23,1
10⁰⁰	2,4	59,4	10¹⁰	9,9	38,3
10³⁰	2,3	55,8	10⁴⁰	6,1	39,6
11⁰⁰	2,5	59,0	11¹⁰	2,5	43,5
11³⁰	»	87,2	11⁴⁰	»	59,7
12⁰⁰	»	55,2	12¹⁰	»	50,0
12¹⁰	21,4	39,2	12²⁰	22,4	27,6
12¹⁰	8,8	58,1	12⁵⁰	6,4	39,1
1¹⁰	2,5	56,3	1²⁰	2,3	44,0
1¹⁰	»	55,2	1⁵⁰	»	26,8
2¹⁰	»	56,1	2²⁰	»	41,7
2⁴⁰	»	56,4	2⁵⁰	»	45,7
3¹⁰	»	50,5	3²⁰	»	53,9
3³⁰	13,2	37,9	3³⁵	15,5	32,8
4³⁰	»	57,5	4³⁵	»	37,8

XXIII

CHAUDIÈRE LOLLAR :
USINES MÉTALLURGIQUES DE BUDERUS, A WETZLAR

(Chauffage à eau chaude)

OBSERVATIONS SUR LE TYPE DE CHAUDIÈRE

Autant que mes observations m'ont permis de le constater, la chaudière Lollar a donné de bons résultats. Cette opinion est confirmée
par la réalité, car il y a déjà plus de 12.000 exemplaires de ce type

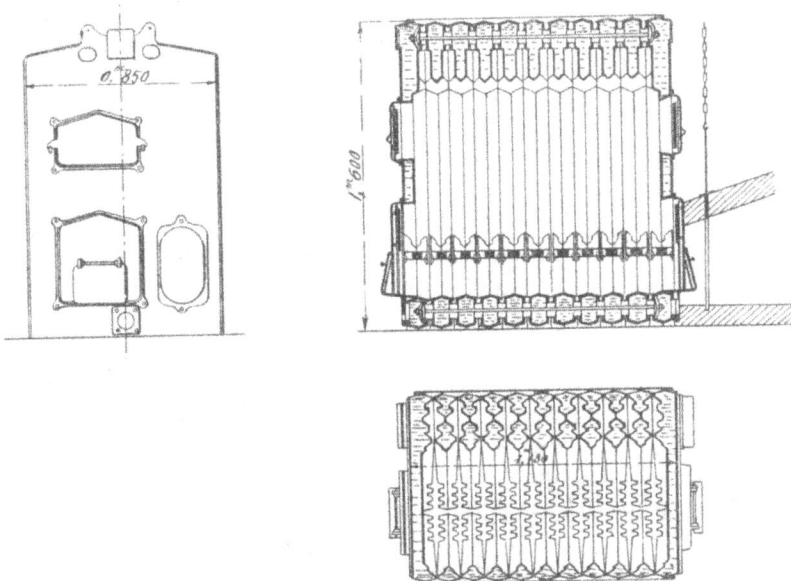

Fig. 79 à 81. — Chaudière Lollar. Chauffage à eau chaude.

en service, et il existe un grand nombre d'attestations élogieuses.
Cette chaudière présente deux avantages qui sont loin d'être négligeables et qui consistent dans la direction que les gaz chauds sont
obligés de prendre pour arriver au carneau de sortie (voir *fig.* 79 à 81)
et dans la grande production qui rend ce système de chaudière préfé-

rable à tout autre de construction analogue. Les surfaces de chauffe elles-mêmes, grâce à leur forme particulière, ont un effet utile extraordinaire ; la forme polygonale des conduits de gaz permet un contact des gaz chauds avec les surfaces de chauffe beaucoup plus intime que dans des conduits de forme régulière. Les sections de ces conduits me paraissent calculées d'une façon très avantageuse dans les chaudières Lollar, même lorsque la combustion est lente, c'est-à-dire qu'il n'y a qu'un faible dégagement de gaz. Ceux-ci, avant d'arriver au carneau de sortie, viennent toujours en contact avec une partie suffisante de la surface de chauffe, de sorte que, même dans des cas spéciaux et dans des circonstances défavorables, j'ai pu constater une utilisation notable des canaux latéraux. Avec un tirage de 5 millimètres de hauteur d'eau, la production de la chaudière atteignait 6.200 calories ; avec $10^{mm},6$, 9.700 calories, le rendement étant encore bon, alors que, dans les autres types de chaudières en fonte, la production et le rendement diminuent le plus souvent lorsque le tirage augmente.

OBSERVATIONS SUR L'INSTALLATION ESSAYÉE

Deux chaudières à 17 mètres carrés (coke de fonderie)

L'installation ne fut pas acceptée par le propriétaire, qui se plaignait de sa production insuffisante et en refusait le paiement. Le fournisseur attribuait cette insuffisance de chauffage à la présence d'un grand mur de pignon sans construction mitoyenne, quoique ce pignon eût été considéré comme mitoyen lors de l'établissement des calculs de transmission de chaleur. Une fois cette question tranchée, le propriétaire se plaignit que les surfaces d'émission des radiateurs et des tuyaux à ailettes fussent trop petits et puis incrimina la surface de chauffe. Une fois la situation éclaircie, ce qui demanda des années, le fournisseur à son tour incrimina successivement l'enveloppe des radiateurs, les modifications apportées ultérieurement à la construction, etc... J'ai pu, à titre d'expert commis judiciairement, entreprendre des essais sur ces chaudières, qui, suivant l'opinion du propriétaire, ne pouvaient fournir le chauffage spécifié dans la commande et donnaient lieu à une consommation par trop anormale de combustible (par exemple, 10.000 kilogrammes en huit jours environ pour une température extérieure de — 7°,5).

L'installation des chaudières est représentée figures 82 et 83.

L'expérience a montré que le propriétaire ne chauffait ni assez longtemps ni assez fort; le concierge avait l'ordre de ne pas brûler plus de tant de kilogrammes de coke; là était le mal. En outre, l'un des thermomètres des chaudières marquait environ 10° de plus que l'autre, à cause de la présence d'une bulle d'air dans la colonne de mercure, de sorte que le chauffeur ne savait pas exactement auquel des deux il devait se fier. Par extraordinaire, il finit par s'imaginer que le thermomètre qui marquait le moins était faux et se réglait par suite sur les indications de l'autre, ce qui était complètement en désaccord avec la réalité. L'essai de chauffage que j'avais effectué environ un an avant l'essai des chaudières avait déjà fourni la preuve que les locaux pouvaient être convenablement chauffés, pourvu que l'on s'attachât à atteindre une température suffisante dans les chaudières; il ne restait donc plus qu'à déterminer leur production.

Ainsi qu'il ressort des essais, la production maxima des chaudières atteignait 330.000 calories, alors qu'il ne fallait que 268.700 calories pour chauffer les locaux. Pour ma part, j'avais considéré, d'après mes calculs et d'après les résultats obtenus jusqu'alors avec d'autres types de chaudières en fonte, que la surface de chauffe était beaucoup trop petite, puisqu'elle aurait dû fournir par mètre carré et par heure :

$$\frac{1,1 \times 268700}{34} = 8.700 \text{ calories};$$

néanmoins j'ai basé mes conclusions sur les résultats des essais, qui ont été plus favorables.

RÉSULTATS DES ESSAIS

Les résultats des essais sont indiqués dans les tableaux XLV à XLVII et représentés par les graphiques des figures 84 et 85. La chaudière I marchait avec un tirage moyen dans la cheminée de 10^{mm},6, la chaudière II de 5 millimètres. Les résultats ont confirmé ce qui avait déjà été trouvé : plus le tirage augmente, plus la perte par la cheminée augmente et plus la perte par combustion incomplète diminue.

Dans ce système de chaudière, on constate la présence, outre CO, d'un

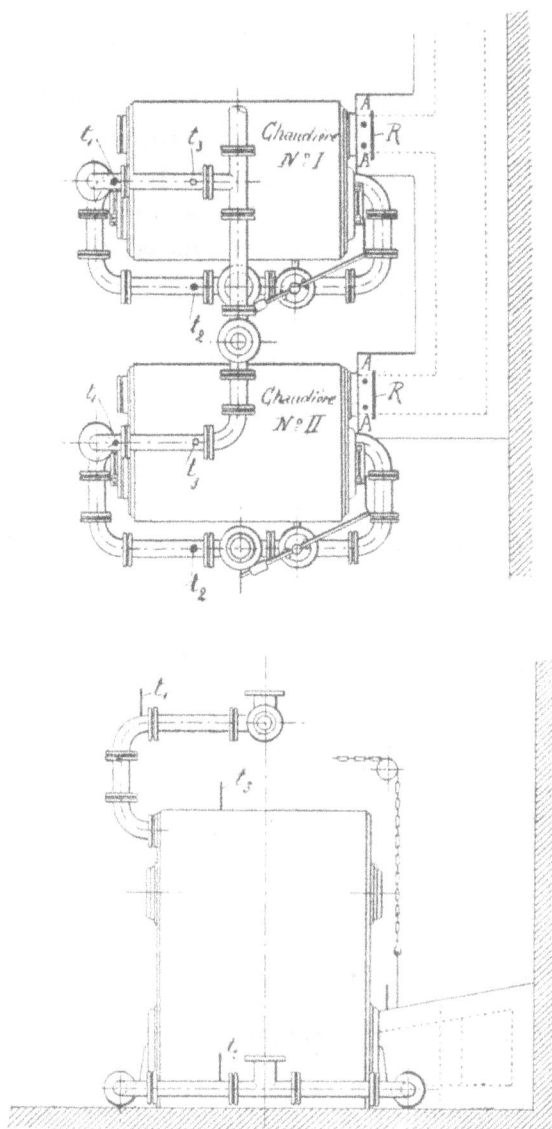

FIG. 82 et 83. — Chaudière de Lollar. Chauffage à eau chaude. Installation
de deux chaudières de 17 mètres carrés de surface de chauffe.

AA. Points de prélèvement des gaz et de mesure des températures et du tirage.
RR. Registres.
  t_1 Thermomètre d'expérience sur le tuyau de départ.
  t_2 Thermomètre d'expérience sur le tuyau de retour
  t_3 Thermomètre d'expérience sur l'enveloppe de la chaudière.
    Chaudière n° I, tirage moyen 10,6 millimètres de hauteur d'eau.
    Chaudière n° II, tirage moyen 5 millimètres de hauteur d'eau.

peu d'H² et de CH⁴, toutefois en faible quantité, les volumes en centièmes rapportés à la durée totale de l'essai sont :

	CO	H²	CH⁴
Chaudière I.......	0,49	0,028	0,007
Chaudière II......	0,55	0,123	0,153

Les pertes par la cheminée variaient de :

Chaudière I............................. 5,55 à 67,73 0/0
Chaudière II............................ 6,76 à 39,04 0/0

de la puissance calorifique du coke.

Ces valeurs élevées résultent de la combustion de la couche de combustible dans la trémie qui entraîne un grand excès d'air (voir les
courbes pour $\frac{O^2}{2}$ et CO²). C'est pour cette raison que le tirage doit
être maintenu aussi faible que possible, sans quoi des irrégularités
dans le chargement du combustible entraînent des pertes trop élevées.
Intentionnellement je n'ai pas influencé le chauffeur afin d'obtenir
des résultats de marche normale. Néanmoins on peut admettre que,
dans la réalité, les conditions sont encore plus mauvaises, car d'habitude le rôle de chauffeur est rempli par le concierge, à qui ses
autres occupations ne laissent pas le temps de conduire l'installation
de chauffage avec tout le soin qu'on a tendance à supposer; par
contre, pendant les journées d'essai, la curiosité le faisait séjourner
plus longtemps dans la cave de chauffage, de sorte que les chaudières
étaient en général mieux surveillées.

La perte par combustion incomplète a atteint au maximum, dans la
chaudière I, 16,96 0/0 et, dans la chaudière II, 38,36 0/0. Pour la diminuer, il aurait fallu avoir soin de garnir la grille plus fréquemment ou de repousser le coke incandescent sur le côté, sans quoi la
trémie se refroidit trop et la distillation sèche du combustible dure
trop longtemps.

Lorsque l'on charge la chaudière, on constate nettement un refroidissement de l'eau chaude et, après le chargement, une élévation
notable de la température de sortie des gaz. Lorsque le tirage est
faible, les variations de la température dans le carneau de sortie sont
moindres. Le graphique correspondant à la chaudière II permet de

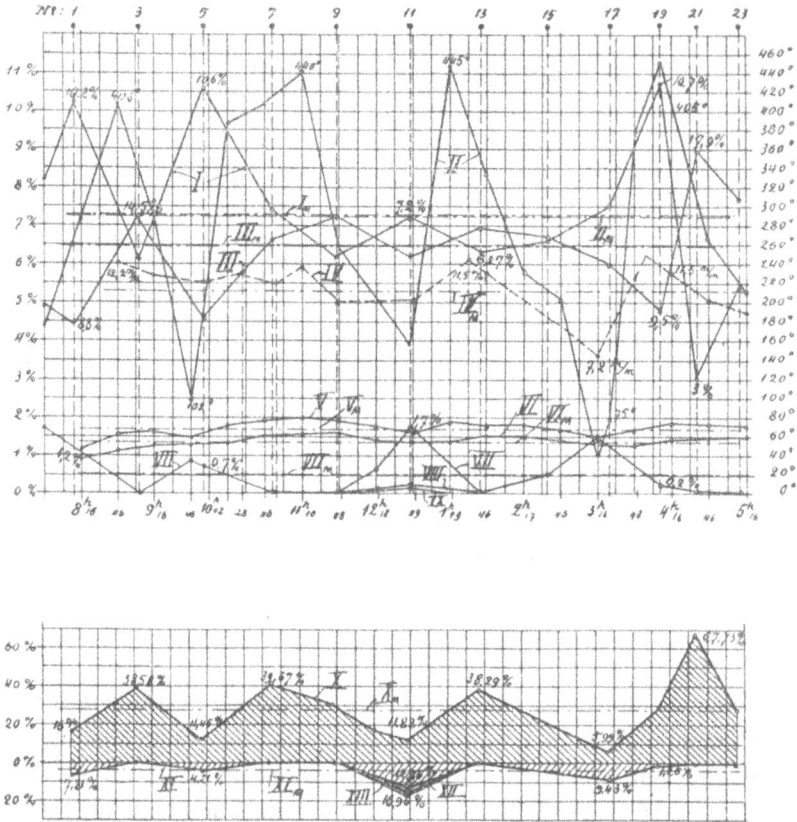

Fig. 84. — Chaudière de Lollar n° I. Chauffage à eau chaude.

I. Variations de la teneur de CO² en 0/0 du volume des gaz de la combustion.
Iᴍ. Moyenne de la teneur de CO² en 0/0 du volume des gaz de la combustion = 7,25 0/0.
II. Variations de la température dans le carneau de sortie.
IIᴍ. Moyenne de la température dans le carneau de sortie = 288°,84.
III. Variations de la demi-teneur de O² en 0/0 du volume des gaz de la combustion.
IIIᴍ. Moyenne de la demi-teneur de O² en 0/0 du volume des gaz de la combustion = 12,97 0/0.
IV. Variations du tirage en millimètres de hauteur d'eau.
IVᴍ. Moyenne du tirage en millimètres de hauteur d'eau = 10,6 m/m.
V. Variations de la température dans le tuyau de départ.
Vᴍ. Moyenne de la température dans le tuyau de départ = 67°,38.
VI. Variations de la température dans le tuyau de retour.
VIᴍ. Moyenne de la température dans le tuyau de retour = 53°,94.
VII. Variations de la teneur de CO en 0/0 du volume des gaz de la combustion.
VIIᴍ. Moyenne de la teneur de CO en 0/0 du volume des gaz de la combustion = 0,49 0/0.
VIII. Variations de la teneur de H² en 0/0 du volume des gaz de la combustion, moyenne = 0,028 0/0.
IX. Variations de la teneur de CH⁴ en 0/0 du volume des gaz de la combustion, moyenne = 0,007 0/0.
X. Variations de la perte par la cheminée en 0/0 de la puissance calorifique.
Xᴍ. Moyenne de la perte par la cheminée en 0/0 de la puissance calorifique = 26,94 0/0.
XI. Variations de la perte par combustion incomplète de CO en 0/0 de la puissance calorifique.
XII. Variations de la perte par combustion incomplète de CH⁴ en 0/0 de la puissance calorifique.
XIII. Variations de la perte par combustion incomplète de H² en 0/0 de la puissance calorifique.
XIᴍ. Moyenne de la perte totale par combustion incomplète des gaz en 0/0 de la puissance calorifique = 4,23 0/0.

  A 8ʰ. Chaudière complétement garnie. Registre ouvert à 185 millimètres.
   9ʰ25. Chargé 8ᵏᵍ,4 de coke.
   10ʰ56. Léger ringardage.
   12ʰ35. Chargé 84ᵏᵍ,2 de coke.
   3ʰ10. Chargé 80 kilogrammes de coke.
   3ʰ54. Léger ringardage.
   5ʰ18. Enlevé le mâchefer. Chargé 66ᵏᵍ,7 de coke

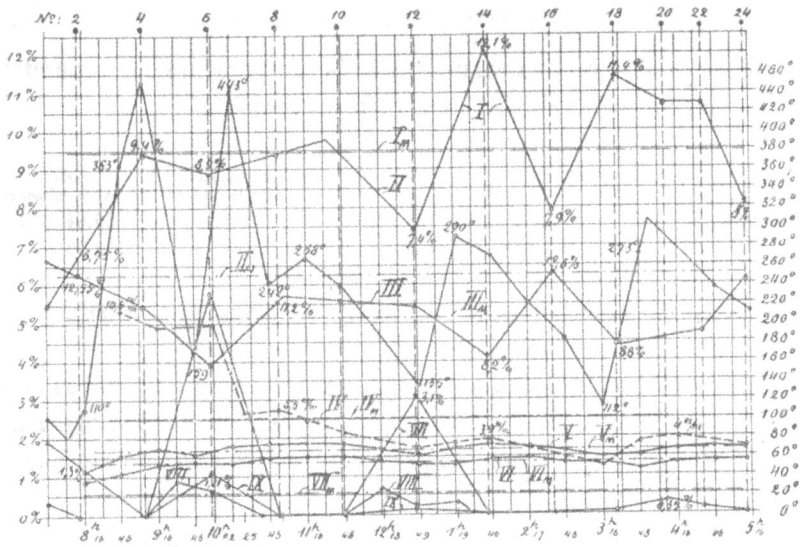

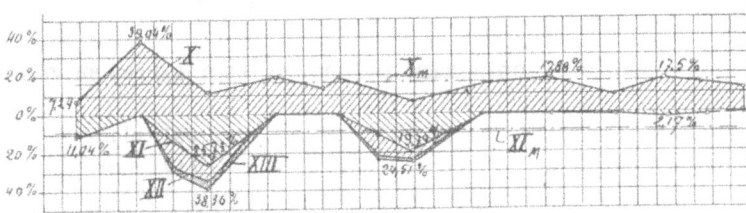

FIG. 85. — Chaudière Lollar n° II. Chauffage à eau chaude.

 I. Variations de la teneur de CO_2 en 0/0 du volume des gaz de la combustion.
 I_M. Moyenne de la teneur de CO_2 en 0/0 du volume des gaz de la combustion = 9,46 0/0.
 II. Variations de la température dans le carneau de sortie.
 II_M. Moyenne de la température dans le carneau de sortie = 249°,72.
 III. Variations de la demi-teneur en O_2 en 0/0 du volume des gaz de la combustion.
 III_M. Moyenne de la teneur de O_2 en 0/0 du volume des gaz de la combustion = 10,31 0/0.
 IV. Variations du tirage en millimètres de hauteur d'eau.
 IV_M. Moyenne du tirage en millimètres de hauteur d'eau = 5 millimètres.
 V. Variations de la température dans le tuyau de départ.
 V_M. Moyenne de la température dans le tuyau de départ = 67°,5.
 VI. Variations de la température dans le tuyau de retour.
 VI_M. Moyenne de la température dans le tuyau de retour = 53°,7.
 VII. Variations de la teneur de CO en 0/0 du volume des gaz de la combustion.
 VII_M. Moyenne de la teneur de CO en 0/0 du volume des gaz de la combustion = 0,55 0/0.
 VIII. Variations de la teneur de CH_4 en 0/0 du volume des gaz de la combustion. Moyenne = 0,153 0/0.
 IX. Variations de la teneur de H_2 en 0/0 du volume des gaz de la combustion. Moyenne = 0,123 0/0.
 X. Variations de la perte par la cheminée en 0/0 de la puissance calorifique.
 X_M. Moyenne de la perte par la cheminée en 0/0 de la puissance calorifique = 16,05 0/0.
 XI. Variations de la perte par combustion incomplète de CO en 0/0 de la puissance calorifique.
 XII. Variations de la perte par combustion incomplète de CH_4 en 0/0 de la puissance calorifique.
 XIII. Variations de la perte par combustion incomplète de H_2 en 0/0 de la puissance calorifique.
 XI_M. Moyenne de la perte par combustion incomplète des gaz en 0/0 de la puissance calorifique
     = 8,91 0/0.

     A 8ʰ. Chaudière complètement garnie. Registre ouvert à 185 millimètres.
         9ʰ 38. Chargé 85ᵏᵍ,4 de coke.
         10ʰ 25. Registre ouvert à 38 millimètres.
         10ʰ 55. Léger ringardage.
         12ʰ 40. Chargé 40 kilogrammes de coke.
         3ʰ 10. Chargé 30 kilogrammes de coke.
         5ʰ 22. Enlevé le mâchefer. Chargé 39ᵏᵍ,4 de coke.

constater nettement qu'aux variations de la température correspondent celles de la proportion de CO_2. On a en moyenne :

	Tirage	CO²	Température dans le carneau	Perte par la cheminée
Chaudière I...	10ᵐᵐ,6	7,25 0/0	288°,84	26,94 0/0
Chaudière II...	5 ,0	9,46	249°,72	16,05

Une brusque et maladroite ouverture du registre se traduit par l'augmentation de la perte par la cheminée.

La consommation de coke pendant les neuf heures qu'a duré l'essai a atteint 316 kilogrammes dans la chaudière I et 195 kilogrammes dans la chaudière II, sóit par heure et par mètre carré de surface de chauffe :

$$\text{Chaudière I} \dots \dots \dots \dots \frac{316}{9 \times 17} = 2^{kg},065$$

$$\text{Chaudière II} \dots \dots \dots \dots \frac{195}{9 \times 17} = 1^{kg},274$$

J'ai établi pour le rayonnement par heure les nombres suivants :

Chaudière I................................... 2.630 calories
Chaudière II.................................. 3.840   —

ou en pour 100 de la puissance calorifique du coke :

$$\text{Chaudière I} \dots \dots \dots \dots \frac{2630 \times 9 \times 100}{316 \times 7070} = 1,06 \ 0/0$$

$$\text{Chaudière II} \dots \dots \dots \dots \frac{3840 \times 9 \times 100}{195 \times 7070} = 2,50 \ 0/0$$

La raison de cette différence se trouve dans le meilleur isolement de la chaudière I ; l'enveloppe isolante de la chaudière II présentait quelques défectuosités.

La décomposition de la quantité de chaleur fournie s'établit donc de la façon suivante en pour 100 de la puissance calorifique du coke :

	Chaudière I	Chaudière II
Perte par la cheminée...................	26,94	16,05
Perte par combustion incomplète des gaz...	4,23	8,91
Perte par rayonnement + 1 0/0 (¹)........	2,06	3,50
Rendement.........................	66,77	71,54
Utilisation du combustible..............	4.720 calories	5.058 calories

(¹) Pour perte par réactions endothermiques.

La production dès chaudières était de :

Chaudière I.................	$\dfrac{35,1 \times 4720}{100} = 165.670$ calories	
Chaudière II......,..........	$\dfrac{21,6 \times 5058}{100} = 109.250$	—
En tout........................	274.920 calories	

c'est-à-dire suffisante pour fournir la quantité de chaleur maxima nécessaire.

Si la chaudière II avait été forcée comme la chaudière I, on aurait eu une réserve pour la période de chauffage intensif. Les chaudières ont donc montré une capacité de production que les autres chaudières en fonte expérimentées n'ont pas atteinte.

Le jour de l'essai, les températures extérieures ont été

A 7h 1/2 matin....................................	— 1°,5
A 9h 1/2 matin....................................	+ 0°,0
A 3h après midi...................................	+ 3°,8

soit une moyenne de + 1°,5 pour les neuf heures de durée de l'essai.

La production spécifique des chaudières (par mètre carré et par heure) a été de :

Chaudière I................................	9.745 calories
Chaudière II...............................	6.425 —

Pour cette augmentation de production spécifique de 6.425 à 9.745 calories, le rendement ne diminue que d'environ 5 0/0. Si l'isolement de la chaudière II avait été aussi bon que celui de la chaudière I, la différence de rendement aurait atteint environ 6 0/0.

Pour vérifier la consommation de coke soi-disant anormale, je considère que :

Pour une différence de 40°, la quantité de chaleur nécessaire par heure est de..................	268.700 calories
Pour une différence de 27°,5 (— 7°,5, température extérieure), la quantité de chaleur nécessaire est de....,...................	$\dfrac{27,5 \times 268700}{40}$
Pour 8 × 24 heures...........................	$\dfrac{8 \times 24 \times 27,5 \times 268700}{40}$

Le poids de coke nécessaire :

1° Dans le cas le plus défavorable.... $\dfrac{8 \times 24 \times 37,5 \times 268700}{40 \times 4720} = 7.510$ kilogr.

2° Dans le cas le plus favorable. .... 7.000 —

(La production nécessaire aurait pu être réalisée avec une utilisation de 4.900 calories par kilogramme de combustible.)

Si en réalité on a consommé davantage, c'est que la température de l'eau chaude était trop basse. Si théoriquement il faut 70°, on ne réussira pas à chauffer convenablement avec de l'eau à 60°, même si l'on chauffe jour et nuit. Si l'on veut faire de la marche de nuit pour faire des économies de main-d'œuvre, il faut avoir soin de fournir une quantité déterminée de chaleur pendant la durée plus courte du service de jour en maintenant une température plus élevée, sans quoi on est obligé de prolonger pendant trop longtemps la période de chauffage intensif, ce qui conduit à des avaries dans l'installation (¹). Une température trop basse de l'eau chaude conduit donc également au gaspillage du coke.

(¹) Voir de Grahl, *Absorption de chaleur par les murs*, numéro spécial de *Gesundheits Ingenieur*, 1907.

TABLEAU XLV

Relevé des observations. — Chaudière Lollar.

HEURES	CHAUDIÈRE I (CÔTÉ GAUCHE)					CHAUDIÈRES I ET II			CHAUDIÈRE II (CÔTÉ DROIT)				
	TEMPÉRATURE de SORTIE DES GAZ (centigrades)	TIRAGE avant LE REGISTRE (mm. d'eau)	TEMPÉRATURE dans le TUYAU DE DÉPART (centigrades)	TEMPÉRATURE dans le TUYAU DE RETOUR (centigrades)	TEMPÉRATURE sur l'enveloppe de la chaudière (centigrades)	HUMIDITÉ RELATIVE DE L'AIR dans la chaufferie (p. 100)	TEMPÉRATURE dans LA CHAUFFERIE (centigrade)	TEMPÉRATURE du DEHORS (centigrades)	TEMPÉRATURE de SORTIE DES GAZ (centigrades)	TIRAGE avant LE REGISTRE (mm. d'eau)	TEMPÉRATURE dans le TUYAU DE DÉPART (centigrades)	TEMPÉRATURE dans le TUYAU DE RETOUR (centigrades)	TEMPÉRATURE sur l'enveloppe de la chaudière (centigrades)
8 16	290	»	47,4	37,0	»	42	22,6	—0,8	110	»	43,6	35,9	»
8 16	406	12,2	62,2	43,9	»	41	23,4	0	363	10,6	62,4	43,8	»
9 16	290	11,4	65,4	50,8	»	40	24,6	+0,3	378	9,8	70,3	52,7	»
9 16	102	»	59,9	52,2	»	39	24,0	+0,5	159	»	64,4	55,1	»
10 2	»	11,0	»	»	»	»	»	»	»	10,0	»	»	»
10 16	386	»	70,0	52,2	»	38	25,2	+0,8	443	»	72,6	54,0	»
10 28	»	11,4	»	»	49,3	»	»	»	»	5,3	»	»	77,5
10 46	407	»	75,3	58,7	»	38	26,5	+0,9	242	»	75,5	60,3	»
10 55	»	10,9	»	»	51,9	»	»	»	»	5,5	»	»	78,0
11 16	440	11,8	78,2	61,5	50,0	38	26,9	+1,2	268	5,0	75,7	60,5	74,0
11 48	253	10,0	75,3	62,2	47,0	37	27,2	+1,4	235	4,3	74,5	61,1	64,0
12 18	200	»	68,8	55,0	41,0	37	26,3	+1,8	187	»	69,2	56,8	55,0
12 19	202	10,1	61,6	52,3	50,8	38	25,4	+2,0	135	3,5	61,8	52,8	68,3
1 19	445	11,5	72,8	53,7	52,0	37	26,0	+2,2	290	3,8	69,5	52,8	74,0
1 46	334	11,5	74,9	59,5	58,8	37	26,2	+2,4	270	3,9	72,6	57,3	68,5
2 17	230	»	71,3	58,7	46,2	37	27,0	+2,6	220	»	70,1	56,9	60,0
2 16	203	8,8	66,2	55,2	42,5	37	26,6	+2,8	183	2,9	65,0	54,2	53,8
3 16	»	7,2	58,5	51,5	42,4	37	26,3	+3,0	112	2,6	59,4	51,6	64,0
3 18	380	11,2	64,2	47,8	50,5	37	26,1	+3,0	273	3,8	63,9	48,4	71,5
4 16	405	11,5	72,3	54,2	49,0	36	27,0	+3,0	275	4,0	69,0	53,3	69,9
4 16	263	10,1	72,1	57,3	46,5	36	27,2	+2,8	236	3,7	70,3	55,7	65,0
5 16	210	9,5	68,9	56,7	»	36	26,8	+2,5	240	3,5	68,2	55,2	»

TABLEAU XLVI

Analyse des gaz de combustion. — Chaudière Lollar

CHAUDIÈRE I (côté gauche).								CHAUDIÈRE II (côté droit).							
HEURES	numéros du ballon	CO_2 p. 100	O_2 p. 100	CO p. 100	H_2 p. 100	CH_4 p. 100	Az_2 p. 100	HEURES	numéros du ballon	CO_2 p. 100	O_2 p. 100	CO p. 100	H_2 p. 100	CH_4 p. 100	Az_2 p. 100
8^{10}	1	10,2	8,8	1,2	»	»	79,8	8^{12}	2	6,75	12,55	1,3	»	»	79,4
9^{03}	3	6,1	14,45	»	»	»	79,45	9^{05}	4	9,4	10,9	»	»	»	79,7
9^{57}	5	10,6	9,2	0,7	»	»	79,5	10^{00}	6	8,9	7,9	5,77	1,11	0,68	75,64
10^{52}	7	7,4	13,2	»	»	»	79,4	10^{53}	8	9,4	11,2	»	»	»	79,4
11^{14}	9	6,2	14,4	»	»	»	79,4	11^{43}	10	9,4	11,2	»	»	»	79,4
12^{45}	11	7,2	12,3	1,7	0,18	0,14	78,48	12^{16}	12	7,4	10,9	3,1	0,15	0,22	78,23
1^{43}	13	6,27	13,77	»	»	»	79,96	1^{41}	14	12,1	8,2	»	»	»	79,7
2^{35}	15	»	»	»	»	»	»	2^{36}	16	7,9	12,6	»	»	»	79,5
3^{27}	17	7,5	11,9	1,2	»	»	79,4	3^{28}	18	11,4	8,8	0,1	»	»	79,7
4^{06}	19	10,7	9,5	0,2	»	»	79,6	4^{07}	20	10,7	9,2	0,35	»	»	79,75
4^{36}	21	3,0	17,9	»	»	»	79,1	4^{37}	22	10,7	9,5	0,15	»	»	79,65
5^{10}	23	5,4	15,4	»	»	»	79,2	5^{12}	24	8,0	12,3	»	»	»	79,7

TABLEAU XLVII

Pertes. — Chaudière Lollar

CHAUDIÈRE I (côté gauche).					CHAUDIÈRE II (côté droit).				
HEURES	pertes par combustion incomplète des gaz V' en p. 100			PERTE par la cheminée V'' en 0/0	HEURES	pertes par combustion inc. m, lète des gaz V' en p. 100			PERTE par la cheminée V'' en 0/0
	d	m	h			d	m	h	
8^{10}	7,21	»	»	16	8^{12}	11,04	»	»	7,24
0^{03}	»	»	»	38,58	9^{05}	»	»	»	39,04
9^{57}	4,21	»	»	11,45	10^{00}	23,73	8,45	4,18	11,47
10^{52}	»	»	»	39,67	10^{53}	»	»	»	19,46
11^{14}	»	»	»	29,57	11^{15}	»	»	»	18,59
12^{45}	12,86	2,95	1,15	11,82	12^{16}	19,79	3,91	0,81	6,76
1^{43}	»	»	»	38,29	1^{41}	»	»	»	15,06
2^{35}	4,37	»	»	21,89	2^{36}	»	»	»	17,88
3^{27}	9,43	»	»	5,95	3^{28}	0,59	»	»	9,58
4^{06}	1,25	»	»	27,67	4^{07}	2,17	»	»	17,50
4^{36}	»	»	»	67,73	4^{37}	0,95	»	»	15,03
5^{10}	»	»	»	26,58	5^{12}	»	»	»	12,46

XXIV

COMPARAISON DES RÉSULTATS DES ESSAIS

J'ai reproduit les résultats des essais de chaudière dans le tableau suivant, afin qu'ils puissent servir pratiquement. Je suis parti non du tirage dans la cheminée, mais du poids de coke brûlé par mètre carré de surface de chauffe et par heure, qui constitue une base beaucoup plus sûre. Lorsqu'il s'agit de prescrire les conditions de garantie, il n'y a aucune difficulté à exiger qu'une production et un rendement donnés soient réalisés pour une consommation horaire de coke ne dépassant pas tant de kilogrammes. Néanmoins je recommanderais d'installer dans la cheminée un deuxième registre qui ne serait ouvert en grand que pendant le chauffage intensif et serait maintenu normalement à une position déterminée.

TABLEAU XLVIII

TYPES DE CHAUDIÈRES	CONSOMMATION DE COKE par mètre carré de surface de chauffe et par heure en kilogrammes	NOMBRE DE CALORIES fournies par mètre carré de surface de chauffe et par heure	RENDEMENT p. 100
Chaudière verticale à tubes..........	0,64	2.570	56,94
	0,88	3.860	61,80
Chaudière en fer à cheval..........	1,35	5.500	59,30
	1,22	6.500	70,00
Chaudière à foyer intérieur avec bouilleur transversal............	2,26	9.450	84,00
	1,48	6.420	88,00
	0,45	2.710	87,56
Chaudière Strebel de 900 millimètres de largeur....................	1,03	5.960	81,86
	1,10	6.300	81,50
	1,61	8.100	71,39
	1,78	7.460	59,33
Chaudière Strebel de 600 millimètres de largeur....................	1,26	7.573	72,16
Petite chaudière Strebel............	2,26	11.150	69,47
	2,73	11.750	60,64
Chaudière Rapid..................	1,36	3.660	37,95
	1,48	5.580	53,57
Chaudière Lollar	1,27	6.425	71,54
	2,07	9.716	66,77

Ce tableau nous montre que la chaudière Rapid, qui fournit une bonne production à allure moyenne, ne supporte pas d'allure forcée. Pour une consommation de coke de 1^{kg},48 par mètre carré de surface de chauffe et par heure, son rendement n'est que de 53,57 0/0, alors que celui de la chaudière à foyer intérieur atteint 88 0/0. Ce système est sans aucun doute le meilleur au point de vue technique. La chaudière Lollar le dépasse bien comme production, mais ne fournit que des rendements notablement moindres. La plus grande production spécifique est réalisée dans la chaudière Strebel, à cause de l'étendue de sa surface de chauffe directe. Le maximum de 8.100 calories est atteint dans la chaudière Strebel de 900 millimètres de largeur; le rendement correspondant est de 71,39 0/0, alors que le type de 600 millimètres de largeur ne produit que 7.573 calories par mètre carré de surface de chauffe et par heure avec un rendement de 72,16 0/0.

Ces résultats ont une importance extrême pour la pratique; ils montrent, tout d'abord, quelles économies on peut réaliser par un choix judicieux du système de chaudière, et ensuite quelle allure de marche il y a lieu de prendre pour base. Pendant les huit ans que j'ai rempli les fonctions d'expert près le tribunal de Berlin, j'ai dû attribuer près de 90 0/0 du nombre total de plaintes pour chauffage insuffisant aux dimensions trop faible de la surface de chauffe [1] et je me suis souvent trouvé en contradiction peu agréable avec les autres experts. La détermination de la capacité de production admissible des chaudières de chauffage fait toujours partie de l'ordre du jour de l'assemblée annuelle des ingénieurs de chauffage américains; de même, en Angleterre, en 1908 [2], cette importante question a été traitée par Walter Jones, d'après un point de vue nouveau et d'une façon très complète dans la réunion d'été de la Société des Ingénieurs anglais de chauffage et de ventilation. En Allemagne, les Associations pour la revision des chaudières à vapeur et divers savants ont effectué depuis plusieurs années des essais pour la détermination de la production des chau-

---

[1] Notre expérience personnelle nous permet de confirmer intégralement cette opinion de M. de Grahl. Dans la plupart des expertises qui nous ont été confiées tant par les tribunaux que par les particuliers, nous avons presque invariablement rencontré ce défaut : chaudière trop petite, allure de marche absolument exagérée, d'où gaspillage de combustible. Chaque fois que nous avons pu faire augmenter la chaudière, le résultat a été une économie de charbon, en même temps qu'une allure plus régulière.
                                                                        G. Debesson.

[2] *Haustechnische Rundschau*, 1908, n° 3.

dières, et les résultats obtenus ont été pris pour base dans les prospectus des fournisseurs. Mais les productions maxima de 12.000 calories que l'on y trouve sont trompeuses, car elles ont été établies en partant d'un point de vue faux [1]. J'ai prouvé que les essais par circulation d'eau ne peuvent s'appliquer à la détermination de la production des chaudières.

XXV

ABSORPTION ET ÉMISSION DE CHALEUR PAR LES MURS

Dans son intéressante note sur le refroidissement et le réchauffement des locaux fermés [2], le professeur Recknagel s'est proposé pour la première fois de soumettre au calcul la marche du refroidissement et du réchauffement dans les locaux fermés, pour déterminer par ce moyen l'influence des particularités de construction des murs et des radiateurs sur l'allure de ces phénomènes [3]. Sa théorie s'appuie sur les hypothèses suivantes faites dans un but de simplification des calculs :

1° On ne tiendra pas compte des variations de la température J de l'air emprisonné résultant des mouvements des filets d'air capillaires et du brassage insuffisant, dans le cas où la masse de l'air sera considérée comme constante ;

2° Les surfaces de refroidissement des locaux, seront constituées par des murs homogènes, sans fenêtres et d'épaisseur constante S ; la température du dehors A sera supposée constante ;

3° La chute de température dans le mur de l'intérieur à l'extérieur

---

[1] On ne saurait trop insister sur cette conclusion si justifiée de M. de Grahl, et il serait à souhaiter que les fabricants de chaudières se missent d'accord avec les groupements d'entrepreneurs et les Sociétés d'ingénieurs pour faire disparaître de leurs catalogues ces indications trompeuses, que la concurrence les a amenés à insérer, et dont souffrent tant les clients des constructeurs inexpérimentés qui se fient aux catalogues et les adoptent sans correction.

G. Debesson.

[2] *Zeitschrift des Vereins deutscher Ingenieure*, 1901, n° 51, p. 1801.

[3] L'Association des ingénieurs de Chauffage et de Ventilation de France s'est occupée en 1912 de cette très importante question, et, dans un rapport très documenté, M. Nillus, au nom de la Commission des coefficients, a très nettement posé le problème, qui doit retenir jusqu'à solution l'attention soutenue des ingénieurs de chauffage de tous les pays du monde.

G. Debesson.

sera supposée constante. La température J de l'air intérieur doit donc être plus grande que la température T_i de la paroi intérieure du mur

et de même la température T_e de la paroi extérieure du mur doit être supérieure à celle de l'air extérieur A (voir *fig.* 86).

J'ai étudié la théorie de Recknagel avec beaucoup d'attention, et j'ai essayé de la transporter dans la pratique, mais sans grand succès, car les hypothèses qui servent de base s'éloignent trop des conditions réelles de nos locaux d'habitation.

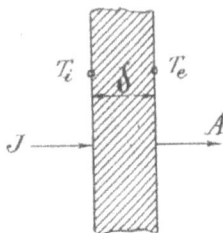

FIG. 86.

Pour l'état d'équilibre, Recknagel a trouvé l'équation :

$$h_1 (J - T_i) = \lambda \frac{T_i - T_e}{\delta} = h_2 (T_c - A) \text{ (voir } \textit{fig. } 86) \qquad (77)$$

d'où l'on tire :

$$(T_c - A)\, h_2 = (J - A)\, p, \qquad (78)$$

dans laquelle :

h_1 est le coefficient de convection intérieure ;

h_2, le coefficient de convection extérieure ;

p, le coefficient de transmission totale de la chaleur ;

λ, le coefficient de conductibilité du mur considéré.

Le deuxième membre de l'équation (78) est familier à tout ingénieur s'occupant de chauffage, car il désigne la transmission de chaleur d'un mur extérieur pour une différence de température de 1° et une surface de 1 mètre carré. On peut donc calculer T_e pour l'état d'équilibre après avoir choisi convenablement h_2 en tenant compte de la force du vent.

En appliquant la théorie à la pratique, on se heurte à des difficultés, parce qu'il n'existe pas de coefficient p général pour tous les locaux d'habitation que nous avons à chauffer. On peut à la rigueur remplacer une paroi hétérogène composée de fenêtres et de murs de diverses épaisseurs par une paroi homogène d'épaisseur déterminée et choisir un coefficient p unique correspondant ; mais on ne peut mettre sous la forme générale $(J - A)\, p$ les pertes de chaleur d'un local dont les parois sont composées de plusieurs éléments (parois de couloir, planchers, toits, etc...).

J'ajouterai, en outre, que la température de la paroi intérieure dépend de la position locale des radiateurs ([1]).

Si la source de chaleur cesse d'agir à l'intérieur, voici ce qui se passe :

Par suite de la loi de l'équilibre, le courant de chaleur de l'équation (77) continue à exister, ne fût-ce que peu de temps.

La quantité de chaleur emmagasinée dans l'air du local est très faible par rapport à celle qui l'est dans les murs. Lorsque l'on arrête le chauffage, la température J baisse brusquement jusqu'à ce qu'elle devienne égale à T_i. A partir de ce moment, on peut encore retrouver un état d'équilibre durant au moins un certain temps, lorsqu'en même temps $T_e = A$. Il suffit seulement pour cela que la température du dehors A s'adoucisse (par exemple, sous l'effet des rayons du soleil) ou que la vitesse du vent diminue, ou, enfin, que l'action du vent restant la même, la température de la paroi extérieure T_e soit rafraîchie par la pluie (évaporation de l'humidité).

La température du local ne change pas lorsqu'on a :

$$h_1 \, (J - T_i) = h_2 \, (T_e - A) = 0.$$

On a également dans ce cas d'après (77) :

$$\lambda \, \frac{T_i - T_e}{\delta} = 0.$$

Il est facile de vérifier par des mesures de températures que ces conditions se rencontrent très souvent dans la pratique.

([1]) Pour déterminer cette influence sur un mur extérieur percé de fenêtres, j'ai fait divers relevés de température qui m'ont donné les résultats suivants :

1° Température de l'air du local : 19°,8 ;

2° Température du dehors : 0°,9 ;

3° Température de la face intérieure du mur de 33 centimètres d'épaisseur mesurée au dessous des fenêtres, à mi-hauteur du plancher : 12°,2 ;

4° Température de la face intérieure du mur de 51 centimètres d'épaisseur (mesurée entre les fenêtres à une hauteur de 3 mètres : 14°,7) ;

5° Même mesure à hauteur de tête : 16°,3 ;

6° Température de la face intérieure d'une fenêtre simple, sous laquelle ne se trouvait pas de radiateur (mesurée à hauteur de tête) : 9°,5 ;

7° Même mesure à une fenêtre simple sous laquelle se trouvait un radiateur à basse pression (largeur de la planche d'appui 300 millimètres) : 23°,5.

Les fenêtres n'avaient pas de vitrages. Dans les chambres dont les fenêtres sont le plus souvent garnies de vitrages et aussi de rideaux, l'influence de la place des radiateurs sur la température intérieure des fenêtres doit être encore plus considérable, parce que les mouvements de l'air du local sont presque impossibles. Il conviendrait donc de faire des majorations convenables dans les calculs de transmission de la chaleur.

Lorsqu'on aère les locaux, J descend au-dessous de T_i de sorte que par exemple, une fois les fenêtres refermées, la paroi intérieure du mur qui est à la température T_i rayonne de la chaleur vers l'intérieur. L'influence de la chaleur ainsi emmagasinée dans les murs se reconnaît au réchauffement rapide de l'air de locaux, de sorte que le refroidissement qu'on se proposait de réaliser par l'aération n'est que passager. Si, pendant ce temps la température du dehors A s'abaisse encore, les murs émettent de la chaleur aussi bien vers l'intérieur que vers l'extérieur, comme le montre la figure 87. On peut imaginer dans l'épaisseur du mur une zone indifférente x dans laquelle règne une température T_x.

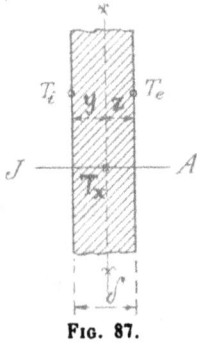

FIG. 87.

On a alors les équations :

$$\lambda \frac{T_x - T_i}{\delta - z} = h_1 (T_i - J) ; \qquad (79)$$

$$\lambda \frac{T_x - T_e}{\delta - y} = h_2 (T_e - A). \qquad (80)$$

Les cas représentés par les équations (79) et (80) sont probablement ceux qui se présentent le plus souvent dans la pratique. On pourrait, bien entendu, tirer encore toute une série de combinaisons des équations posées plus haut, mais le calcul n'en serait que plus compliqué. Je renoncerai, par suite, à interpréter analytiquement les phénomènes de refroidissement et de réchauffement se produisant dans un local fermé, car ils conduisent à des équations différentielles presque impossibles à résoudre. Les équations posées par Recknagel donnent un refroidissement trop fort et qu'on ne constate pas pratiquement, de même le réchauffement des locaux refroidis tel qu'il résulte de la théorie est trop rapide [1].

Dans le numéro spécial du journal *Gesundheits Ingenieur* (1907), j'ai exposé une méthode permettant de déterminer les quantités de

---

[1] Pour un bureau de $10^m \times 6^m \times 3^m,70$ dont l'air se trouvait à une température de $+ 16°,5$, la température moyenne du dehors étant de $- 2°,8$, j'ai trouvé une courbe de refroidissement qui se rapprochait asymptotiquement de la température de $+ 10°,9$ après une durée d'observation de 37 heures.

chaleur émise et absorbée par les murs. Étant donné le peu de place dont je dispose, je me contenterai d'exposer ici au sujet des essais que j'ai faits, ce qui est strictement nécessaire pour permettre au lecteur de comprendre la suite. Un poêle en briques placé contre un mur extérieur me servait de source de chaleur, de sorte que les résultats que j'ai obtenus peuvent s'appliquer également sans modification aux installations de chauffage modernes. Ce poêle présentait par rapport aux radiateurs l'avantage d'émettre immédiatement de la chaleur dont la quantité pouvait être déterminée d'une façon précise au moyen des analyses des gaz et des mesures de températures, tandis qu'avec les radiateurs, cette détermination n'est pas aussi simple ; en tout cas, il aurait fallu déterminer par des essais préalables les pertes de chaleur par la tuyauterie.

Pour suivre la marche de la combustion, j'ai vérifié heure par heure la quantité de chaleur émise par le poêle (voir courbe E de la figure 88) et en même temps j'ai tracé la courbe D de la transmission de chaleur des murs. Ainsi que le montre le graphique, la courbe E coupe la courbe D deux fois, c'est-à-dire que le poêle a émis sensiblement plus de chaleur qu'il était nécessaire pour compenser les pertes dans le local. Comme les parois extérieures des murs se trouvaient refroidies d'une manière continuelle, ceux-ci absorbaient l'excès de chaleur grâce à leur conductibilité (voir la surface hachurée). Il en résulte que la température T_i des parois intérieures des murs s'élevait jusqu'à être égale à J (par exemple à gauche après minuit). A partir de ce moment la quantité de chaleur émise par le poêle ne suffit plus à compenser les pertes de chaleur du local et la température J de l'air du local commence à s'abaisser. Comme alors $J < T_i$, le courant de chaleur de l'équation (77) change de sens, c'est-à-dire que les murs, suivant l'équation (79) (*fig*. 87), restituent une partie de la chaleur qu'ils avaient absorbée et cela jusqu'à ce que le poêle soit rallumé.

Le deuxième jour (26 février 1905), les murs sont déjà chauds ; j'ai pu, par suite, ne brûler que 15 briquettes au lieu de 20. Les murs absorbent de nouveau une partie de la chaleur qu'ils sont prêts à restituer à partir de huit heures du soir pour maintenir l'état d'équilibre.

En planimétrant les diverses surfaces, on détermine leurs ordonnées moyennes et en multipliant ces ordonnées moyennes par le

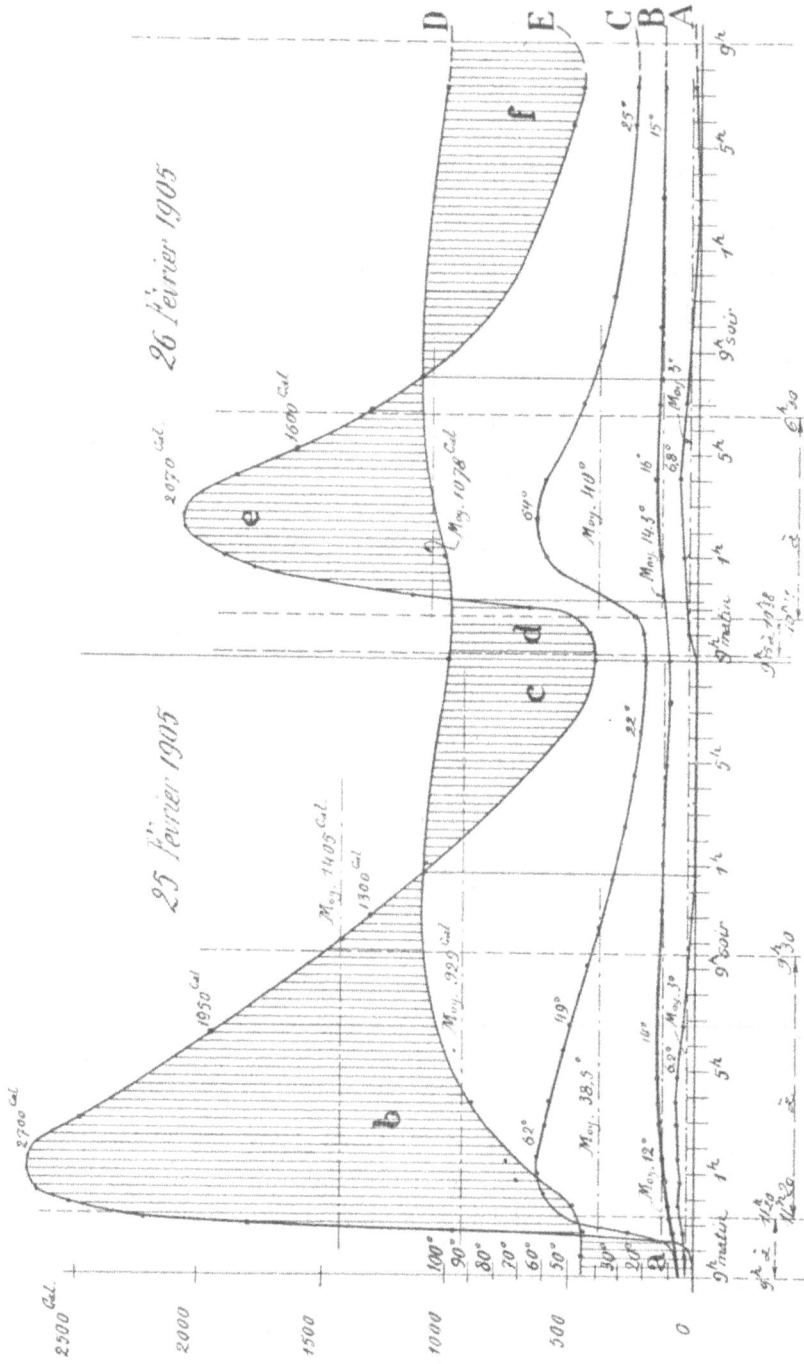

FIG. 86.

nombre d'heures, on obtient les valeurs suivantes pour l'émission et l'absorption de la chaleur par les murs.

Surface	Absorption de chaleur Calories	Émission de chaleur Calories
a	»	675
b	14.840	»
c	»	3.170
d	»	1.080
e	5.325	»
f	»	5.320

Comme le jour précédant l'essai, la température du dehors avait été en partie supérieure à la température intérieure, on s'explique qu'il ait fallu fournir une certaine quantité de chaleur avant l'allumage et pendant la mise en régime en sens inverse de l'équation (77).

Le 25 février 1905, alors que les murs étaient encore complètement froids, la quantité de chaleur émise par le poêle de 10 h. 40 à midi 40 a été utilisée de la façon suivante :

1° 44,5 0/0 pour compenser la chaleur transmise ;

2° 55,5 0/0 = b pour chauffer les murs.

Comme les murs, de midi 40 à 9 heures du soir ont restitué une quantité de chaleur c + d = 24,7 0/0, ils ont emmagasiné 30,8 0/0 de la quantité totale émise par le poêle. Cette chaleur emmagasinée a une grande importance pour la mise en régime du lendemain. La nouvelle quantité de chaleur consommée est beaucoup moindre que la quantité b, ainsi que nous le montrent les surfaces hachurées de la figure 88.

FIG. 88. — Quantités de chaleur absorbées et restituées par les murs.

Courbe A. Température extérieure........	Moyenne le 25 + 3°
	— le 26 + 3°
Courbe B. Température intérieure........	Moyenne le 25 + 12°
	— le 26 + 14°3
Courbe C. Température du poêle..........	Moyenne le 25 + 38°5
	— le 26 + 40°
Courbe D. Quantité de chaleur transmise.	Moyenne le 25 929 calories
	— le 26 1.064 calories
Courbe E. Quantité de chaleur émise par le poêle.............................	Moyenne le 25 1.405 calories
	— le 26 1.078 —

Les surfaces b et e représentent les quantités de chaleur absorbées par les murs.

— a, c, d et f représentent les quantités de chaleur restituées par les murs.

Le 25 de 9ʰ à 11ʰ 20 matin.......................... chauffage intensif.

de 11ʰ 20 matin à 9ʰ 30 soir.......................... chauffage normal.

Le 26 de 9ʰ 15 à 10ʰ 38 matin.......................... chauffage intensif.

de 10ʰ 38 matin à 6ʰ 30 soir.......................... chauffage normal.

Nous obtenons pour le 26 février 1905 :

1° 64 0/0 pour compenser la chaleur transmise ;

2° 36 0/0 = e seulement pour chauffer les murs.

La quantité de chaleur représentée par la surface e et absorbée par les murs (5.325 calories) est complètement utilisée de 7 h. 55 à 9 heures le 27 février 1905 (surface f = 5.320 calories).

Donc la quantité de chaleur absorbée par les murs pendant cette journée est égale à la quantité émise, en admettant que le 27 février 1905 le chauffage commence à neuf heures du matin.

Plus les variations de la courbe de transmission D sont faibles, plus l'état d'équilibre est rapidement atteint. Nous voyons que le troisième jour, au commencement du chauffage, la courbe D est plus haute que le 26 février, deuxième jour d'essai au même moment. Le chauffage commencé au bon moment avec la même quantité de combustible aurait réalisé, le troisième jour, l'état d'équilibre dans le chauffage du local. Le deuxième jour, le refroidissement du local de 7 heures du soir à 7 h. 20 du matin, c'est-à-dire pendant plus de douze heures, n'a atteint que 3,4 degrés.

Les variations de température du poêle en briques correspondent en principe à celles du chauffage à eau chaude. Telle est la raison du grand bien-être que l'on éprouve dans les locaux chauffés d'une façon régulière et continue. Dans le chauffage à vapeur à basse pression, il faut compter plus ou moins avec des interruptions brusques de chauffage, de sorte qu'il faut adopter pour la mise en régime des majorations plus fortes que dans le chauffage à eau chaude. En général, nous pouvons conclure des résultats de ces essais que le chauffage préalable des locaux situés aux étages inférieurs est plus difficile à cause de l'épaisseur de leurs murs que celui des étages supérieurs dont les murs sont moins épais. Mais les premiers conservent leur température plus longtemps, alors que les autres se refroidissent plus vite[1].

---

[1] Le chauffage préalable des locaux d'habitation qui, par suite de non-chauffage, ont pu se refroidir pendant longtemps ou qui se trouvent dans des constructions neuves, ne peut réussir que s'il est entrepris lorsque la température du dehors n'est pas trop basse ; car, ainsi que l'exemple nous l'a montré, pendant les quatorze premières heures de chauffage environ 125 0/0 de la quantité de chaleur émise sert à chauffer les murs. Quoiqu'une partie de cette chaleur soit restituée ultérieurement, après vingt-quatre heures les murs conservent encore environ 30 0/0 de la chaleur totale fournie. Donc, dans une installation calculée pour une différence de température de 40°, le chauffage préalable ne peut être réalisé qu'en faisant marcher l'installation au maximum d'une façon continue, la tempé-

XXVI

ALLURE DU RÉCHAUFFEMENT ET DU REFROIDISSEMENT DANS LES MURS

Pour étudier l'allure du refroidissement à l'intérieur de la maçonnerie après un arrêt du chauffage et pour pouvoir en déduire la grandeur de la quantité de chaleur nécessaire pour réchauffer les murs de nouveau, j'ai appliqué la méthode suivante :

Un certain nombre de moellons assemblés suivant leur longueur au moyen de joints très minces étaient creusés de cuvettes distantes de 80 en 80 millimètres remplies de mercure et destinées à recevoir des thermomètres. L'un des bouts de cette poutre réfractaire était chauffé au rouge par un gros brûleur Bunsen, et les températures étaient relevées sur les divers thermomètres pendant environ douze heures. Les essais furent faits en deux séries, consistant à relever les températures d'une part pendant l'échauffement et d'autre part pendant le refroidissement.

Le tableau XLIX contient le relevé des températures lues toutes les heures pendant l'échauffement, et la figure 89 leurs variations en chaque point de lecture.

rature du dehors étant, par exemple, de — 8°. Si le froid était plus vif, la meilleure installation elle-même ne pourrait suffire. Dans ce cas, les trois jours de chauffage d'essai prescrits dans le cahier des charges type pour la fourniture des installations de chauffage ne suffisent pas non plus. Cette observation mérite d'être prise en considération, car, dans bien des cas, elle fournira l'explication des insuffisances partielles de chauffage.

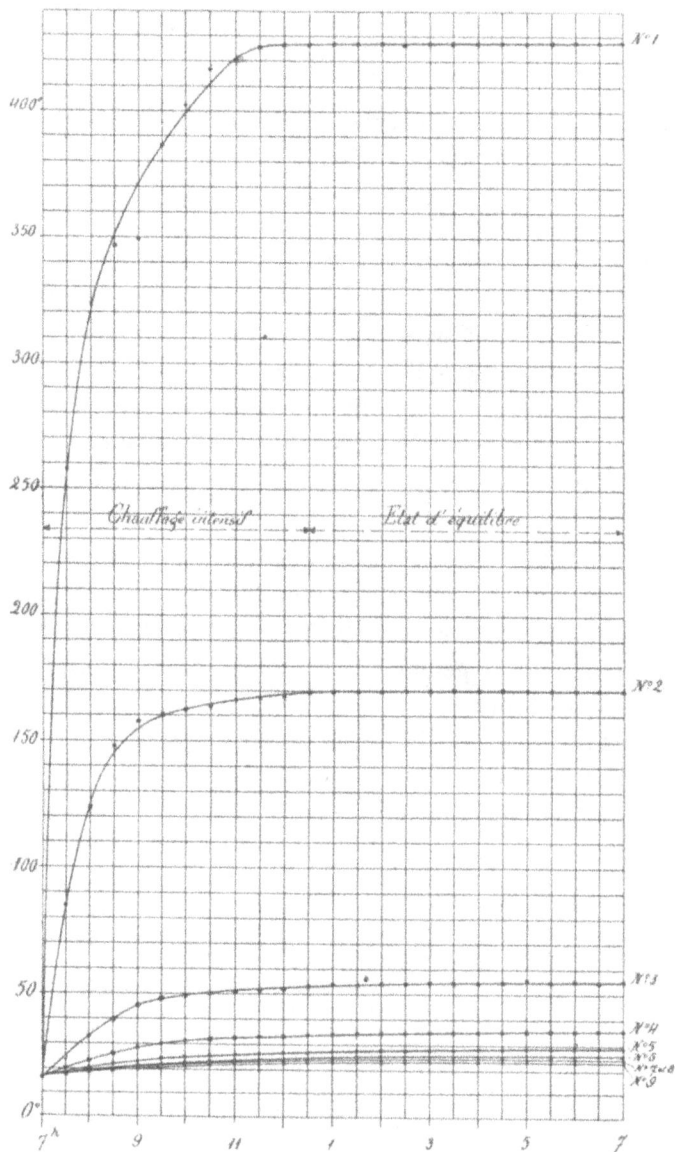

FIG. 89.

Nᵒˢ 1 à 8. Courbes d'échauffement.
Nᵒ 9.   Courbe de la température dans la chaufferie.

TABLEAU XLIX

Echauffement

HEURES	NUMÉROS DES THERMOMÈTRES								TEMPÉRATURE DE L'AIR du local
	1	2	3	4	5	6	7	8	
7⁰⁰	16,8	16,8	16,8	16,8	16,8	16,8	16,8	16,8	17°
7³⁰	257,0	86,0	23,5	19,1	18,2	17,6	17,3	17,2	18,2
8⁰⁰	322,3	124,0	32,4	22,1	19,9	18,3	18,2	18,0	18,6
8³⁰	346,2	146,5	39,4	25,0	21,2	19,1	18,7	18,5	18,9
9⁰⁰	349,2	157,5	44,5	27,4	22,4	19,9	19,3	19,1	19,7
9³⁰	386,3	161,0	47,4	29,0	23,5	20,5	20,0	19,7	19,9
10⁰⁰	403,0	162,5	49,2	30,2	24 1	21,1	20,2	20,0	20,0
10³⁰	405,4	165,0	50,1	31,1	25,0	21,5	20,7	20,4	20,2
11⁰⁰	428,4	167,4	51,1	31,8	25,4	21,9	21,0	20,7	20,6
11³⁰	435,0	167,8	51,4	32,1	25,9	22,3	21,4-	21,0	20,8
12⁰⁰	436,1	168,0	52,1	32,4	26,1	22,5	21,8	21,3	20,9
12³⁰	436,1	170,1	52,2	32,8	26,4	22,8	22,0	21,6	20,9
1⁰⁰	436,3	170,7	53,0	33,3	26,7	23,0	22,1	21,7	21,0
1³⁰	436,2	170,0	53,1	33,5	27,0	23,2	22,5	22,0	21,5
2⁰⁰	436,2	170,0	53,3	33,6	27,2	23,4	22,7	22,1	21,9
2³⁰	435,2	170,1	53,3	33,7	27,4	23,7	22,9	22,5	22,2
3⁰⁰	435,6	170,0	53,3	34,1	27,6	24,0	23,1	22,7	22,6
3³⁰	436,0	170,1	53,5	34,3	28,0	24,3	23,3	22,9	22,8
4⁰⁰	436,0	170,1	53,8	34,4	28,1	24,5	23,6	23,1	22,7
4³⁰	436,1	170,1	54,0	34,7	28,3	24,7	24,0	23,3	23,2
5⁰⁰	436,5	170,1	54,0	34,9	28,4	24,9	24,0	23,6	23,3
5³⁰	437,0	170,1	54,0	35,0	28,6	25,1	24,2	23,9	23,4
6⁰⁰	437,0	170,1	54,0	35,1	29,0	25,2	24,3	24,0	23,4
6³⁰	437,0	170,1	54,0	35,1	29,0	25,3	24,4	24,2	23,4
7⁰⁰	437,1	170,1	54,0	35,2	29,1	25,4	24,6	24,3	23,5

Les résultats sont les mêmes, qu'il s'agisse de grès calcaire ou de pierres de Rathenow, qu'elles soient sèches ou légèrement humides. Ce dernier point est à remarquer, car on croit généralement qu'un immeuble nouvellement bâti exige à cause de l'humidité qu'il contient une plus grande quantité de chaleur qu'une maison qui a déjà été chauffée et qui est sèche. La consommation de combustible plus élevée résulte non de l'humidité contenue dans les matériaux de construction, mais de la grosse masse de pierre qui doit être échauffée jusqu'à ce qu'elle soit parvenue à un état d'équilibre. C'est ce que nous montre aussi la figure 89. Il s'écoule environ six heures jusqu'à ce que cet état d'équilibre soit réalisé dans notre simple poutre de pierre, et cet état s'établit au même moment en chacun des points de mesure. Les températures moyennes au-dessus de celle de l'air du local, lues sur chacun des thermomètres, une fois l'équilibre établi sont les suivantes (*fig.* 90) :

TABLEAU L

	1	2	3	4	5	6	7	8
Température au-dessus de celle de l'air du local.	413,9	147,46	30,96	11,67	5,33	1,63	0,844	0,463

La figure 91 et le tableau LI montrent l'allure des températures pendant le refroidissement, c'est-à-dire une fois la source de chaleur éloignée.

TABLEAU LI

Refroidissement.

HEURES	NUMÉROS DES THERMOMÈTRES								TEMPÉRATURE de L'AIR DU LOCAL
	1	2	3	4	5	6	7	8	
7⁰⁰	437,1	170,1	54	35,2	29,1	25,8	23,6	24,6	23,5°
7³⁰	232,0	131,1	49	33,6	28,6	25,6	25,2	24,5	23,1
8⁰⁰	131,2	88,3	43,8	31,3	27,3	25,0	24,6	24,2	22,5
8³⁰	81,6	63,0	38,1	29,5	26,2	24,4	24	23,7	22,1
9⁰⁰	57,0	47,3	33,5	27,9	25,2	23,8	23,4	23,2	22,1
9³⁰	43,2	37,8	30,1	26,2	24,5	23,3	23,1	23,0	22,0
10⁰⁰	35,4	32,2	27,4	25,0	24,0	23,0	22,8	22,7	22,1
10³⁰	30,2	28,7	25,9	24,2	23,3	22,8	22,6	22,5	22,0
11⁰⁰	27,4	26,3	24,8	23,5	23,1	22,5	22,4	22,4	22,1
11³⁰	25,2	24,9	24,2	23,2	23,0	22,4	22,3	22,3	22,3
12⁰⁰	24,4	24,0	23,4	23,0	22,8	22,3	22,3	22,2	22,4
12³⁰	23,8	23,4	20,0	22,6	22,6	22,2	22,1	22,2	22,2
1⁰⁰	23,2	23,0	23,9	22,5	22,5	22,2	22,1	22,1	22,4
1³⁰	23,0	22,8	22,7	22,4	22,4	22,1	22,1	22,1	22,4
2⁰⁰	22,8	22,6	22,5	22,4	22,3	22,1	22,1	22,1	22,6
2³⁰	22,5	22,4	22,4	22,3	22,2	22,1	22,1	22,1	22,3
3⁰⁰	22,3	22,2	22,2	22,2	22,2	22,1	22,0	22,0	22,1
3³⁰	22,2	22,1	22,1	22,1	22,1	22,0	22,0	22,0	22,0
4⁰⁰	22,1	22,0	22,0	22,0	22,0	21,9	21,9	22,0	21,8
4³⁰	22,1	22,0	22,0	22,0	22,0	21,9	21,9	22,9	21,9
5⁰⁰	22,1	21,9	22,0	22,0	22,0	21,8	21,8	22,9	21,9

Soit x l'épaisseur de la maçonnerie, y les températures; les variations de température à l'intérieur d'un mur satisferont à l'équation :

$$y \times A^x = \text{constante.} \tag{81}$$

L'hypothèse initiale de A = constante ne s'est pas vérifiée ; d'après la courbe des essais, A est variable. La figure 92 représente les variations de A pour diverses épaisseurs de murs x ; A = 1 pour $x = 0$. Le tableau LII donne les valeurs des autres quantités. Nous avons

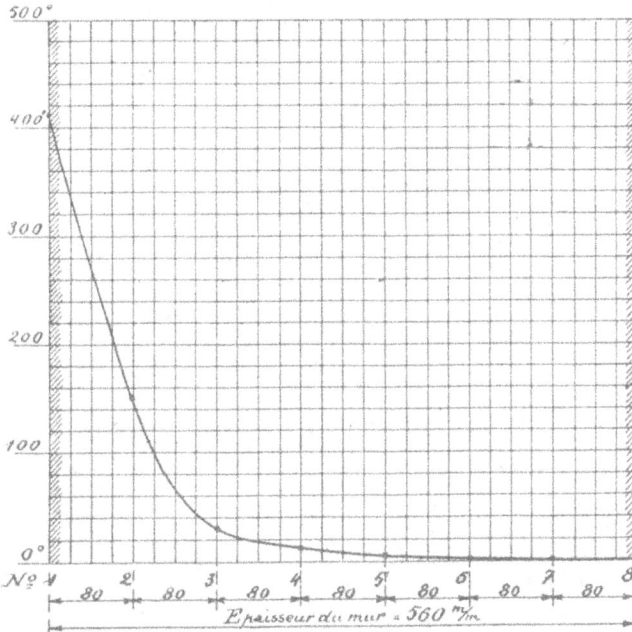

Fig. 90. — Courbe de l'excès de température dans l'épaisseur du mur au-dessus de la température de l'air du local $y \times Ax$ = constante.

donc le moyen de déterminer la variation de la température à l'intérieur d'un mur. En supposant par exemple que la température de la paroi intérieure d'un mur soit à une température de 19°, la température en un point quelconque à l'intérieur du mur sera donnée par :

$$y = \frac{19}{A^x}. \tag{82}$$

Pour $x = 0,08$ par exemple (voir *fig.* 93), $y = 6°,9$, etc.

Si la paroi intérieure, peu de temps avant la mise en train du chauffage, s'est refroidie jusqu'à 9°,5, la température d'un point situé à une profondeur de 8 centimètres ne sera encore que de 3°,45. D'après cela, on peut représenter les deux courbes des températures aussi bien pour l'état d'équilibre (commençant à 19°) qu'après le refroidissement de la paroi intérieure.

Ces deux courbes doivent, en outre, se trouver comprises entre les

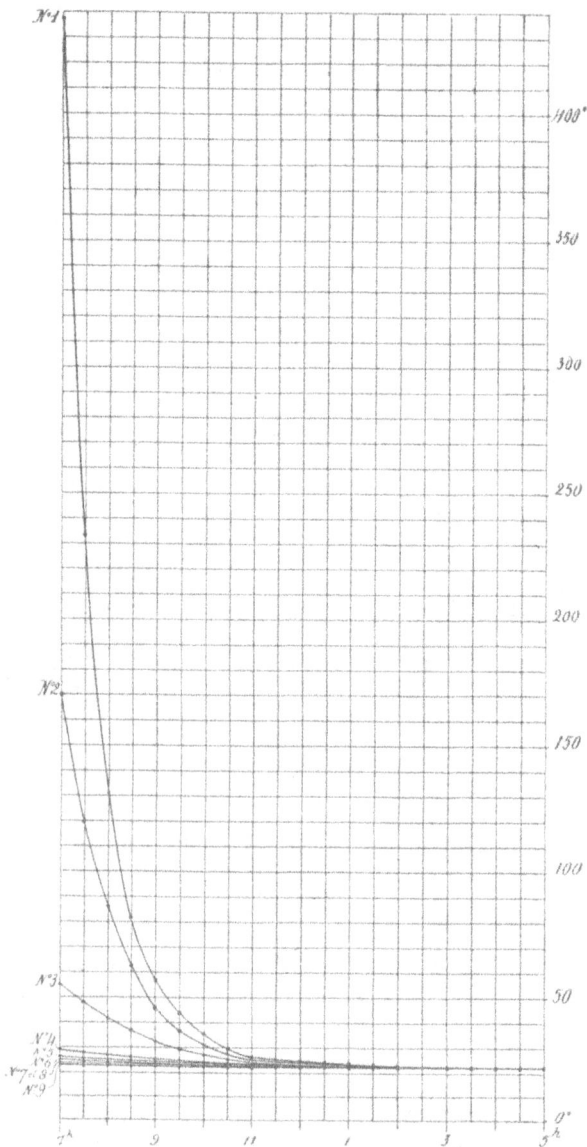

FIG. 91.
Nᵒˢ 1 à 8. Courbes de refroidissement.
Nᵒ 9.   Courbe de la température dans la chaufferie.

courbes de température de la surface de la paroi extérieure. J'ai admis dans les figures 93 et 95 que la température du dehors est de

— 10° et celle de la paroi extérieure de — 9°,5. Comme pendant le chauffage intensif, la quantité de chaleur émise par les murs sera

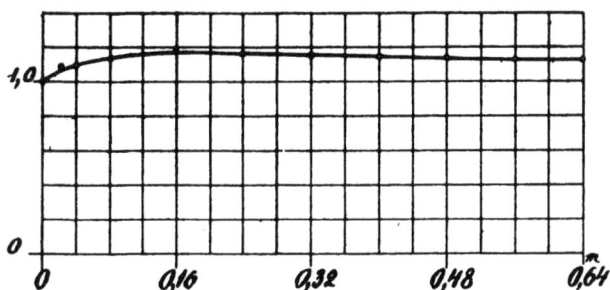

Fig. 92. — Courbe de la constante A en fonction de l'épaisseur du mur.

égale à la quantité absorbée, il n'est pas difficile d'évaluer au moyen du planimètre la surface hachurée comprise entre les deux courbes.

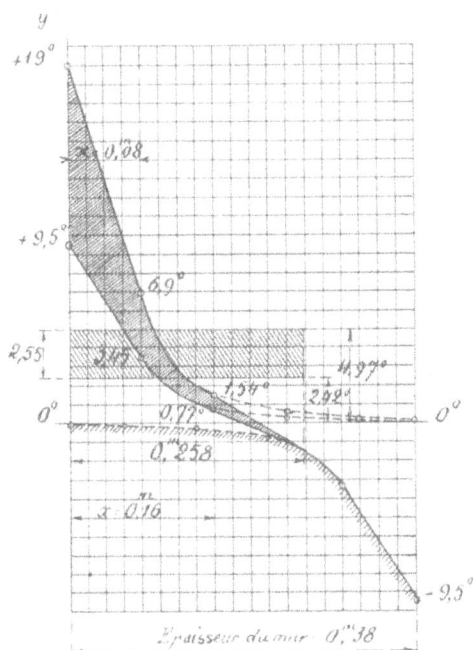

Fig. 93.

La quantité de chaleur à fournir à un mur de l'épaisseur choisie de 0ᵐ,38 sera représentée par un rectangle d'une surface de 2,51 × 0,258 mètres carrés. Pour des murs ayant des épaisseurs

15

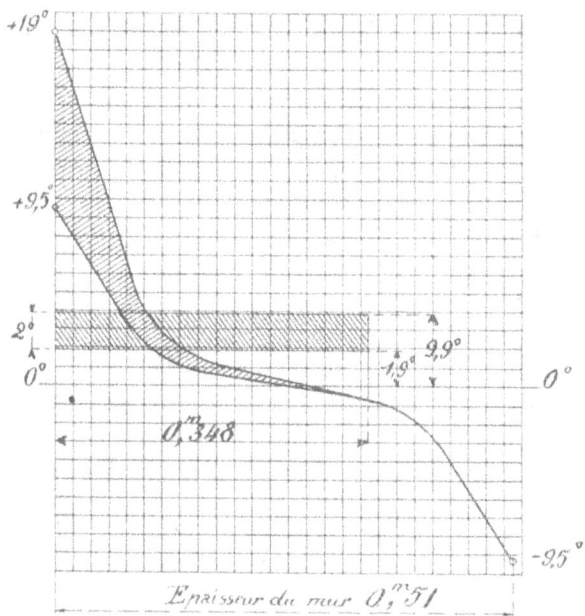

Fig. 94.

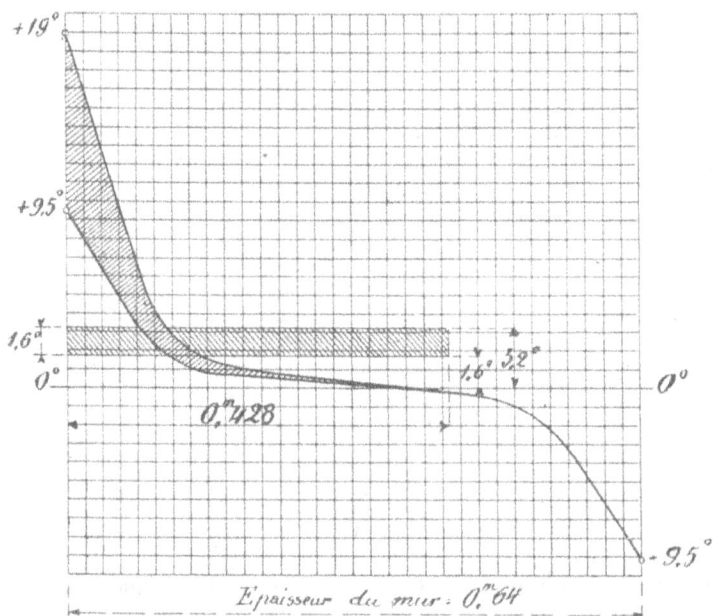

Fig. 95.

de 0ᵐ,51 à 0ᵐ,64 (*fig.* 94 et 95), on trouve dans les mêmes conditions des valeurs analogues.

Pour montrer l'utilisation de ces résultats, je prendrai comme exemple l'installation décrite page 154 (chaudière de Strebel à vapeur à basse pression). Prenant 1.400 kilogrammes comme poids d'un mètre cube de maçonnerie, et 0,2 comme chaleur spécifique, nous aurons les résultats suivants :

Épaisseur des murs	Surface des murs	Quantité de chaleur
0ᵐ,38	816ᵐ²	$0,258 \times 816 \times 2,55 \times 0,2 \times 1.400 = 150.318$ calories
0 ,51	484	$0,348 \times 484 \times 2,00 \times 0,2 \times 1.400 = 119.520$ —
0 ,64	224	$0,420 \times 224 \times 1,60 \times 0,2 \times 1.400 = 42.148$ —
Toit	600ᵐ²	$0,250 \times 600 \times 2,69 \times 0,2 \times 1.400 = 112.980$ —
		TOTAL environ.......... 425.000 calories

J'admets que les choses se passent d'une façon analogue pour les toits. Ces résultats concordent avec ceux du chapitre XIX.

Le deuxième jour d'essai, c'est-à-dire après que la maçonnerie eût été déjà échauffée une fois, 36 0/0 ont été utilisés au nouveau réchauffage des murs, alors que, d'après la page 230, il a fallu 32 0/0. Donc, dans le cas d'un chauffage intermittent, il faut calculer la production de la chaudière avec une majoration de 30 0/0 au moins pour l'échauffement de la maçonnerie lorsqu'on ne veut pas prolonger pendant des heures la durée du chauffage intensif de mise en régime.

Je considère que les résultats des essais que je viens d'exposer résolvent la difficile question de l'ordre de grandeur de la quantité de chaleur émise et absorbée par les murs.

TABLEAU LII

x centimètres	A D'APRÈS LA COURBE	A^x	$\dfrac{1}{A^x}$	y EN CENTIGRADES pour $t = 19°$	y EN CENTIGRADES pour $t' = 9°,5$
0	1	1	1	19	9,5
8	1,135	2,754	0,3631	6,9	3,45
16	1,170	12,332	0,0811	1,54	0,77
24	1,162	36,732	0,0272	0,51	0,255
25	1,160	40,879	0,0245	0,46	0,23
32	1,155	100,590	0,0099	0,19	0,095
38	1,145	171,700	0,0058	0,11	0,055
40	1,140	188,800	0,0053	0,099	0,049
48	1,138	495,30	0,0020	0,038	0,019
51	1,135	638,27	0,0016	0,03	0,015
56	1,125	731,82	0,0014	0,027	0,013
64	1,120	1412,80	0,0007	0,043	0,006

XXVII

LE CHAUFFAGE DOIT-IL ÊTRE CONTINU OU INTERMITTENT?

D'après ce qui précède, il est donc hors de doute que les murs emmagasinent pendant le chauffage une grande quantité de chaleur qu'ils sont prêts à restituer à l'air des locaux lorsque le chauffage se ralentit ou s'arrête. On peut remarquer dans ce cas que la température de l'air des locaux se maintient relativement longtemps à une hauteur presque constante malgré le ralentissement ou l'arrêt de l'émission de chaleur par les radiateurs et ne subit pas de réduction sensible par suite de l'aération passagère obtenue par l'ouverture des fenêtres. Plus la durée de l'arrêt est longue, plus celle du chauffage intensif est longue aussi, car les murs commencent par réabsorber la quantité de chaleur qu'ils ont abandonnée ou bien n'en fournissent plus à l'air des locaux.

Si on examine l'allure de la température des locaux pendant vingt-quatre heures, on constate par exemple pour une température extérieure de — 10° (voir le diagramme supérieur de la figure 96) que la courbe partant de + 12° à cinq heures du matin monte, atteint à dix heures du matin la température de + 20° et à dix heures du soir commence à s'abaisser pour retomber de nouveau à + 12°. Comme la quantité de chaleur transmise varie avec la différence des températures intérieure et extérieure, il semble au premier abord que le chauffage intermittent soit plus économique que le chauffage continu, car les surfaces hachurées verticalement au-dessus des courbes représentent pour la quantité de chaleur transmise des valeurs correspondantes faibles.

J'ai pris comme base dans les diagrammes de la figure 96 l'installation de la page 154 pour montrer par un exemple pratique l'influence des refroidissements. Par le chauffage intermittent la quantité de chaleur transmise par heure est de 162.800 calories, alors que ce nombre doit être plus élevé dans le cas du chauffage continu. Mais ce gain apparent est compensé d'une façon générale par une perte beaucoup plus forte, comme nous allons le voir.

L'interruption du chauffage entraîne un refroidissement de toute l'installation, dans lequel nous devons comprendre non seulement

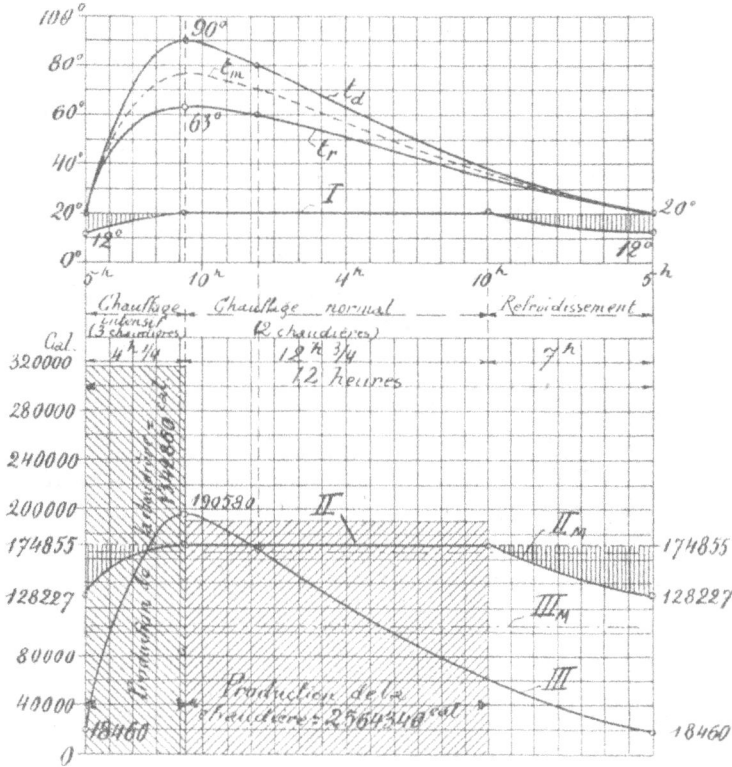

FIG. 96.

t_d Température dans le tuyau de départ.
t_r Température dans le tuyau de retour.
t_m Moyenne de ces deux températures.
I Température moyenne de la chaufferie.
II Quantité de chaleur transmise par heure.
II_m Quantité moyenne de chaleur transmise.
III Quantité de chaleur émise par le radiateur.
III_m Quantité de chaleur moyenne émise par le radiateur.

celui du métal et de l'eau de toute l'installation, mais encore le refroidissement des murs qui résulte de la baisse de température de l'air des locaux ainsi que celui des objets renfermés dans les locaux chauffés tels que meubles, portières, etc... Si nous laissons ces derniers de côté, puisque nous ne pouvons évaluer la quantité de chaleur qu'ils absorbent, il nous reste à tenir compte du chauffage préalable :

1° De l'eau ;

2° Du métal ;

3° De l'air ;

4° De la maçonnerie.

Il est évident que la température de l'eau chaude ne commencera à monter que lorsque le métal aura absorbé sa part de chaleur. C'est pour cette raison qne le chauffage intensif, quoique avec les chaudières forcées au maximum, ne produit son effet que lentement, c'est-à-dire que la température de l'eau n'atteint 90° dans le tuyau de départ qu'après une marche de plusieurs heures. Dans l'installation prise comme exemple, il fallait quatre heures un quart de chauffage intensif, quoique les chaudières de Strebel fussent toutes trois en pleine marche. L'allure de l'élévation de la température de l'eau est représentée par la courbe supérieure de la figure 96. Une fois cette température de 90° atteinte, l'une des chaudières était arrêtée, et par suite t_d commençait à baisser progressivement. A dix heures du soir, deux autres chaudières étaient aussi arrêtées ; à cinq heures du matin, on avait $t_d = t_r = 20°$.

Entre t_d et t_r se trouve la température moyenne t_m, d'où dépendent la quantité de chaleur émise par les radiateurs et la quantité de chaleur nécessaire à l'échauffement de l'eau et du métal. Le poids d'eau était de 3.100 kilogrammes. Pour élever sa température de 20° à $\frac{90 + 63}{2} = 76°,5$ (soit 56°,5), il faut lui fournir 175.000 calories. Si l'on considère en outre que le poids du métal de toute l'installation atteignait environ 25.000 kilogrammes et le volume d'air des locaux environ 11.000 mètres cubes, la production des chaudières pendant le chauffage intensif de mise en régime se décompose de la façon suivante :

1° Eau 3.100 × 56,5 .... = 175.000 calories = 13,2 0/0

2° Métal 25.000 × 0,114 × 56,5 .... = 162.000 calories = 12,2 0/0

3° Air 11.000 × 0,3 (20 — 12) .... = 26.400 calories = 1,98 0/0

4° Maçonnerie (p. 227) .... = 425.000 calories = 31,92 0/0

5° Chauffage proprement dit pour une différence de température moyenne de 26° :

$4,25 \times \frac{26}{40}$ 233.140 .... = 543.470 calories = 40,90 0/0

Totaux .... = 1.331.870 calories = 100,00 0/0

Cette décomposition montre la part de la quantité de chaleur totale qu'il faut fournir à chaque partie de l'installation pendant le chauffage intensif. On voit donc que ce chauffage préalable exige, dans le cas de la marche intermittente une surface de chauffe de 145 0/0 plus grande que celle qui est nécessaire au chauffage proprement dit. Cette quantité de chaleur nécessaire exige une production par mètre carré de surface de chauffe et par heure de :

$$\frac{1331870}{4,25 \times 42} = 7200 \text{ calories.}$$

Le chauffage intensif exige donc que les trois chaudières soient forcées au maximum. Ce résultat montre qu'il y a une limite au chauffage intermittent; si la température descend au-dessous de — 10°, il faut déjà en arriver au chauffage continu. Dans le cas où, « en vue de faire une économie de coke », on n'aurait mis en service que deux chaudières, la période de chauffage intensif aurait duré six heures et demie au lieu de quatre heures un quart.

L'opinion très répandue d'après laquelle il y a lieu de préférer pour les locaux industriels le chauffage à vapeur à basse pression, parce que ce chauffage réduit la durée du chauffage préalable est erronée; 42 mètres carrés de surface de chauffe de chaudière à vapeur à basse pression, pour rester dans le même exemple, ne peuvent pas fournir plus de 1.331.870 calories pendant quatre heures un quart. Si la durée du chauffage préalable est diminuée, la surface de chauffe doit être augmentée dans le rapport inverse des durées, c'est-à-dire pour deux heures par exemple de $\frac{4,25}{2}$.

Le gaspillage du coke résulte de ce que les surfaces de chauffe des chaudières sont calculées trop petites. J'ai montré (page 164) que, lorsqu'on force l'allure des chaudières le rendement ainsi que la production diminuent. C'est donc une erreur d'ouvrir en grand le registre c'est-à-dire d'augmenter la rapidité de la combustion sur la grille pour augmenter la production : c'est le contraire qui arrive. Il y a donc lieu tout d'abord de ne forcer la marche des chaudières que le moins possible, pour augmenter le rendement. Cette considération a son importance dans la question du chauffage intermittent ou continu : c'est pourquoi je me proposerai de mettre encore une fois ces points intéressants en comparaison :

CHAUFFAGE INTERMITTENT

Chauffage préalable (1 à 4)......................   788.400 calories

Chauffage proprement dit pendant 4ʰ 1/4 de chauffage intensif (5)............................   543.470   —

Total........................   1.331.870 calories

Production par mètre carré et par heure des trois
chaudières...............................   7.400 calories

L'une des chaudières étant arrêtée :

Chauffage proprement dit moins 543.470...........   3.363.730   —

Quantité emmagasinée et restituée (1 à 4)..........   788.400   —

Reste........................   2.575.330   —

Production par mètre carré et par heure des deux
chaudières,...............................   7.250   —

Chauffage intensif et chauffage normal............·   3.907.200   —

CHAUFFAGE CONTINU (avec marche quelque peu ralentie pendant la nuit)

La quantité de chaleur transmise est comprise entre les deux extrêmes 24 × 162.800 et 3 × 24 × 233.140 calories, soit en moyenne 4.051.860 calories.

La production de deux chaudières par mètre carré et par heure est de 6.000 calories.

Même en supposant que dans le cas du chauffage intermittent on ait réalisé une vitesse de combustion telle que le rendement soit favorable, le chauffage intermittent n'aurait rien qui puisse le faire préférer au chauffage continu au point de vue économique.

La figure 67 nous donne les consommations de coke pour les diverses productions :

1ᵏᵍ,34 par mètre carré et par heure pour une production de 7.400 calories avec un rendement de 79,6 0/0.

1ᵏᵍ,30 par mètre carré et par heure pour une production de 7.250 calories avec un rendement de 80,12 0/0.

1ᵏᵍ,04 par mètre carré et par heure pour une production de 6.000 calories avec un rendement de 82 0/0.

d'où nous déduisons :

Chauffage intermittent.....   4,25 × 1,34 × 42 = 239ᵏᵍ par jour

—   .....   12,75 × 1,30 × 28 = 464   —

Total........................   703   —

Chauffage continu........   24 × 1,04 × 28   699   —

Nous voyons par cette comparaison que les deux systèmes sont à peu près équivalents, si nous admettons que le rendement soit favorable dans le cas du chauffage intermittent. Mais cela est à peu près impossible en pratique. Comment pourrons-nous donc établir avec exactitude la vitesse de combustion qu'il y aura lieu d'adopter et à quel moment il faudra arrêter le chauffage?

Lorsque nous forçons les chaudières pour réaliser la production désirée, le rendement est toujours plus mauvais de sorte que les faits s'établissent en réalité au détriment du chauffage intermittent :

Production.	Rendement	Consommation par m² et par heure
7.400 calories.	59 0/0	$1^{kg},79$
7.250 —	57	$1^{kg},81$

D'après cela, la consommation pour le chauffage intermittent deviendrait :

$$4,25 \times 1,79 \times 42 + 12,75 \times 1,81 \times 28 = 965 \text{ kilogrammes.}$$

Le chauffage continu présenterait donc une économie de 27 0/0.

J'ai montré (p. 166), d'après mes observations les plus consciencieuses prolongées pendant plusieurs années, que cet énorme excès de consommation de coke existe bien en réalité, même dans les installations les mieux conduites et les plus surveillées (voir aussi le contrôle officiel, p. 7).

La production des chaudières en service continu est toujours moindre et par suite le rendement doit être plus grand. L'économie apparente du chauffage intermittent est donc absolument illusoire, sans parler de toute la série des autres inconvénients qu'il entraîne, tels que l'élévation intermittente de la température de l'eau chaude, le chauffage inégal des locaux et l'apparition des courants d'air et du froid qui en résulte, etc... [1]

Rietschel donne, dans la quatrième édition de son aide-mémoire

[1] Cette conclusion très nette de M. de Grahl, après les remarquables chapitres qui précèdent, mérite l'attention et la discussion des Sociétés d'ingénieurs de chauffage. C'est une opinion que nous avons toujours eue et que la pratique de près de 25 années de chauffage nous a amené à soutenir dans quantité de circonstances. En fait, elle n'est pas celle de la majorité des installateurs de chauffage en France, et nombre d'entre eux conseillent à leurs clients de laisser les chaudières s'éteindre pendant la nuit. Les chapitres très documentés que M. de Grahl vient de nous soumettre donneront lieu, nous l'espérons. à de nouvelles études et à des digressions dans nos Sociétés d'ingénieurs, pour le plus grand bien de la théorie et de la pratique du chauffage.

G. Debesson.

(p. 236), une formule pour la détermination de la surface de chauffe des chaudières pendant le chauffage intensif qui, ainsi qu'il ressort des explications précédentes, donne des valeurs trop faibles. On a :

$$F = \frac{1,1[W_1 + (A + 0,12B)\,(t_1 - \delta)]}{W_2 \times z},$$

dans laquelle :

$W_1 =$ la quantité de chaleur totale nécessaire aux locaux jusqu'à ce que l'état d'équilibre soit réalisé, c'est-à-dire que :

$$W_1 = (W + Z)\,z = (4,25 + 0,0625 \times 6)\,\frac{26}{40} \times 233.140 = 703.000 \text{ calories}$$

$W_2 =$ la production spécifique des chaudières évaluées par Rietschel pour les chaudières en fonte à éléments (par exemple les chaudières de Strebel) à 10.000 calories ;

A = le poids d'eau contenu dans l'installation = 3.100 kilogrammes ;

B = le poids de métal contenu dans l'installation = 25.000 kilogrammes ;

$z = 4,25$;

$\delta =$ la température jusqu'à laquelle l'installation se refroidit pendant la nuit = 12° ;

$t_1 =$ la température moyenne de l'eau chaude dans le tuyau de départ et le tuyau de retour lorsque l'état d'équilibre est obtenu = 66°.

($t_d = 74°,7$, $t_r = 57°,1$ pour une température extérieure de — 10° d'après les tableaux V et VI, pages 34 et 37.)

Si l'on remplace les lettres par leurs valeurs numériques, on obtient pour le chauffage intensif une surface de chauffe de chaudière trop petite [1].

L'inexactitude de la formule résulte en premier lieu de ce que l'on a négligé pour l'établissement de l'équilibre la quantité de chaleur qu'il faut fournir à la maçonnerie et qui, comme nous l'avons vu, n'est pas négligeable, puisqu'elle atteint presque la moitié de la quantité totale de chaleur de la parenthèse. L'omission du volume d'air n'a pas trop d'importance, car la quantité de chaleur nécessaire est

---

[1] **En admettant un chauffage intensif de deux heures seulement, la formule donnerait une surface de chauffe de 41 mètres carrés. Mais à quoi sert cette hypothèse, si dans la réalité le chauffage intensif dure tout de même plus longtemps ? Des formules de ce genre donnent lieu à trop d'indéterminations, qui sont toujours exploitées en cas de désaccord.**

faible ; mais, d'après mes expériences, on ne peut prendre pour W_2 que 7.500 au lieu de 10.000 calories. Dans le cas du chauffage intermittent, on ne peut établir de formule générale pour la détermination des surfaces de chauffe des chaudières qu'en faisant des hypothèses bien déterminées, ainsi que je l'ai montré page 230.

Dans le cas du chauffage continu, le calcul s'établit d'une façon beaucoup plus simple. Pour l'installation en question, il y aurait lieu de faire les majorations suivantes à la transmission brute W :

TRANSMISSION BRUTE		a	b	c
Rez-de-chaussée........	57.935 calories.	5.765	3.140	4.720
1er étage.............	37.935 —	3.810	1.750	2.600
2e étage	38.935 —	3.905	1.740	2.600
3e étage	41.640 —	4.175	1.850	2.760
4e étage	36.995 —	4.690	1.700	2.530
	223.440 calories.	22.345	10.180	15.210

$a = 10$ 0/0, majoration de sécurité (pour tenir compte du chauffage préalable du volume d'air, influence des enveloppes des radiateurs, etc...) ;

$b =$ majoration pour tenir compte de l'état du ciel, de l'action du vent d'après l'aide-mémoire de Rietschel (3ᵉ édition);

$c =$ majoration d'après l'aide-mémoire de Rietschel (4ᵉ édition).

D'après cela, $a + b =$ environ 14,6 0/0, $a + c = 16,8$ 0/0.

La surface de chauffe sera donc suffisante, même dans le cas où les circonstances atmosphériques sont défavorables, si on la calcule pour un chauffage continu par la formule :

$$F_1 = \frac{1,3W}{7.500},\qquad (83)$$

cette formule s'appliquant à des chaudières en fonte à éléments. Mais en aucun cas on ne doit prendre une température t_d de l'eau chaude supérieure à 85°, sans quoi la compensation des pertes de chaleur par la tuyauterie n'est plus possible (voir p. 37).

TABLE DES MATIÈRES

Le chauffage des habitations, *étude des procédés et appareils employés pour le chauffage des édifices, des maisons et des appartements,* par G. Debesson, ing. civ. In-8° × 25 de xvi-660 pages, avec 711 fig. Br. 25 fr. ; cartonné. 26 fr. 50

Notions préliminaires sur la chaleur. Historique du chauffage. Notes techniques. Modes de transmission de la chaleur. Applications des formules de transmission de la chaleur au chauffage d'un local. Période de mise en régime dans un chauffage. Avantage du chauffage continu. Combustibles. Chauffage par cheminées. Chauffage par poêle à combustion vive. Chauffage par poêle à combustion continue. Poêles mobiles. Chauffage par calorifère à air chaud. Théorie du chauffage par la vapeur à basse pression. Étude de certaines dispositions du chauffage par la vapeur à basse pression. Description et détails des appareils employés dans les installations du chauffage par la vapeur à basse pression. Chauffage par la vapeur à haute et moyenne pressions. Chauffage par la vapeur d'échappement. Chauffage par la vapeur à une pression égale ou inférieure à la pression atmosphérique. Théorie du chauffage par l'eau chaude à basse pression. Chauffage par l'eau chaude à haute et moyenne pressions. Chauffage par l'eau chaude à circulation accélérée. Appareils employés dans les chauffages par l'eau chaude. Chauffage mixte par l'eau et la vapeur. Canalisations employées dans les chauffages par la vapeur et par l'eau. Outillage des monteurs chaudronniers. Chauffage par pulsion d'air chaud. Réglage automatique de la température. Enveloppes calorifuges. Chauffage par le gaz d'éclairage. Chauffage par le pétrole et par l'alcool. Chauffage électrique. Ventilation.

Le chauffage et la ventilation des bâtiments industriels, par G. Debesson, ingénieur civil. In-4° 24 × 31 de 96 pages, avec 136 figures. 6 fr.

Considérations sur la nécessité du chauffage et de la ventilation. Nécessité du chauffage et de la ventilation au point de vue physiologique. Exemple du calcul préliminaire du chauffage d'une usine et de ses bureaux. Chauffage par poêles, par calorifères, à air chaud, par la vapeur à basse pression, par la vapeur vive, par la vapeur d'échappement, par la vapeur à une pression égale ou inférieure à la pression atmosphérique, par l'eau chaude à basse et haute pression, par l'eau chaude à circulation accélérée, par l'eau chaude chauffée par la vapeur, par pulsion d'air chaud. Ventilation. Humidification. Systèmes et appareils divers. Comparaison des divers systèmes appliqués au chauffage de l'usine type. Descriptions d'appareils.

Fumisterie, chauffage et ventilation, par E. Aucamus, ingénieur des Arts et Manufactures, chef d'atelier à la Compagnie des chemins de fer du Nord. In-16° 12 × 18 de 200 p., avec 213 fig., Reliure souple.............. 10 fr.

Fumisterie : Généralités. Matériaux et outillage. Travaux de fumisterie. Ordonnances et règlements. *Chauffage :* Considérations théoriques. Poêle. Chauffage au gaz d'éclairage. Calorifères. Chauffage (par l'air chaud : par l'eau chaude; par la vapeur). Calculs relatifs à l'établissement d'un projet de chauffage. *Ventilation :* Ventilation (naturelle ; par cheminée chauffée : mécanique). Note sur l'acoustique des salles de réunion.

Introduction à l'étude de la métallurgie. Le chauffage industriel, par Henry Le Chatelier, membre de l'Institut, professeur à l'École des mines et à la Sorbonne. In-8° 16 × 25 de 528 pages, avec 96 fig............. 12 fr.

De la science industrielle. Phénomènes de combustion. Combustion des mélanges gazeux. Rendement calorifique. Combustibles naturels. Carbonisation des combustibles. Acétylène et gaz à l'eau. Gaz d'éclairage. Gaz de gazogène, dit gaz pauvre. Matériaux réfractaires. Les fours.

Éléments de physique (section industrielle), par J. Chappuis, professeur à l'Ecole centrale, et A. Jacquet, prof. à l'Ecole pratique de commerce et d'industrie de Maubeuge. 2e édition. In-16 13 × 21 de viii-270 p., avec 237 fig. Cartonné.. 3 fr. 50

Pesanteur. Hydrostatique. Pneumatique. Pompes à gaz et à liquides. Siphon. Optique. Chaleur. Thermométrie. Dilatation des solides et des liquides. Compressibilité et dilatation des gaz. Calorimétrie. Changements d'état physique. Équivalent mécanique de la chaleur. Chauffage et ventilation. Vapeur d'eau dans l'atmosphère. Transmission de la chaleur. Problèmes et exercices.

Notions de physique (section commerciale), par J. Chappuis, professeur à l'Ecole centrale des Arts et Manufactures, et A. Jacquet, professeur à l'Ecole pratique de commerce et d'industrie de Maubeuge. In-16 13 × 21 de vi-261 p., avec 338 figures. Cartonné.. 3 fr.

Pesanteur. Chaleur. Optique. Acoustique. Electricité. Eclairage.

Aide-mémoire des ingénieurs, architectes, entrepreneurs, conducteurs, agents voyers, dessinateurs, etc., par J. Claudel, ingénieur civil.

Partie théorique : Introduction à la science de l'ingénieur. 8ᵉ édition, entièrement refondue, par G. Dariès, ingénieur de la ville de Paris. 2 vol. in-8° 14 × 22 de viii-1.858 pages, avec 1.710 figures et 2 planches. Brochés, 28 fr. ; cartonnés.. 32 fr.

Partie pratique : Formules, tables et renseignements usuels. 11ᵉ édition, revue et considérablement augmentée par un comité d'ingénieurs et de professeurs, sous la direction de Georges Dariès, ingén. de la ville de Paris. 2 vol. in-8° 14 × 22 de 2.450 pages, avec nombreuses formules et tableaux, 1.2,0 figures et 1 planche. Nouv. tirage. Brochés, 30 fr. ; cart.. 34 fr.

Pratique de l'art de construire. Maçonnerie et terrassements, charpente, couverture et autres travaux de bâtiments. Matériaux et calculs de résistance. Estimation des travaux, par J. Claudel, ingénieur civil, et Laroque, entrepreneur des travaux publics. 7ᵉ édition, complètement refondue sous la direction de Georges Dariès, ingénieur de la ville de Paris. In-8° 14 × 22 de xxx-1300 p., avec 1162 figures. Broché, 22 fr. ; cartonné............................... 24 fr.

Travaux publics. Entrepreneurs. Clauses et conditions générales imposées aux entrepreneurs. Adjudications et marchés. Entreprises. Matériaux employés dans les constructions. Résistance des matériaux. Outils et appareils. Terrassements. Maçonneries. Ouvrages généraux. Tracé. Implantation. Voûtes. Construction en béton armé. Architecture proprement dite et gros ouvrages. Travaux en plâtre ou légers ouvrages. Charpente. Menuiserie. Planchers. Combles. Escaliers. Serrurerie. Pavages. Couverture. Chauffage et ventilation. Peinture et vitrerie. Hydraulique. Assainissement, tuyauterie. Règlements et documents divers, etc.

Comment construire une villa. — *La construction à la portée de tous,* par Emile Guillot, architecte. In-8° 13 × 21 de vi-510 pages, avec 445 figures et planches... 8 fr.

L'architecture. Notions générales utiles aux constructeurs, Eaux. Vidange. Chauffage. Eclairage. Electricité. Contributions. Assurances. Restrictions au droit de propriété. Formalités pour construire. Locations par baux écrits. Matériaux de construction. Maçonnerie. Serrurerie. Couverture. Zingage et plomberie. Charpente et menuiserie. Peinture, vitrerie et tenture. Etude de divers ouvrages. Le projet de construction. Choix d'un terrain. Etude graphique du projet. Contrôle des travaux. Exécution du projet. Le chantier. Le jardin. Terminaison des travaux. Réception des travaux. Responsabilité de l'architecte et de l'entrepreneur. Manière de procéder pour construire, même sans argent.

Agenda Dunod : Bâtiment, par E. Augamus. In-12 10 × 15 de xxxii-410 pages, plus pages blanches, avec 59 figures. Reliure de luxe en peau souple, tr. brunies... 3 fr.

Législation du bâtiment, par L. Courcelle, avocat, et J. Lemaitre, licencié en droit. In-16 12 × 18 de 1.000 p., avec 184 fig. Rel. souple............... 15 fr.

Origine et évolution de la propriété. Critique de la propriété. Sa légitimité. Régime actuel de la propriété en France et plus spécialement de la propriété foncière. Copropriété. Droits de jouissance. Servitudes foncières. Servitudes légales. Servitudes conventionnelles. Servitudes administratives. Alignement. Expropriation. Exécution des travaux publics. Pavage. Trottoirs. Contrats auxquels donne lieu la construction. Contrats entre le propriétaire et l'architecte, entre l'entrepreneur et le propriétaire. Responsabilités. Devis dépassés. Honoraires. Privilège des architectes, entrepreneurs et ouvriers. Action directe. Police de la construction. Réglementation de la construction. Constructions salubres. Etablissements incommodes, insalubres ou dangereux. Habitations à bon marché. Propriété au point de vue fiscal. Impôts directs ou assimilés. Impôts indirects. Lois, décrets, ordonnances, règlements, etc.

Des difficultés entre propriétaires et locataires, par Emile Guillot, architecte. In-8° 14 × 22 de xiv-196 pages........................... 3 fr. 50

De la responsabilité décennale des constructeurs, par Emile Guillot, architecte. In-8° 14 × 22 de 86 pages............................ 2 fr. 50

Tours, Imprimerie Deslis Frères et Cⁱᵉ.